新文京開發出版股份有限公司
NEW WCDP
新世紀．新視野．新文京 — 精選教科書．考試用書．專業參考書

New Wun Ching Developmental Publishing Co., Ltd.
New Age · New Choice · The Best Selected Educational Publications — NEW WCDP

微積分

Calculus

張振華．彭賓鈺——著

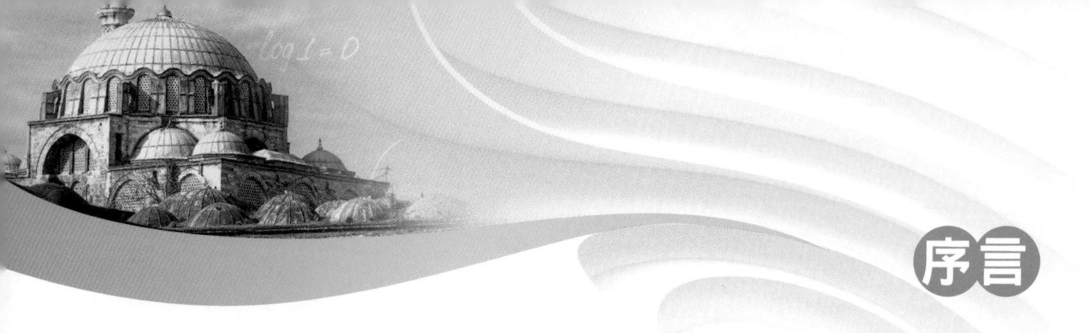

序言

「微積分」是所有理工與管理科系學生必讀的課程，學好微積分才有能力研習更進一步的專業科目，只是當下有許多學子將微積分視為「危機分」，學習之初懼怕微積分會艱深難懂，學習之後只會了一些微分、積分的技巧，但那只是微積分的皮毛而已，因此才激發編者寫出這本易學、易懂且具實用性的微積分，希望學子從此不再將學習微積分視為畏途。

本書之編撰過程細心詳研，並經再三審校，更具以下特色：

特色一：在第一章的緒論中介紹了微積分的歷史，希望讀者能藉由前人創作微積分的過程而對微積分有更深的領悟。

特色二：將各章（第一章除外）的習題分成兩組類似的題目，教師可視需要將學生分成兩組分別做不同的習題，或只選擇一組，或者兩組都做，運用之妙，存乎一心。

特色三：各章的末尾均穿插了一則微積分趣談，趣談的主角為大家耳熟能詳的卡通人物史努比與桃樂比，藉由兩者的對話帶出相關的微積分原理，使讀者感受到學習微積分也有輕鬆的一面。

特色四：本書講求實用性，因此列舉了許多微積分在不同學科之應用的例子，適合不同科系的學子來研讀。另外在內容上避免非必要的定理證明，而改以圖形的直觀介紹，希望可以讓人易學易懂。

本書編寫雖力求完善，但仍恐有疏漏謬誤之處，還望各界先進不吝指正。

著者　謹識

目錄

CHAPTER 01 緒　論

CHAPTER 02 函　數

CHAPTER 03 函數的極限與連續

CHAPTER 04 微　分

CHAPTER 07 積分的應用

附 錄

習題解答

CHAPTER 01

緒　論

本章大綱

- 1-1　微積分簡史
- 1-2　微積分功能
- 1-3　微積分與各學科的關係

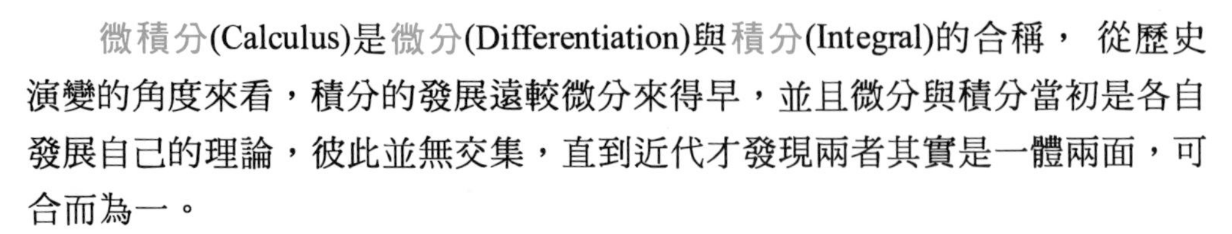

1-1 微積分簡史

微積分(Calculus)是微分(Differentiation)與積分(Integral)的合稱， 從歷史演變的角度來看，積分的發展遠較微分來得早，並且微分與積分當初是各自發展自己的理論，彼此並無交集，直到近代才發現兩者其實是一體兩面，可合而為一。

遠在兩千多年前的古希臘時代尤多緒斯 (Eudoxus, 408～355B.C.)、歐幾里得 (Euclid, 330～275B.C.) 與阿基米得 (Archimedes, 287～212B.C.) 等人使用一種窮盡法 （或稱窮竭法） (The method of exhaustion) 求出很多不同形狀的物體之曲線長、面積或體積，從此便開始誕生了積分的觀念。所謂的窮盡法是指利用已知的曲線長、面積或體積逐漸窮盡某種物體之曲線長、面積或體積。

接下來我們以窮盡法分別示範求出圓面積與拋物線弓形面積的過程：

圓面積如圖 1-1 所示，圓面積必定是介於內接正 n 邊形與外切正 n 邊形的面積之間。當 $n = 4$ 時 （如圖 1-1(a)），圓面積與內、外正四邊形之面積尚有一段差距；當 $n = 8$ 時 （如圖 1-1(b)），圓面積與內、外正八邊形之面積的差距變小了；當 $n = 16$ 時 （如圖 1-1(c)），圓面積與內、外正十六邊形之面積越來越接近了。所以當 n 足夠大時 （無限大）， 此時代表已經舉出夠多的正 n 邊形，而能以此種正 n 邊形的面積去逼近圓面積。

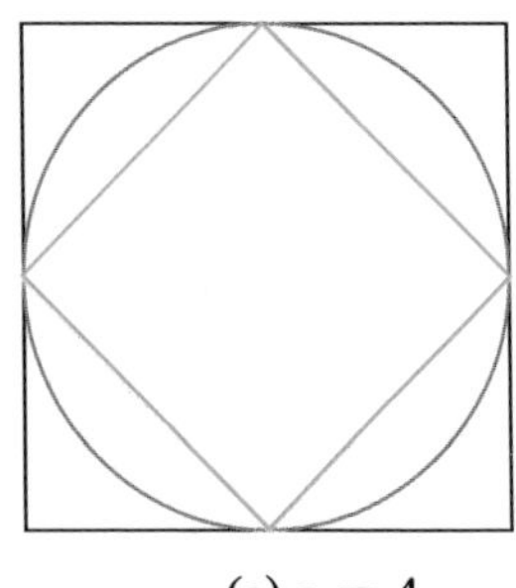

(a) $n = 4$

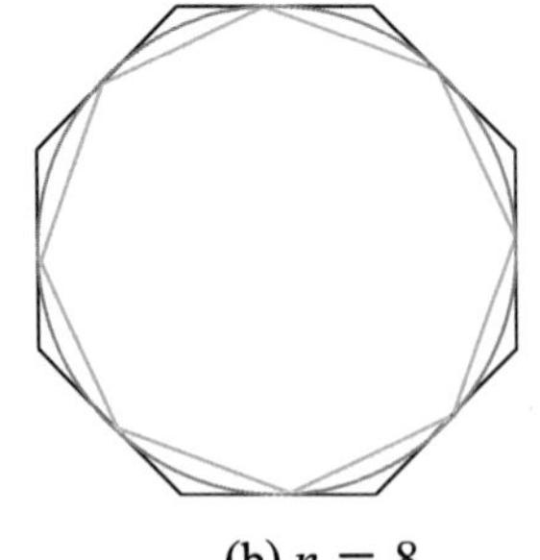

(b) $n = 8$

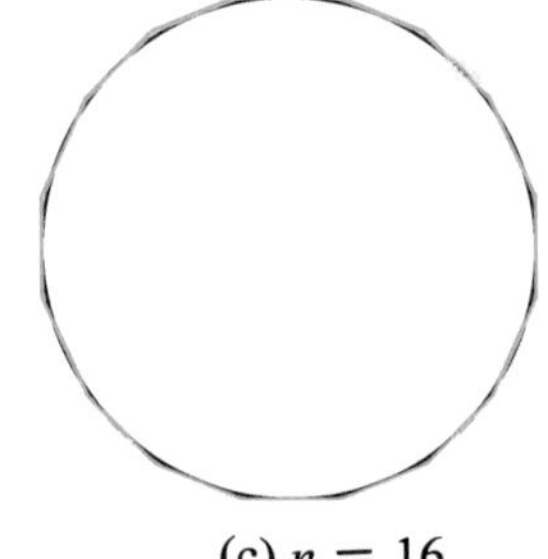

(c) $n = 16$

圖 1-1 窮盡法舉例之一：以內接正 n 邊形與外切正 n 邊形的面積窮盡出圓面積

拋物線弓形面積如圖 1-2(a)之陰影面積所示，其中$\overleftrightarrow{AB}$為拋物線的一割線；接下來自$\overleftrightarrow{AB}$的中點 C 作直徑（平行於拋物線軸的直線叫做拋物線的直徑）交拋物線於D，於是得到了$\triangle ADB$，顯然弓形 ADB的面積與$\triangle ADB$的面積仍有相當的差距，如圖 1-2(b)所示；然後再分別從$\overline{AD}$、$\overline{BD}$的中點 E、F 各作直徑，分別交拋物線於 G、H，於是得三角形$\triangle AGD$、$\triangle BHD$，填充於弓形與$\triangle ADB$之間的空隙處，如此一來弓形 ADB的面積與$\triangle ADB$、$\triangle AGD$、$\triangle BHD$三者面積之和就接近了，如圖 1-2(c)所示。依照同樣的方法，從 AG、DG、DH、BH 的各中點分別作直徑交拋物線於四點，而又可得四個三角形填充於所剩下的空隙。如此反覆進行足夠多次（無限多），就可以得到一連串的三角形。而這一連串的三角形面積之和就能「窮盡」弓形面積了。也就是就面積而言會有如下之關係：弓形$ADB=\triangle ADB+\triangle AGD+\triangle BHD+\cdots\cdots$。

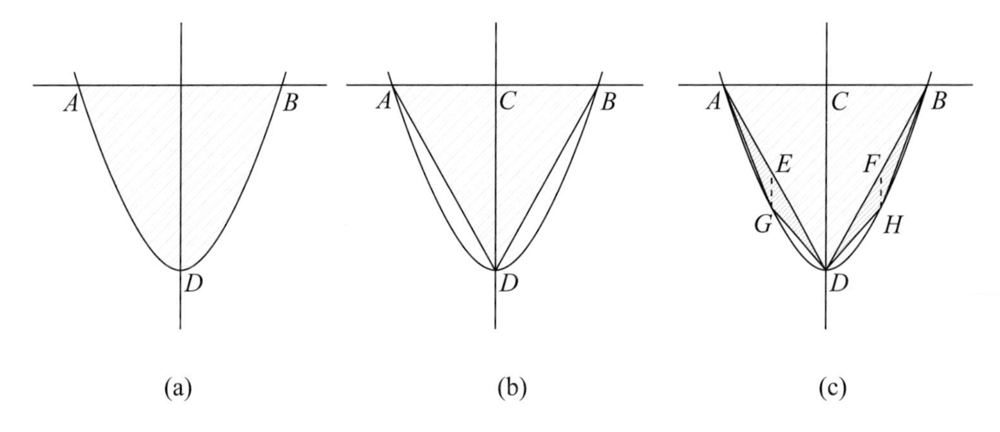

圖 1-2　窮盡法舉例之二：以三角形的面積窮盡出弓形面積

而微分的觀念遲至西元十四到十六世紀之間的文藝復興運動展開之後才發生，當時如伽利略 (Galileo Galilei, 1564～1642)、刻卜勒 (J. Kepler, 1571～1630)、卡瓦列里 (B. Cavalieri, 1598～1647) 與費馬(Pierre de Fermat, 1601～1665) 等人相繼利用無窮小的方法 (The method of infinite small) 將給定的幾何圖形分成無窮多個無窮小的圖案（可能為某種曲線長、面積或體積），再用特定方法累加起來, 用以逼近給定的幾何圖形之真正的曲線長、面積或體積，此種利用無窮小的方法求積的過程，成為積分學的重要基礎。後來這些數學家更應用這種無窮小的觀念進一步研究變化率問題（例如速度、切線斜率、極大值、極小值等），這時微分的觀念也開始形成。

接下來我們以無窮小的方法分別示範求圓面積與切線的過程：如圖 1-3 所示，圓面積可視為由無窮多個無窮小的三角形面積之和所組成，由此可導出圓面積為πr^2，詳細的過程如下所述：

圓內之三角形的取法是以圓心為頂點，等長的弦為底邊，所構成的一連串的三角形。設每一個三角形之底邊為a，高為h，頂角為$d\theta$，所對應之弧長為ds，圓之半徑為r，則當三角形數目有限時，此時三角形面積之和與圓面積之間仍有相當的差距（如圖 1-3(b)所示）；但是當三角形數目無窮多時（此時的三角形將無窮小），則每一個三角形的高h相當於圓的半徑r，底邊a相當於弧長ds，而圓面積可視為由無窮多個無窮小的三角形面積之和所組成（如圖 1-3(c)所示），此時

$$
\begin{aligned}
\text{圓面積} &= \triangle_1 + \triangle_2 + \triangle_3 + \cdots\cdots \\
&= \frac{1}{2}ah + \frac{1}{2}ah + \frac{1}{2}ah + \cdots\cdots \\
&= \frac{1}{2}(ds)r + \frac{1}{2}(ds)r + (ds)r + \cdots\cdots \\
&= \frac{1}{2}r\,[ds + ds + ds + \cdots\cdots] \\
&= \frac{1}{2}rs \ (s\text{為圓周長}) \\
&= \frac{1}{2}r\,(2\pi r) \\
&= \pi r^2
\end{aligned}
$$

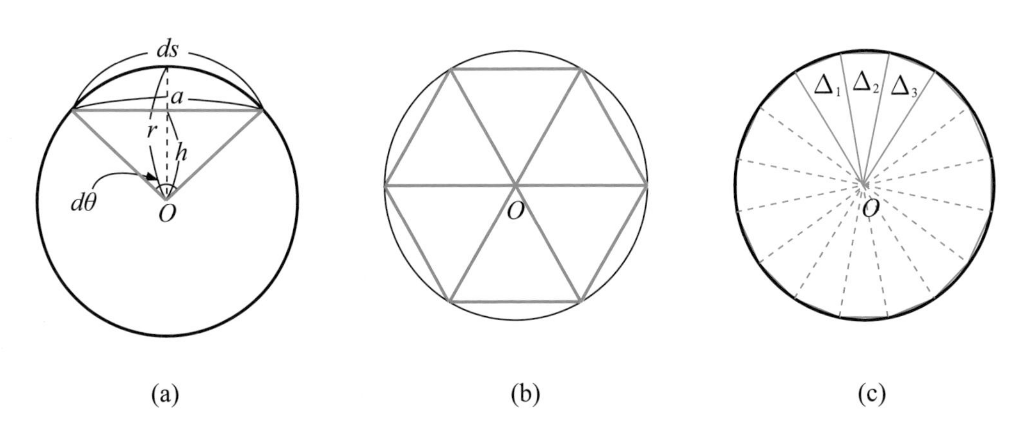

圖 1-3　無窮小方法舉例之一：以無窮多個無窮小的三角形面積之和逼近圓面積

以無窮小的方法求切線的過程如圖 1-4 所示，P為某曲線上之切點，當P的橫座標x做無窮小的變化（設為dx），此時橫座標$x+dx$相對應於曲線上之Q點，因為P與Q兩點之橫座標的差距為無窮小，故曲線弧PQ可視同為線段$\overline{PQ}$，而線段 $\overline{PQ}$ 之延伸線交x軸於S點，因此$\triangle PQR$與$\triangle SPT$相似，按照相似$\triangle$之邊長具有等比例之關係，可得$\dfrac{\overline{QR}}{\overline{PR}}=\dfrac{dy}{dx}=\dfrac{\overline{PT}}{\overline{ST}}$，而能進一步求出$S$點之座標，則直線$\overleftrightarrow{PS}$即為所求之過$P$點的切線。

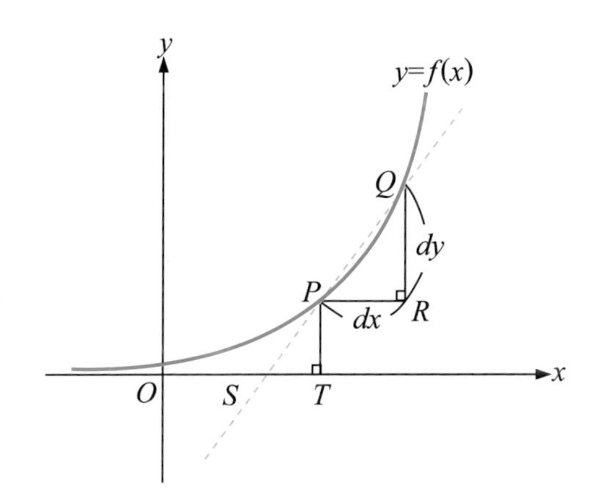

圖 1-4　無窮小方法舉例之二：求過 P 點之切線

從微分與積分的發展歷史來看，這似乎是兩門毫不相關的學問，因為微分的目的是在求變化率（例如速度、切線斜率、極大值、極小值等），而積分的目的是在求積（例如曲線長、面積、體積），但到了十七世紀時牛頓 (Isaac Newton, 1642～1727) 與萊布尼茲 (Leibniz, 1646～1716) 卻發現求變化率與求積之間的關係其實是互為可逆的運算（如圖 1-5 所示），也就是微分與積分兩者的功能雖不同，但是關係卻十分密切，這時微分與積分就再也分不開了，而牛頓與萊布尼茲他們兩人使得微積分的理論更加完備，因此我們通常說微積分是牛頓與萊布尼茲發明的。

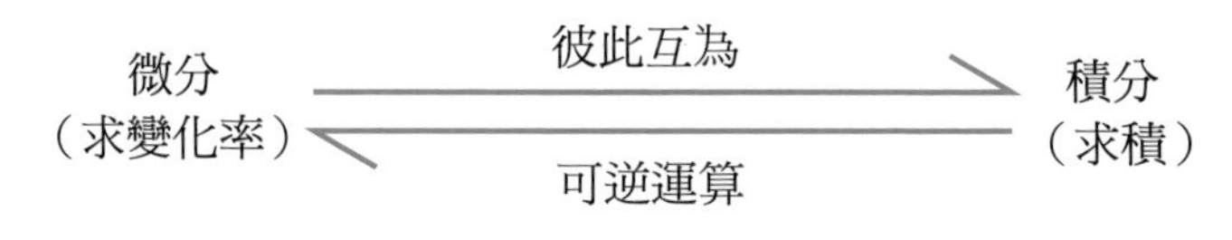

圖 1-5　微分與積分的關係

1-2 微積分功能

本書將微積分常見的數學功能列於表 1-1 與表 1-2：

表 1-1　微分常見的數學功能

功能	說明	圖示/式子
功能 1	可求出曲線上某點的切線斜率	P（切點）切線
功能 2	可判斷函數圖形的遞增、遞減情	遞減 增遞 遞減 增遞
功能 3	可求出函數圖形的極大或極小值	極小點 極大點 極小點
功能 4	可判斷函數圖形的凹口情況	凹口朝上 凹口朝下 凹口朝上
功能 5	可求出函數圖形的反曲點	反曲點
功能 6	可解不定型極限	$\frac{0}{0}$或$\frac{\infty}{\infty}$
功能 7	可解無窮小變化率	$\lim\limits_{\Delta x\to 0}\frac{\Delta y}{\Delta x}$
功能 8	可解方程式的近似根	$f(x)=0\Rightarrow x\simeq a-\frac{f(a)}{f'(a)}$
功能 9	可將函數轉換成冪級數	$f(x)=f(a)+f'(a)(x-a)+\frac{f''(a)}{2!}(x-a)^2+\cdots\cdots$

■ 表 1-2　積分常見的數學功能

功能	說明	圖示
功能 1	可求出曲線長度	 A　B　$y=f(x)$
功能 2	可求出曲線所圍的面積	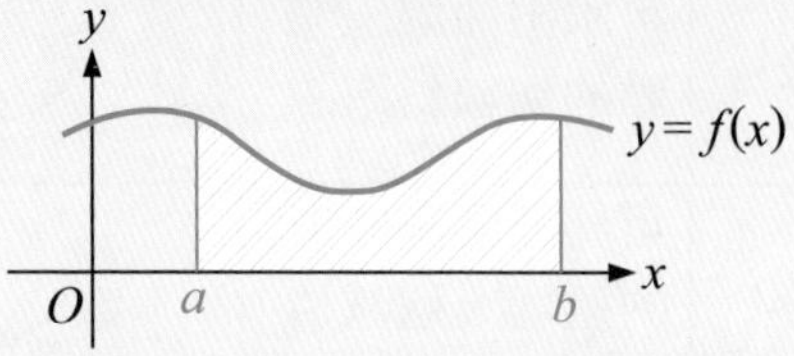 y　$y=f(x)$　O　a　b　x
功能 3	可求出曲面所包圍的體積	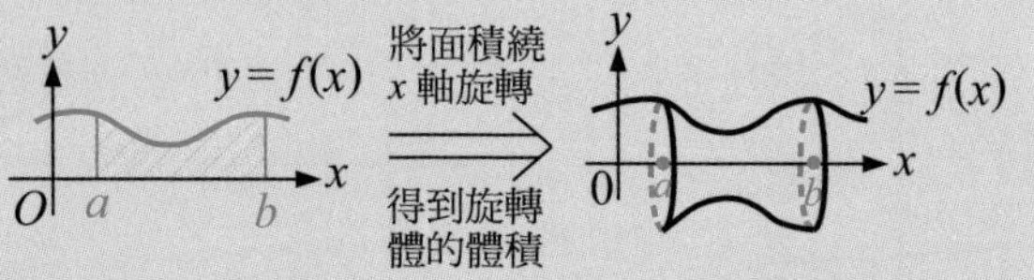 y　$y=f(x)$　O　a　b　x　將面積繞 x 軸旋轉　得到旋轉體的體積　y　$y=f(x)$　0　a　b　x
功能 4	可求無窮級數的斂散性與級數和	$S=a_1+a_2+a_3+\cdots\cdots$

1-3 微積分與各學科的關係

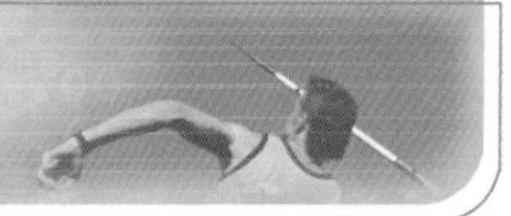

微積分的出現就是為了要解決生活中的實際問題，以牛頓為例，「蘋果落地」雖然帶給他靈感，導致「萬有引力」的觀念出現，但是他為了要更進一步研究「萬有引力」的理論，所以借助了微積分的技巧，才能成就此一重大理論的完備，進而改變了全人類的宇宙觀，影響既深且遠。

本書將微積分與常見的一些學科之間的關係列於表 1-3：

表 1-3　微積分在其他學科上常見的應用

學科名稱	微積分在該學科上常見的的應用
物理學	瞬時速度、瞬時加速度、功、簡諧運動、質心、流體力學、萬有引力、Maxwell's 電磁波方程式、放射性元素衰變、相對論
化　學	反應速率、反應級數、動力平衡、熱能變化
電子學	電量與電流關係式、訊號之傅立葉轉換
統計學	迴歸理論
經濟學	邊際成本、邊際收益、最大淨利、需求彈性、供給彈性、生產者剩餘、消費者剩餘、所得分配
社會學	馬爾薩斯人口方程式
政治學	決策理論

習 題

1. 比較窮盡法與無窮小方法的異同！

2. 請舉出一個應用窮盡法的例子（本書已介紹的例子除外）。

3. 請舉出一個應用無窮小方法的例子（本書已介紹的例子除外）。

4. 微積分到底是牛頓或萊布尼茲發明的？這是一個歷史上頗為引起爭論的話題，請讀者去查查相關的典故，以明瞭其中的故事。

5. 微積分在其他學科上的應用甚廣，除了本書所介紹的例子外，你還能找到哪些應用呢？

微積分趣談(一)：緒論

主角：史努比與桃樂比兩人，目前皆在學，史努比的微積分功力較桃樂比高，因此常由史努比指導桃樂比功課，但史努比較愛作夢，常被講求實際的桃樂比澆冷水，兩人雖常鬥嘴，事後仍是好搭檔。

故事開始：史努比利用暑期到英國遊學，順便問當地人知不知道微積分是誰發明的，英國人都回答是牛頓；同一時間，桃樂比也到德國遊學，問當地人知不知道微積分是誰發明的，德國人都回答是萊布尼茲。回國後，兩人為了這個問題爭論不休，讀者能替他們解答疑惑嗎？

memo

CHAPTER 02

函　數

本章大綱

2-1 函數的意義

在生活中我們往往會討論到量與量的關係，比如手機費用與使用時間的關係，或者是計程車資與行駛距離的關係等等，在數學上處理這類量與量之間關係的最常見工具就是函數。

到底什麼是函數呢？一般而言，任何兩個量，只要其中一個量（假設為x）改變，另外一個量（假設為y）也隨之改變，這種描述量與量對應關係的式子就是一個函數，其中x 稱之為自變量，y 稱之為應變量，我們稱之為 y 是 x 的函數，記作 $y = f(x)$。前述手機費用與使用時間的關係中，使用時間就是自變量 x，手機費用就是應變量 y，此時函數可記作手機費用＝f（使用時間）；而在計程車資與行駛距離的關係中，行駛距離就是自變量 x，計程車資就是應變量 y，此時函數可記作計程車資＝f（行駛距離）。

如果從因果關係的角度上來看函數，自變量x好比是因，應變量y好比是果，而函數簡單的說就是在討論因果關係，這時函數可記作 果＝f（因），其中f是函數function的縮寫。但是不同的函數總不能都用$f(x)$表示，此時也可以使用其他代號如$g(x)$、$u(x)$等，來表示不同的函數。

另外從工廠生產的角度上來看函數，自變量x好比是原料，應變量 y 好比是成品，而函數 f 好比是工廠。將原料 x 送入工廠，在工廠 f 中加工，最後輸出成品 y，這時函數可記作成品＝f（原料）。此項觀念以圖 2-1 表示：

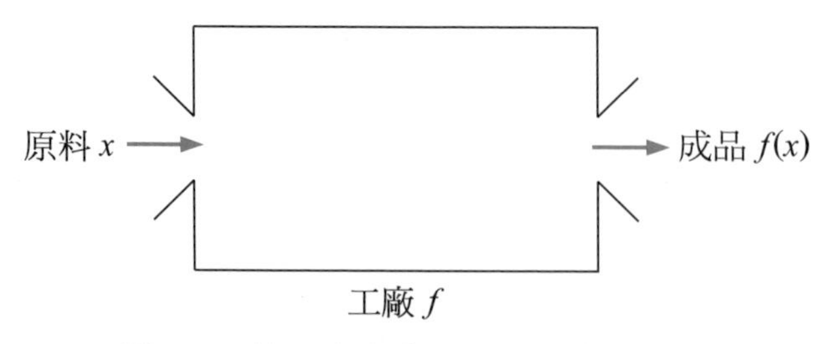

圖 2-1　從工廠生產的角度上來看函數

至於函數的完整定義，陳述於定義 2-1 所示：

定義 2-1　函數的定義

設A與B為兩集合，對於集合A中的任意一個元素x，就恰有集合B中的一個元素y與之對應，如此的對應為一個從定義域A到對應域B的函數，記作$f: A \to B$或$y = f(x)$。元素y稱為x的像，而所有的像所成的集合$f(A)$，稱為函數的值域。

定義 2-1 有關於函數的說明如圖 2-2 所示：

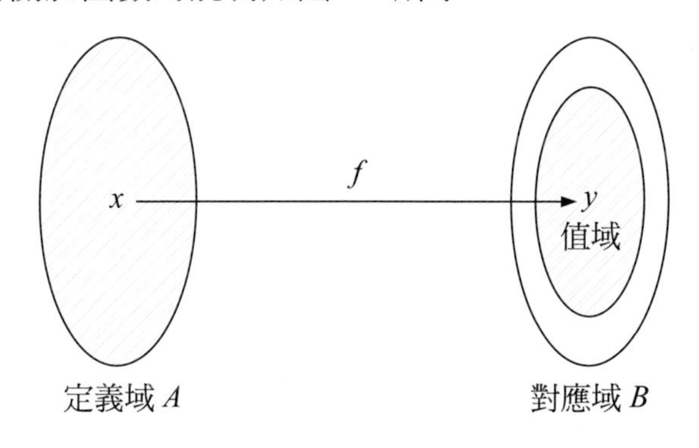

圖 2-2　函數自變量x與應變量y之關係圖

例 1

求下列函數的定義域與值域。

(1) $f(x) = \sqrt{2x-6}$　　(2) $f(x) = x^2 + 10$　　(3) $f(x) = \dfrac{1}{x-3}$

(1) 因根號內必須為正數或是零，故 $2x - 6 \geqq 0$，即$x \geqq 3$，故定義域為 $\{x \mid x \geqq 3\}$，值域為 $\{y \mid y \geqq 0\}$。

(2) 因 x^2 必定為正數或是零，故 $f(x)=x^2+10\geqq 10$，故定義域為 $\{x\,|\,x\in R\}$，值域為 $\{y\,|\,y\geqq 10\}$。

(3) 因分母不能為 0，故 $x-3\neq 0$，即 $x\neq 3$，故定義域為 $\{x\,|\,x\neq 3\}$，值域為 $\{y\,|\,y\neq 0\}$。

例 2

下列描述定義域與值域的關係圖（圖 2-3）中，哪些是函數？哪些不是函數？

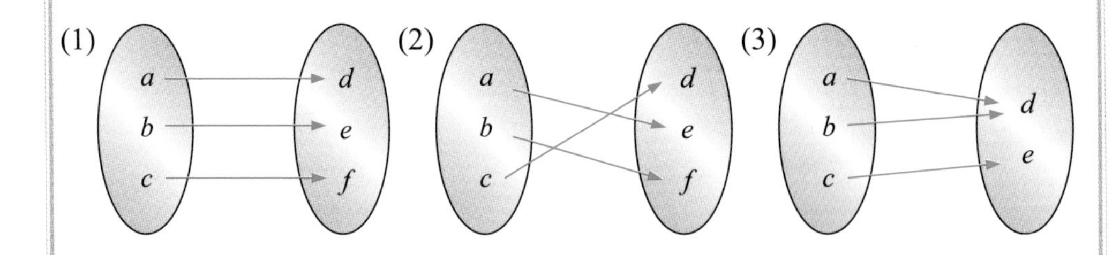

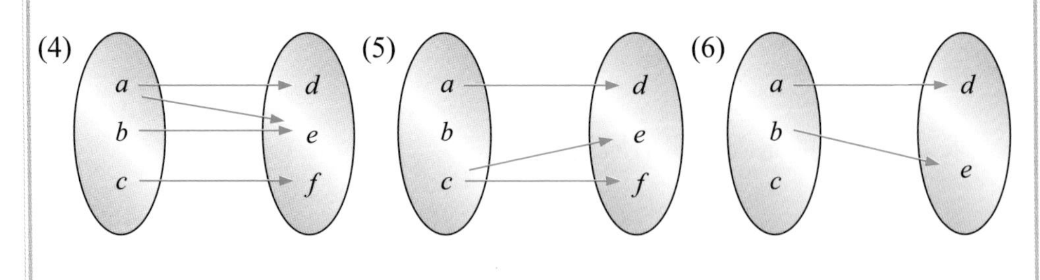

圖 2-3　定義域與值域的關係圖

(1) 是函數的對應關係，因定義域中的任意一個元素，都恰有值域中的一個元素與之對應。

(2) 是函數的對應關係，因定義域中的任意一個元素，都恰有值域中的一個元素與之對應。

(3) 是函數的對應關係，因定義域中的任意一個元素，都恰有值域中的一個元素與之對應。

(4) 不是函數的對應關係，因定義域中的有些元素（如a）與值域中的多個元素相對應。

(5) 不是函數的對應關係，因定義域中的有些元素（如b），未與值域中的元素相對應。同時定義域中的有些元素（如c）與值域中的多個元素相對應。

(6) 不是函數的對應關係，因定義域中的有些元素（如 c）未與值域中的元素相對應。

如例 2-(1)、(2)之函數稱為一對一函數，此種函數對定義域中任意相異元素 x_1 與 x_2，在值域中恆有$f(x_1)\neq f(x_2)$之關係。至於如例 2-(3)之函數可看出$f(a)=f(b)=d$之關係，故此種函數為非一對一函數（或稱多對一函數）。

例 3

根據下列圖形，判斷哪些是函數圖形？哪些不是函數圖形？

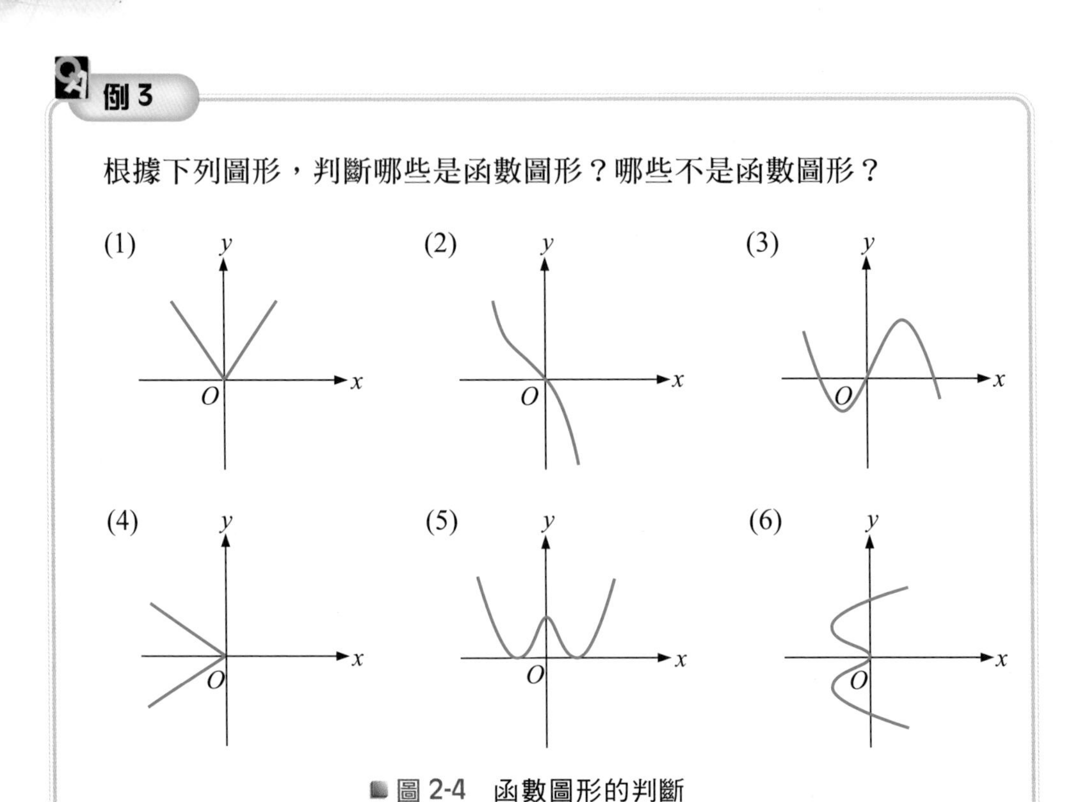

圖 2-4　函數圖形的判斷

判別座標平面上一個曲線是否為某一函數的圖形，只要去檢查所有鉛垂線是否與此曲線均恰有一個交點，如果是，則此曲線必為某函數的圖形。

圖(2)是一對一的函數圖形。

圖(1)、(3)、(5)皆為多對一的函數圖形。

圖(4)與(6)不是函數圖形。

例 4

若函數$f(x)=x^2-3x+1$，求

(1) $f(4)-f(3)=$ ？　(2) $f(x+\triangle x)-f(x)=$ ？　(3) $\dfrac{f(x+\triangle x)-f(x)}{\triangle x}=$ ？

(1) $f(4)-f(3)=(4^2-3\times4+1)-(3^2-3\times3+1)=5-1=4$

(2)
$$\begin{aligned}f(x+\triangle x)-f(x)&=[(x+\triangle x)^2-3(x+\triangle x)+1]-(x^2-3x+1)\\&=x^2+2x\triangle x+(\triangle x)^2-3x-3\triangle x+1-x^2+3x-1\\&=2x\triangle x+(\triangle x)^2-3\triangle x\\&=(2x-3)\triangle x+(\triangle x)^2\end{aligned}$$

(3) $\dfrac{f(x+\triangle x)-f(x)}{\triangle x}=\dfrac{(2x-3)\triangle x+(\triangle x)^2}{\triangle x}=(2x-3)+\triangle x$

習題 2-1

第一組

1. 求下列函數的定義域與值域：

(1) $y=\frac{1}{x^2+1}$　(2) $y=|4x+3|$　(3) $y=\frac{1}{x-2}$

(4) $y=\sqrt{6x+6}$　(5) $y=(x+1)(x+2)$

2. 下列描述定義域與值域的關係圖中，哪些是函數？哪些不是函數？

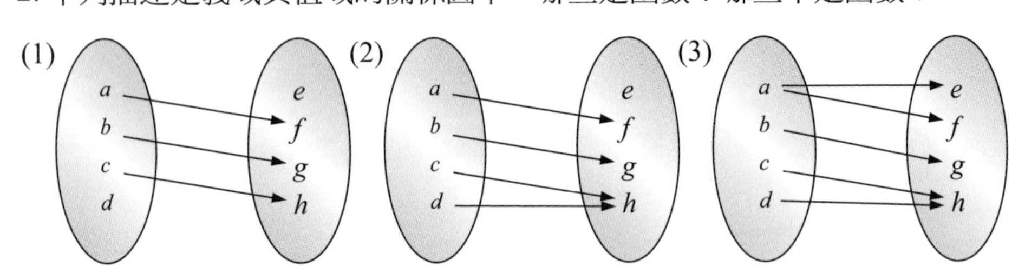

3. 根據下列圖形，判斷哪些是 $y=f(x)$ 的函數圖形？哪些不是函數圖形？

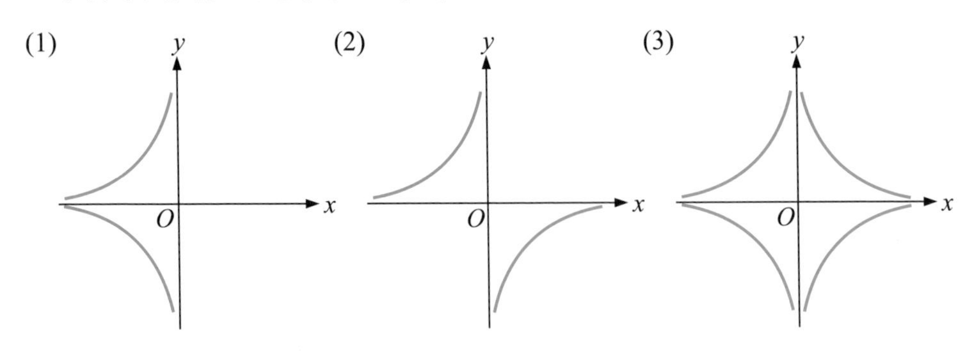

4. 若$f(x)=x^3$，求　(1) $f(1)-f(-1)$　(2) $\frac{f(x+h)-f(x)}{h}$

5. 設計程車資的計算如下：上車起跳為 70 元，超過 1.65（公里）以後，每 350

公尺加收 5 元。如車資為 y（元），行駛里程為 x（公里），則 y 與 x 之關係式為何？

第二組

1. 求下列函數的定義域與值域？

(1) $y=x^3+1$　　(2) $y=x^4+1$　　(3) $y=\sqrt{x^2-9}$

(4) $y=\dfrac{2}{x-8}$　　(5) $y=\dfrac{x}{x^2-1}$

2. 下列描述定義域與值域的關係圖中，哪些是函數？哪些不是函數？

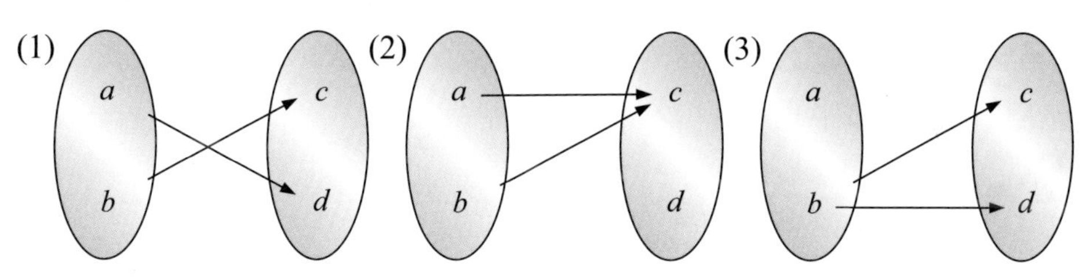

3. 根據下列圖形，判斷哪些是 $y=f(x)$ 函數圖形？哪些不是函數圖形？

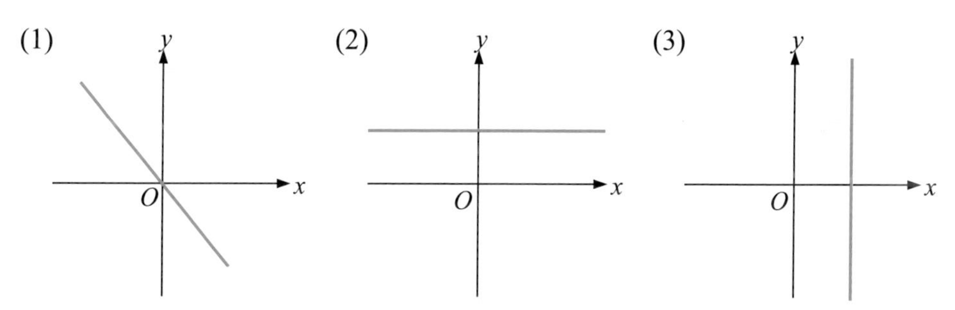

4. 若 $f(x)=3x-1$，求(1) $f(2)-f(-1)$　　(2) $\dfrac{f(x_0+\triangle x)-f(x_0)}{\triangle x}$

5. 某電信業者之手機費率如下：月租費 200 元，以秒計費，每秒 0.2 元，同時每月月租費可抵扣通話費 200 元。若 y 為每月手機率費用（單位：元），x 為每月通話時間（單位：秒）則 y 與 x 之關係式為何？

2-2 函數的圖形

函數$y=f(x)$的自變量x與應變量y之對應關係如何能讓人一目瞭然呢？最好的方法就是畫出函數圖形，至於畫出函數圖形的方法最直接的就是描點法，根據自變量x與應變量y對應所成的數對(x,y)一一列表，接著再按照自變量的大小順序，依序在平面坐標上描點，把所描的點以線條連接起來，就構成了函數圖形。但是此法有一個缺點，那就是當所描的點不夠多時，則圖形易於失真，事實上以微分的方法較容易畫出函數圖形的全貌，這個部份將會在後面的章節中說明。

例 5

以描點法畫出函數$f(x)=x^3+2$的圖形。

由以下數對描點，約略可畫出其圖形如圖 2-5 所示：

x	-3	-2	-1	0	1	2	3
y	-25	-6	1	2	3	10	29

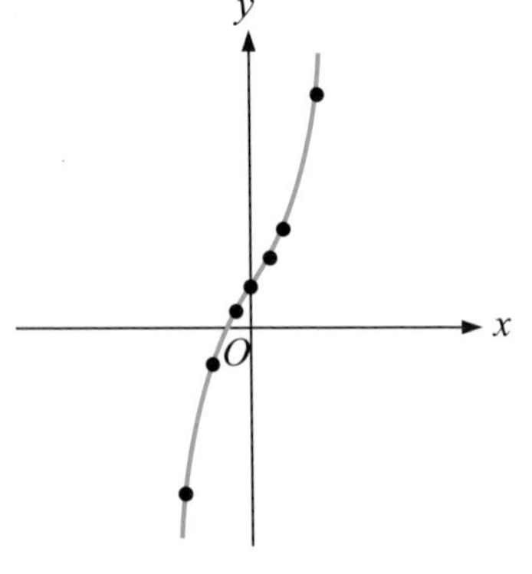

圖 2-5　函數$f(x)=x^3+2$的圖形

習　題　2-2

第一組

1. 以描點法畫出下列函數圖形：

 (1) $y=6$

 (2) $y=2x-1$

 (3) $y=x^2+6x+4$

 (4) $y=\dfrac{x}{x^2+1}$

 (5) $y=\begin{cases} 1 & x>0 \\ -1 & x\leqq 0 \end{cases}$

 (6) $y=\sqrt{x}$

第二組

1. 以描點法畫出下列函數圖形：

 (1) $y=-4$

 (2) $y=-4x+2$

 (3) $y=-4x^2+3x+1$

 (4) $y=\dfrac{x}{x+1}$

 (5) $y=\begin{cases} x & x>0 \\ 1 & x=0 \\ -x & <0 \end{cases}$

 (6) $y=\sqrt{x-2}$

2-3 函數的分類

2-3-1 常數函數

定義域中的每個 x 均對應常數 c，即 $f(x)=c$；其函數圖形為通過點 $(0，c)$的水平直線，如圖 2-6 所示：

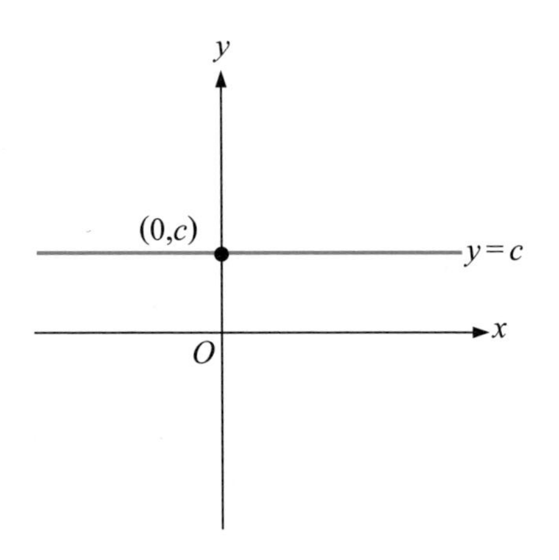

圖 2-6　常數函數的圖形

例 6

分別畫出 (1) $f(x)=1$　(2) $f(x)=0$　(3) $f(x)=-1$ 的函數圖形。

(1) 如圖 2-7 之直線 L。

(2) 如圖 2-7 之 x 軸。

(3) 如圖 2-7 之直線 M 。

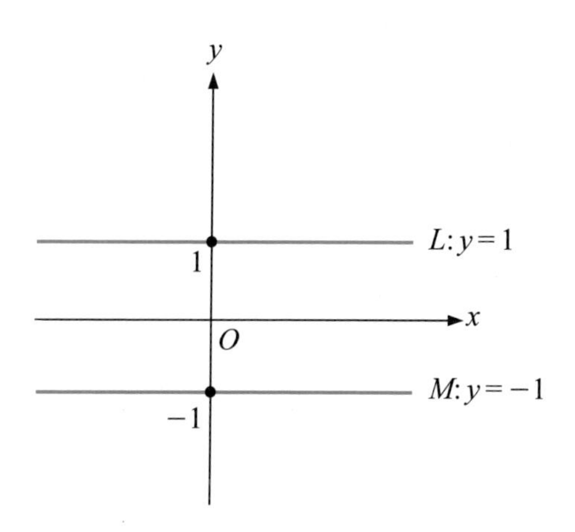

圖 2-7　(1) $f(x)=1$　(2) $f(x)=0$　(3) $f(x)=-1$ 的函數圖形

2-3-2 冪函數

凡函數具有$f(x)=kx^n$的形式者皆稱之為冪函數，其中k為非零的常數，而 n 為實數；其函數圖形視 k 與 n 的不同而不同。例如下列函數均為冪函數：$f(x)=2x^3$，$f(x)=5x^{\frac{1}{2}}$，$f(x)=-4x$，$f(x)=6x^2$。

例 7

畫出$f(x)=-x^3$的圖形。

由以下數對描點，約略可畫出其圖如圖 2-8 所示：

x	-2	-1	0	1	2
y	8	1	0	-1	-8

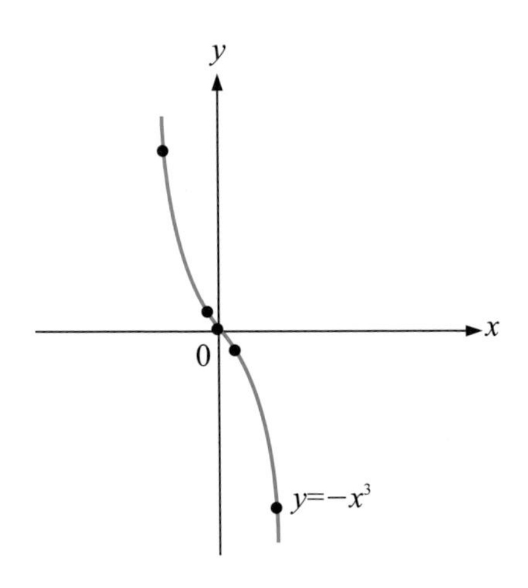

圖 2-8　$f(x)=-x^3$的圖形

2-3-3 多項式函數

凡函數具有 $f(x)=a_nx^n+a_{n-1}x^{n-1}+\cdots+a_1x+a_0$ 的形式者皆稱之為多項式函數，其中$a_n\neq 0$，且a_i $(i=0，1，\cdots\cdots，n)$為實數，而 n 為非負整數。

而最高次方$n=1$時的多項式函數稱之為一次函數，也叫作線性函數，這是因為一次函數的圖形為一條斜直線，其函數形式為 $f(x)=a_1x+a_0$或

$y = mx + b$，其中 m 稱為斜率(slope)，b 稱為 y 截距。斜率的觀念在微分的基礎上甚為重要，故在此特別加以介紹：

斜率一般以符號 m 來代表，它是用來表示一條直線的傾斜程度，數學上的定義是直線上不同兩點的 y 坐標的差($\triangle y$)對 x 坐標的差($\triangle x$)之比值，即 $m=\dfrac{\triangle y}{\triangle x}$，如圖 2-9 所示：

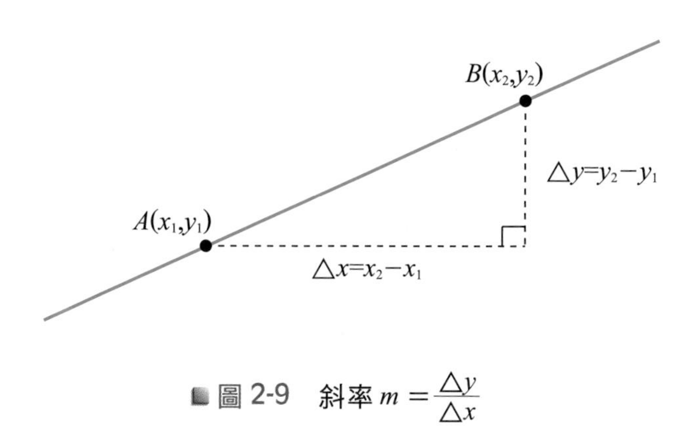

圖 2-9　斜率 $m=\dfrac{\triangle y}{\triangle x}$

當斜率為正，表示該直線由左而右逐漸遞增；當斜率為負，表示該直線由左而右逐漸遞減；當斜率為零，表示該直線為水平直線；當斜率為正或負無限大，表示該直線為垂直直線，如圖 2-10 所示：

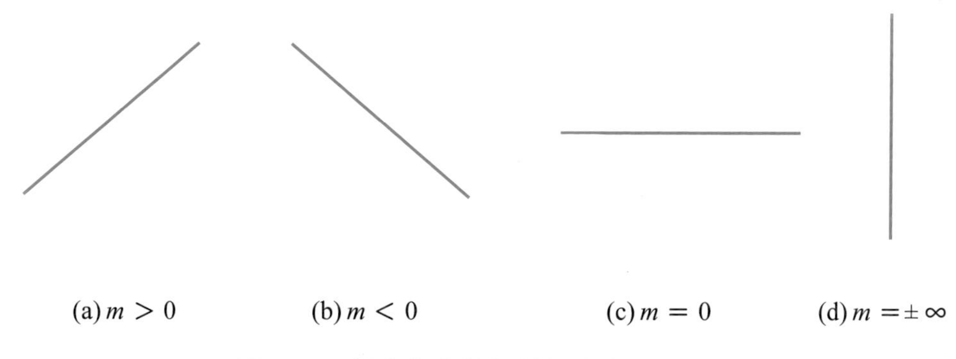

圖 2-10　斜率與直線傾斜程度的關係

例 8

分別畫出兩直線 L_1：$2x-3y=6$ 與 L_2：$x+y=1$ 之圖形，並求其交點？

因兩點可決定一直線，故

L_1：

x	0	3
y	-2	0

L_2：

x	0	1
y	1	0

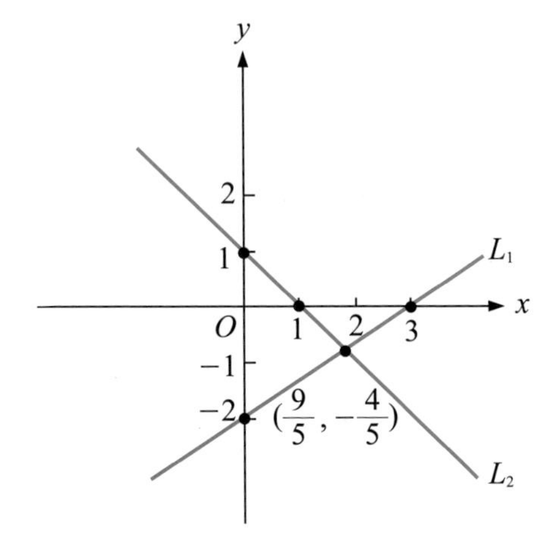

圖 2-11　兩直線 L_1：$2x-3y=6$ 與 L_2：$x+y=1$ 之圖形

L_1 與 L_2 的圖形如圖 2-11 所示，至於其交點，可求兩者之聯立解 $\begin{cases} 2x-3y=6 \\ x+y=1 \end{cases}$

解出之答案為 $x=\dfrac{9}{5}$，$y=-\dfrac{4}{5}$，故交點為 $(\dfrac{9}{5}，-\dfrac{4}{5})$。

例 9

在圖 2-12 中，哪一條直線是 $y = 3x-3$ 的圖形？

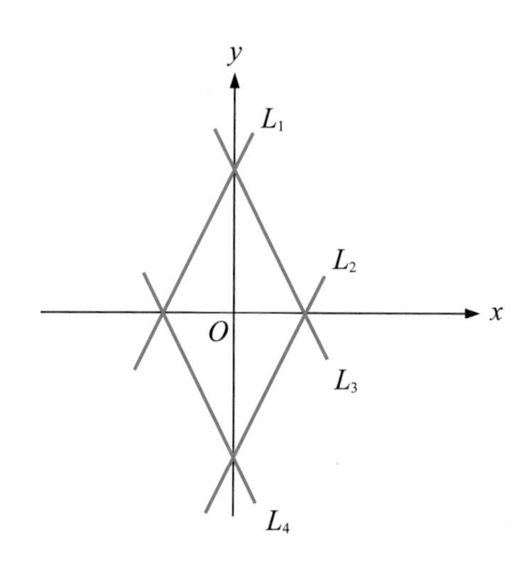

圖 2-12　判斷哪一條直線是 $y = 3x-3$

因直線 $y = 3x-3$ 之斜率 $m = 3 > 0$，故可選 L_1 或 L_2，但此直線 $y = 3x-3$ 之 y 截距為 -3，故答案為 L_2。

直線方程式的求法依照條件的不同而有下列不同的方法，如表 2-1 所示：

表 2-1　直線方程式的求法

名稱	已知條件	直線方程式求法
兩點式	直線上不同兩點 $P(x_1, y_1)$ 與 $Q(x_2, y_2)$	$\frac{y-y_1}{x-x_1}=\frac{y_2-y_1}{x_2-x_1}$
代數式	直線上不同兩點 $P(x_1, y_1)$ 與 $Q(x_2, y_2)$	利用 $\begin{cases} y_1=mx_1+b \\ y_2=mx_2+b \end{cases}$ 解出 m，b 則 $y=mx+b$ 即為所求之直線
斜截式	直線之斜率 m 與 y 截距 b	$y=mx+b$
點斜式	直線上之一點 $P(x_0, y_0)$ 與斜率 m	$y-y_0=m(x-x_0)$
截距式	直線之 x 截距 a 與 y 截距 b	$\frac{x}{a}+\frac{y}{b}=1$

例 10

依照下列不同的條件求出直線方程式：

(1) 已知直線上不同兩點 $P(1, 2)$ 與 $Q(3, 4)$

(2) 已知直線上不同兩點 $P(1, 2)$ 與 $Q(3, 4)$

(3) 已知直線之斜率 $m=3$ 與 y 截距 $b=-2$

(4) 已知直線上之一點 $P(-4, 3)$ 與斜率 $m=-5$

(5) 已知直線上不同兩點 $P(-2, 0)$ 與 $Q(0, 6)$

(1) 依照兩點式：$\frac{y-2}{x-1}=\frac{4-2}{3-1}$，整理後得直線方程式為$x-y+1=0$。

(2) 依照代數式：解$\begin{cases}2=m+b\\4=3m+b\end{cases}$，得$m=1$，$b=1$，故直線方程式為$y=mx+b=x+1$。

(3) 依照斜截式：得直線方程式為$y=mx+b=3x-2$。

(4) 依照點斜式：$y-y_0=m(x-x_0)$，即$y-3=-5[x-(-4)]$，整理後得直線方程式為$5x+y+17=0$。

(5) 依照截距式：因x截距$a=-2$，y截距$b=6$，故直線方程式為$\frac{x}{-2}+\frac{y}{6}=1$，整理後可化為$3x-y+6=0$。

而最高次方$n=2$時的多項式函數稱之為二次函數，其函數形式為$f(x)=a_2x^2+a_1x+a_0$或$y=ax^2+bx+c$，且圖形為一條拋物線，當$a>0$時，拋物線開口朝上；當$a<0$時，拋物線開口朝下，如圖2-13所示：

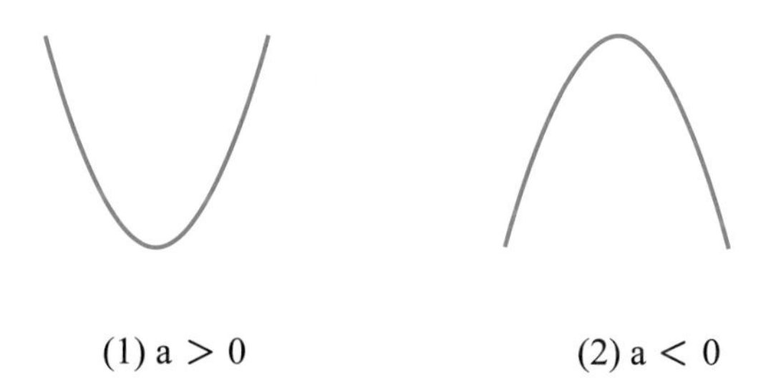

(1) $a>0$　　(2) $a<0$

圖2-13　二次函數$y=ax^2+bx+c$的圖形開口與係數a之關係

例 11

(1) 求二次函數$y = x^2 - 4x + 5$在$x =$？時，函數值y有極值？

(2) 畫出二次函數$y = x^2 - 4x + 5$之圖形。

(1) 二次函數求極值的方法可利用配方法（在後面的章節中會談到用微分法來求極值），配方法如下所述：$y = x^2 - 4x + 5 = (x-2)^2 + 1 \geqq 1$ 在$x = 2$時，函數值y有極小值為 1。

(2) 在(1)中已經找到函數之極小點(2，1)，由此極小點出發，往兩旁找一些對應點，約略可畫出其圖如圖 2-14 所示：

x	-1	0	1	2	3	4	5
y	10	5	2	1	2	5	10

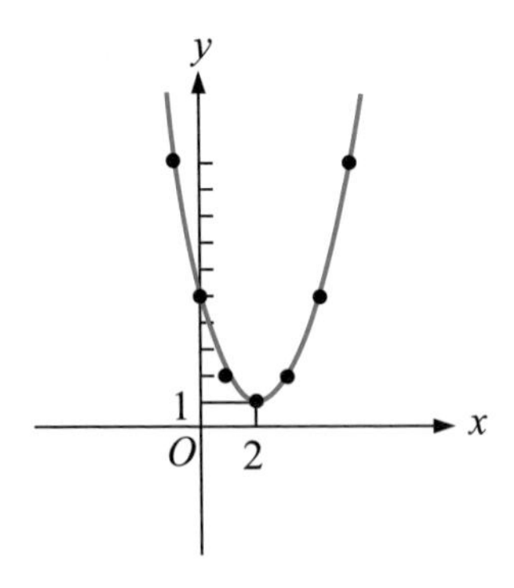

圖 2-14　二次函數$y = x^2 - 4x + 5$之圖形

至於最高次方$n=3$、4……，時的多項式函數，分別叫作三次函數、四次函數……，其圖形隨著 n 的升高而越複雜，在此就不加以介紹。

2-3-4 有理函數

凡函數具有$f(x)=\dfrac{q(x)}{p(x)}$ 的形式者皆稱之為有理函數，其中 $p(x)$ 與 $q(x)$ 皆為多項式函數，例如：$f(x)=\dfrac{x^3+2x-4}{x+5}$ 即是一個有理函數，其定義域為 $\{x \mid x\in R，x\neq -5\}$。

例 12

畫出 $f(x)=\dfrac{x^2-2x+1}{x-1}$ 的圖形。

因$x=1$ 時，函數無意義且$x\neq 1$ 時，$f(x)=\dfrac{x^2-2x+1}{x-1}=\dfrac{(x-1)^2}{x-1}=x-1$

故$f(x)$的圖形如圖 2-15 所示，圖中 $x=1$處的空心代表$f(1)$無意義。

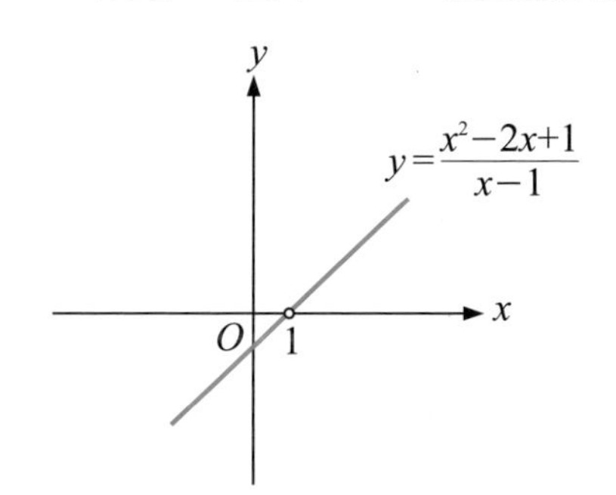

圖 2-15　$f(x)=\dfrac{x^2-2x+1}{x-1}$ 的圖形

2-3-5 分段函數

凡函數為兩個或兩個以上定義在不同區間的對應式子所組成者稱為分段函數，例如：$f(x)=\begin{cases} 3 & x \geqq 1 \\ -3 & x < 1 \end{cases}$ 為分段函數，其圖形如圖 2-16 所示：

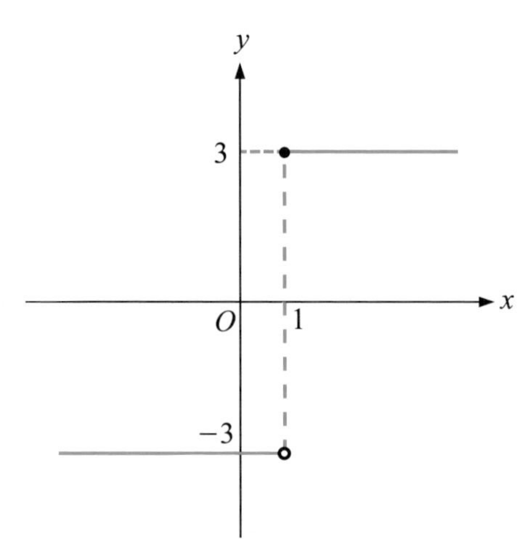

圖 2-16 分段函數 $y=f(x)=\begin{cases} 3 & x \geq 1 \\ -3 & x<1 \end{cases}$ 的圖形

例 13

畫出高斯函數 $f(x)=[x]$ 的圖形，其中 $[x]$ 表示小於或等於 x 的最大整數。

按照高斯函數的定義，可知 $n \leqq x < n+1$，則 $[x]=n$，n 為整數。

例如：$f(-2.5)=[-2.5]=-3$，$f(-1.3)=[-1.3]=-2$，$f(-0.8)=[-0.8]=-1$，$f(0)=[0]=0$，$f(0.4)=[0.4]=0$，$f(1.6)=[1.6]=1$，$f(2.7)=[2.7]=2$，……

故$f(x)$的圖形如圖 2-17 所示：

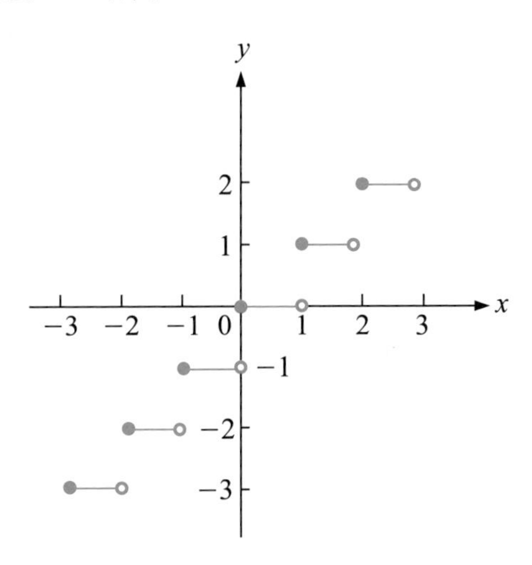

圖 2-17　高斯函數$f(x)=[x]$ 的圖形

2-3-6 三角函數

古希臘時代為了解決幾何上的測量問題，例如量度一條河的寬度或者一座山的高度，於是產生了以直角三角形為基礎的三角函數，以圖 2-18 為例，三角函數的定義陳述如下：

定義 2-2　銳角的三角函數的定義

正弦函數 $\sin\theta=\frac{對邊}{斜邊}$　　餘弦函數 $\cos\theta=\frac{鄰邊}{斜邊}$

正切函數 $\tan\theta=\frac{對邊}{鄰邊}$　　餘切函數 $\cot\theta=\frac{鄰邊}{對邊}$

正割函數 $\sec\theta=\frac{斜邊}{鄰邊}$　　餘割函數 $\csc\theta=\frac{斜邊}{對邊}$

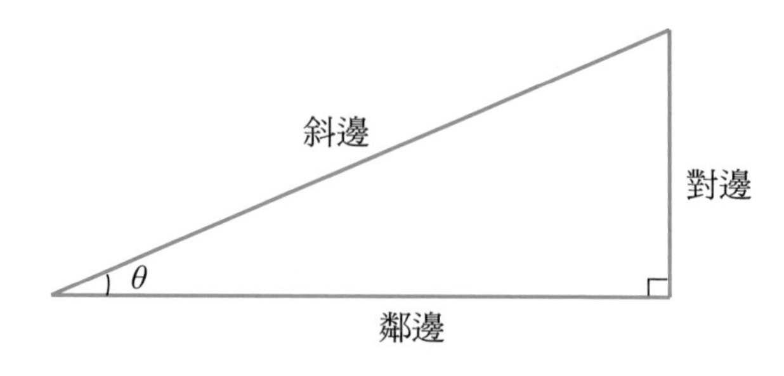

圖 2-18　直角三角形的邊

例 14

已知一直角三角形（如圖 2-19）的兩股之長分別為 3 與 4，求

(1) 斜邊之長

(2) 角 A 之六個三角函數。

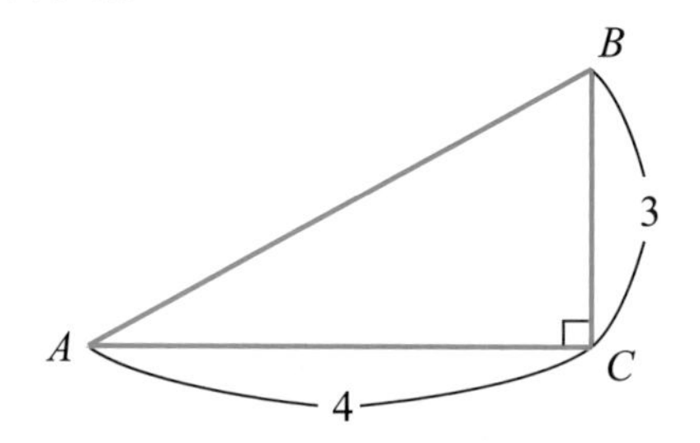

圖 2-19　兩股之長分別為 3 與 4 的直角三角形

(1) 按照畢氏定理，斜邊之長＝兩股平方和再開根號，故斜邊長

$\overline{AB}=\sqrt{3^2+4^2}=5$

(2) $\sin A=\frac{3}{5}$，$\cos A=\frac{4}{5}$，$\tan A=\frac{3}{4}$，$\cot A=\frac{4}{3}$，$\sec A=\frac{5}{4}$，$\csc A=\frac{5}{3}$

上述的三角函數的古典定義局限在角度θ為銳角時才成立，若將之推廣為任意角，則可得到廣義的三角函數的定義，根據圖 2-20，設$P(x,y)$為有別於原點O的任意點，且$\overline{OP}=r$，角度θ之始邊為正x軸，終邊為$\overline{OP}$，以逆時針方向繞之取正，以順時針方向繞之取負，如此定義之θ角將不再局限在銳角的範圍內，而據此所得到的廣義的三角函數的定義如下：

定義 2-3 廣義的三角函數的定義

正弦函數 $\sin\theta=\frac{y}{r}$　　餘弦函數 $\cos\theta=\frac{x}{r}$

正切函數 $\tan\theta=\frac{y}{x}$　　餘切函數 $\cot\theta=\frac{x}{y}$

正割函數 $\sec\theta=\frac{r}{x}$　　餘割函數 $\csc\theta=\frac{r}{y}$

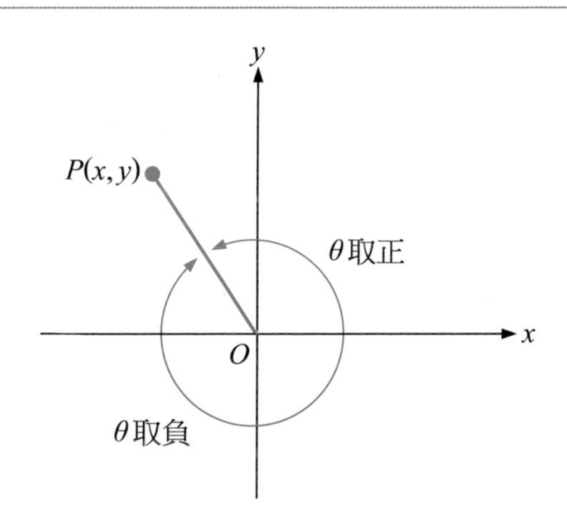

圖 2-20 廣義的三角函數之θ角在圖形的意義

根據廣義的三角函數之定義，可得下列三角函數的圖形！

(1)

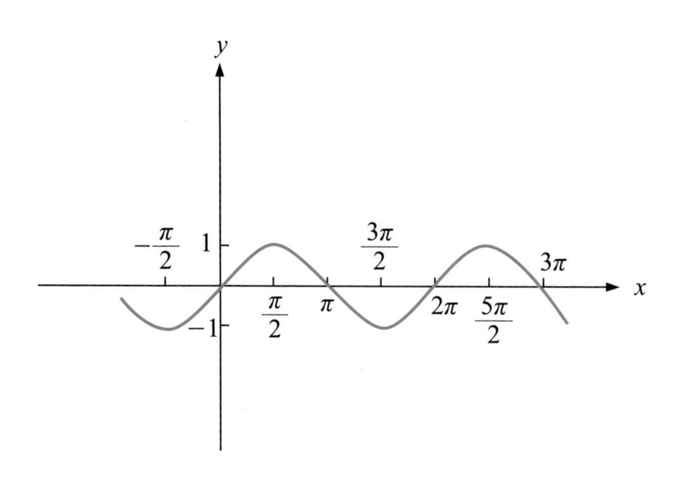

圖 2-21　$y = \sin x$ 的圖形

(2)

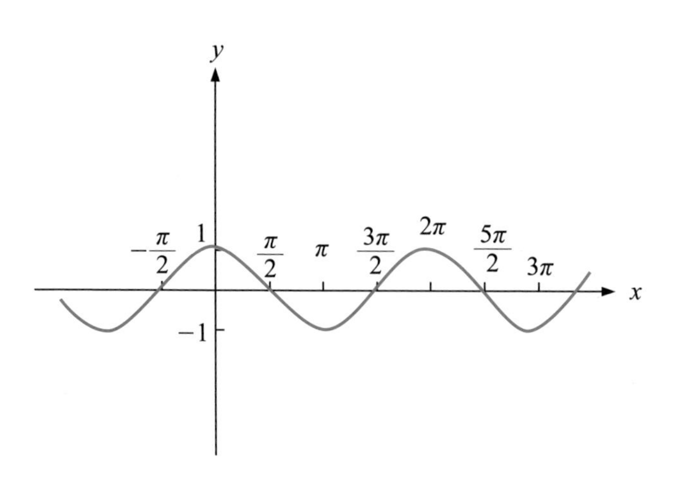

圖 2-22　$y = \cos x$ 的圖形

(3)

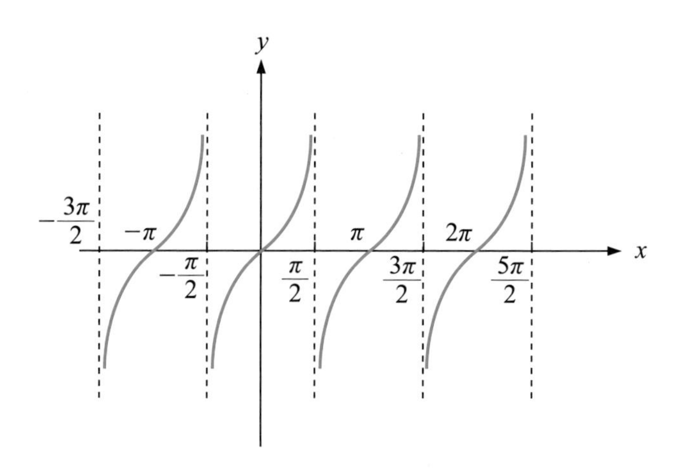

圖 2-23　$y = \tan x$ 的圖形

(4)

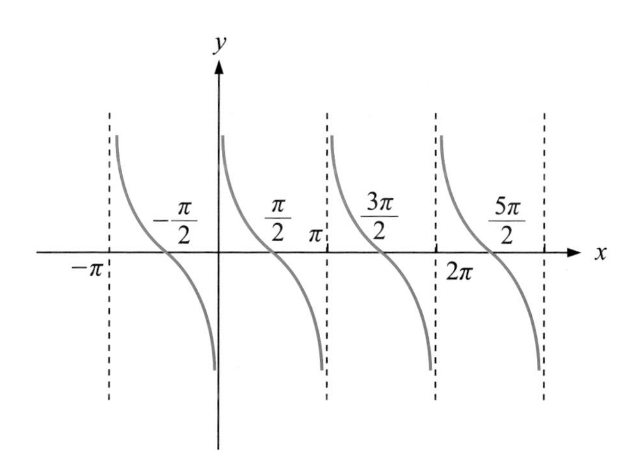

圖 2-24　$y = \cot x$ 的圖形

(5)

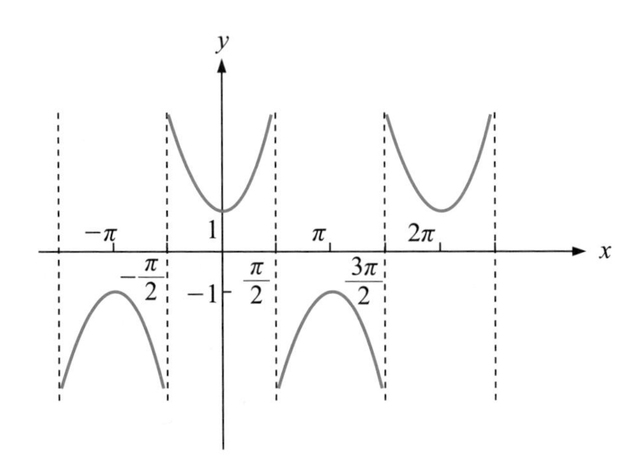

圖 2-25　$y = \sec x$ 的圖形

(6)

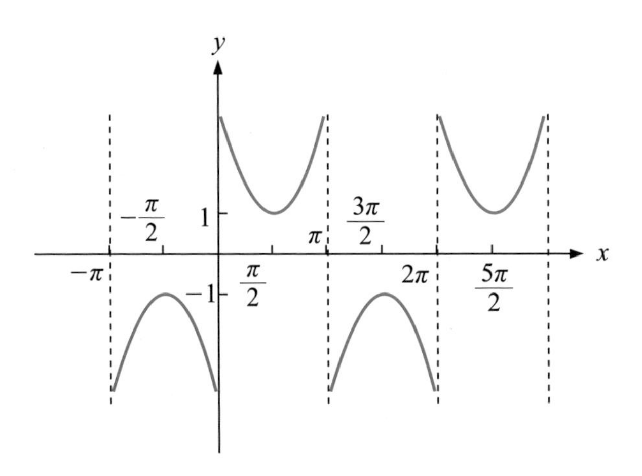

圖 2-26　$y = \csc x$ 的圖形

從圖 2-21～26 當中可看出六個三角函數的圖形均成週期性的變化，其中 tan 與 cot 函數的週期為π，而 sin、cos、sec 與 csc 函數的週期為 2π，故會產生如下關係：

■ 表 2-2　三角函數的週期性變化關係

(1) $\sin(\theta+2n\pi)=\sin\theta$	(4) $\cot(\theta+n\pi)=\cot\theta$
(2) $\cos(\theta+2n\pi)=\cos\theta$	(5) $\sec(\theta+2n\pi)=\sec\theta$
(3) $\tan(\theta+n\pi)=\tan\theta$	(6) $\csc(\theta+2n\pi)=\csc\theta$

此外，像 sin、tan、cot 與 csc 函數的圖形對稱於原點，故這些函數叫做奇函數，滿足$f(-x)=-f(x)$ 的關係，例如$\sin(-\theta)=-\sin\theta$，$\tan(-\theta)=-\tan\theta$，$\cot(-\theta)=-\cot\theta$，$\csc(-\theta)=-\csc\theta$；而像cos與sec函數的圖形對稱於$y$軸，故這些函數叫做偶函數，滿足 $f(-x)=f(x)$ 的關係，例如 $\cos(-\theta)=\cos\theta$，$\sec(-\theta)=\sec\theta$。

以下特別將介於 0°至 90°之間的一些特別角度θ與六個三角函數的對應情形表列如下：

■ 表 2-3　特殊角之三角函數值

	$\theta=0°$	$\theta=30°$	$\theta=45°$	$\theta=60°$	$\theta=90°$
$\sin\theta$	0	$\frac{1}{2}$	$\frac{\sqrt{2}}{2}$	$\frac{\sqrt{3}}{2}$	1
$\cos\theta$	1	$\frac{\sqrt{3}}{2}$	$\frac{\sqrt{2}}{2}$	$\frac{1}{2}$	0
$\tan\theta$	0	$\frac{1}{\sqrt{3}}$	1	$\sqrt{3}$	不存在
$\cot\theta$	不存在	$\sqrt{3}$	1	$\frac{1}{\sqrt{3}}$	0
$\sec\theta$	1	$\frac{2}{\sqrt{3}}$	$\sqrt{2}$	2	不存在
$\csc\theta$	不存在	2	$\sqrt{2}$	$\frac{2}{\sqrt{3}}$	1

例 15

求下列三角函數的值：

(1) $\sin 840°$　(2) $\cos(-390°)$　(3) $\tan 240°$　(4) $\cot(-405°)$

(5) $\sec 1080°$　(6) $\csc(-750°)$

(1) 因 sin 函數的週期為 2π（即 360°），故

$$\sin 840° = \sin(360° \times 2 + 120°) = \sin 120° = \frac{\sqrt{3}}{2}$$

(2) 因 cos 函數為偶函數且其週期為 2π，故

$$\cos(-390°) = \cos(390°) = \cos(360° + 30°) = \cos 30° = \frac{\sqrt{3}}{2}$$

(3) 因 tan 函數的週期為 π（即 180°），故

$$\tan 240° = \tan(180° + 60°) = \tan 60° = \sqrt{3}$$

(4) 因 cot 函數為奇函數且其週期為π，故

$$\cot(-405°) = -\cot(405°) = -\cot(180° \times 2 + 45°) = -\cot 45° = -1$$

(5) 因 sec 函數的週期為 2π，故

$$\sec 1080° = \sec(360° \times 3 + 0°) = \sec 0° = 1$$

(6) 因 csc 函數為奇函數且其週期為 2π，故

$$\csc(-750°) = -\csc(750°) = -\csc(360° \times 2 + 30°) = -\csc 30° = -2$$

接下來我們列舉出一些常用的三角函數的相關公式如表 2-4 所示：

表 2-4　三角函數的相關公式

1. 平方和公式：

   (1) $\sin^2\theta+\cos^2\theta=1$　(2) $\tan^2\theta+1=\sec^2\theta$　(3) $\cot^2\theta+1=\csc^2\theta$

2. 商數關係：

   (1) $\tan\theta=\dfrac{\sin\theta}{\cos\theta}$　(2) $\cot\theta=\dfrac{\cos\theta}{\sin\theta}$

3. 倒數關係：

   (1) $\sin\theta=\dfrac{1}{\csc\theta}$　(2) $\cos\theta=\dfrac{1}{\sec\theta}$　(3) $\sec\theta=\dfrac{1}{\cos\theta}$

   (4) $\csc\theta=\dfrac{1}{\sin\theta}$

4. 二倍角公式：

   (1) $\sin2\theta=2\sin\theta\cos\theta$　(2) $\cos2\theta=2\cos^2\theta-1=1-2\sin^2\theta$

5. 和角公式：

   (1) $\sin(\theta_1+\theta_2)=\sin\theta_1\cos\theta_2+\cos\theta_1\sin\theta_2$

   (2) $\sin(\theta_1-\theta_2)=\sin\theta_1\cos\theta_2-\cos\theta_1\sin\theta_2$

   (3) $\cos(\theta_1+\theta_2)=\cos\theta_1\cos\theta_2-\sin\theta_1\sin\theta_2$

   (4) $\cos(\theta_1-\theta_2)=\cos\theta_1\cos\theta_2+\sin\theta_1\sin\theta_2$

6. 和差化積：

   (1) $\sin\theta_1+\sin\theta_2=2(\sin\dfrac{\theta_1+\theta_2}{2})(\cos\dfrac{\theta_1-\theta_2}{2})$

   (2) $\sin\theta_1-\sin\theta_2=2(\cos\dfrac{\theta_1+\theta_2}{2})(\sin\dfrac{\theta_1-\theta_2}{2})$

   (3) $\cos\theta_1+\cos\theta_2=2(\cos\dfrac{\theta_1+\theta_2}{2})(\cos\dfrac{\theta_1-\theta_2}{2})$

   (4) $\cos\theta_1-\cos\theta_2=-2(\sin\dfrac{\theta_1+\theta_2}{2})(\sin\dfrac{\theta_1-\theta_2}{2})$

7. 積化和差：

   (1) $\sin\theta_1\cos\theta_2=\dfrac{1}{2}[\sin(\theta_1+\theta_2)+\sin(\theta_1-\theta_2)]$

   (2) $\cos\theta_1\sin\theta_2=\dfrac{1}{2}[\sin(\theta_1+\theta_2)-\sin(\theta_1-\theta_2)]$

   (3) $\cos\theta_1\cos\theta_2=\dfrac{1}{2}[\cos(\theta_1+\theta_2)+\cos(\theta_1-\theta_2)]$

   (4) $\sin\theta_1\sin\theta_2=-\dfrac{1}{2}[\cos(\theta_1+\theta_2)-\cos(\theta_1-\theta_2)]$

2-3-7 指數函數

十七世紀時法國科學家笛卡兒(Ren Descartes, 1596～1650)首先提出指數符號的概念，用以解釋自然界中存在的許多現象，例如在生物學中的細胞分裂或者如社會學中的人口成長以及經濟學中的複利問題等現象皆必須以指數函數的觀念加以解釋。指數函數的定義陳述如下：

定義 2-4 指數函數的定義

設 $a>0$ 且 $a\neq 1$，對於任意實數 x，定義函數 $y=a^x$ 為以 a 為底，x 的指數函數。

指數函數的圖形視底數a的大小而可分成兩大類，如圖 2-27 所示：

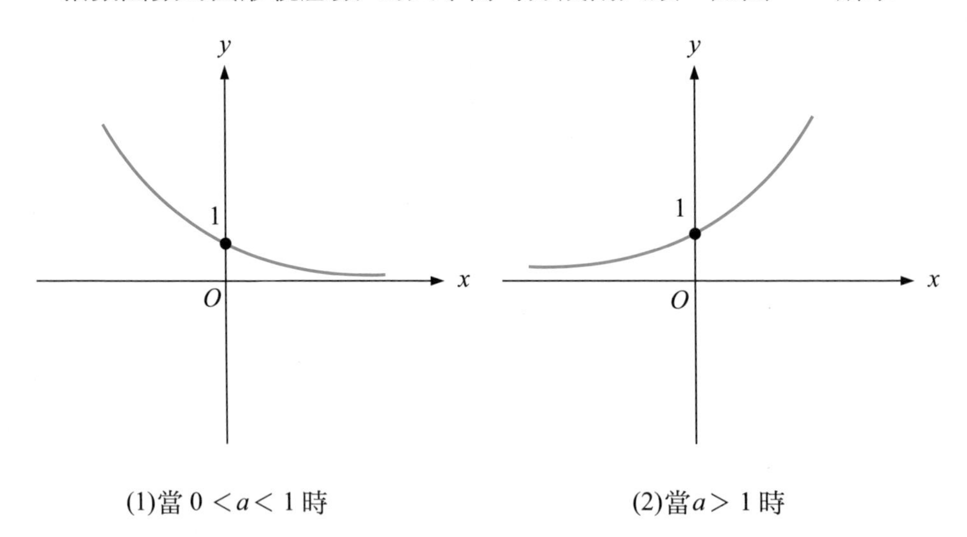

圖 2-27 指數函數$y = a^x$的圖形

例 16

求$f(x)=(\frac{1}{2})^x$與$f(x)=2^x$的圖形。

對於函數$f(x)=(\frac{1}{2})^x$，由以下數對描點，可畫出其圖如圖 2-26 之L_1所示：

x	-3	-2	-1	0	1	2	3
y	8	4	2	1	$\frac{1}{2}$	$\frac{1}{4}$	$\frac{1}{8}$

對於函數$f(x)=2^x$，由以下數對描點，可畫出其圖如圖 2-26 之L_2所示：

x	-3	-2	-1	0	1	2	3
y	$\frac{1}{8}$	$\frac{1}{4}$	$\frac{1}{2}$	1	2	4	8

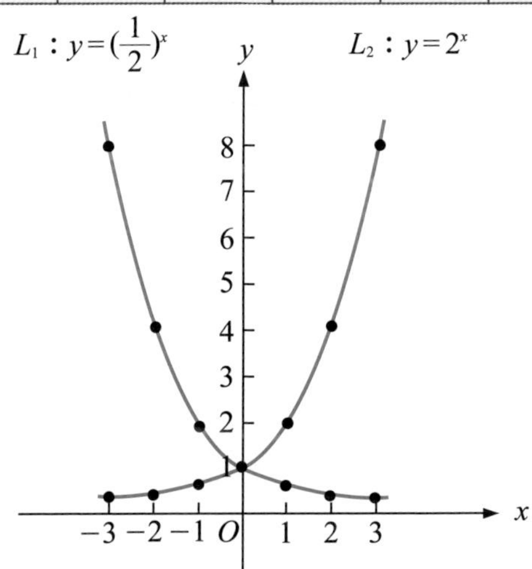

圖 2-28　$f(x)=(\frac{1}{2})^x$ 與 $f(x)=2^x$ 的圖形

接下來我們列舉出一些常用的指數的相關公式如表 2-5 所示：

■ 表 2-5　指數的相關公式

1. $a^0 = 1$（但$a \neq 0$）
2. $a^{-x} = \frac{1}{a^x}$（但$a \neq 0$）
3. $a^{\frac{m}{n}} = \sqrt[n]{a^m}$（$m$，$n \in N$）
4. $a^{x_1} \cdot a^{x_2} = a^{x_1 + x_2}$（口訣：同底相乘，指數相加）
5. $\frac{a^{x_1}}{a^{x_2}} = a^{x_1 - x_2}$（但$a \neq 0$）（口訣：同底相除，指數相減）
6. $(a^{x_1})^{x_2} = a^{x_1 x_2}$（口訣：次方再次方，指數相乘）
7. $(ab)^x = a^x b^x$
8. $(\frac{a}{b})^x = \frac{a^x}{b^x}$（但$b \neq 0$）

當指數函數$y = a^x$之底數 a 等於某常數$e = 2.71828\cdots\cdots$，此常數 e 可透過後面章節之極限觀念加以定義，到時再來詳談，而這樣的$y = e^x$（或寫成 $y = \exp x$）稱為自然指數函數，其運算規則與一般指數函數相同，但在微積分的運用上自然指數函數較為便利。

2-3-8 對數函數

對數與指數的關係十分密切，對於指數函數$x = a^y$，當給定了適當的 a 與 y 之後，就可以決定出 x；反之若我們想了解給定了適當的 a 與 x 之後，是否可以決定出 y，這個問題就可以用對數的方法來解決。我們將對數函數的定義陳述如下：

定義 2-5　對數函數的定義

設$a > 0$ 且$a \neq 1$，對於任意正實數 x，定義函數 $y = \log_a x$ 為以 a 為底，x的對數函數。此時$y = \log_a x$ 同時滿足 $x = a^y$ 的關係。

對數函數的圖形視底數 a 的大小亦可分成兩大類，如圖 2-29 所示：

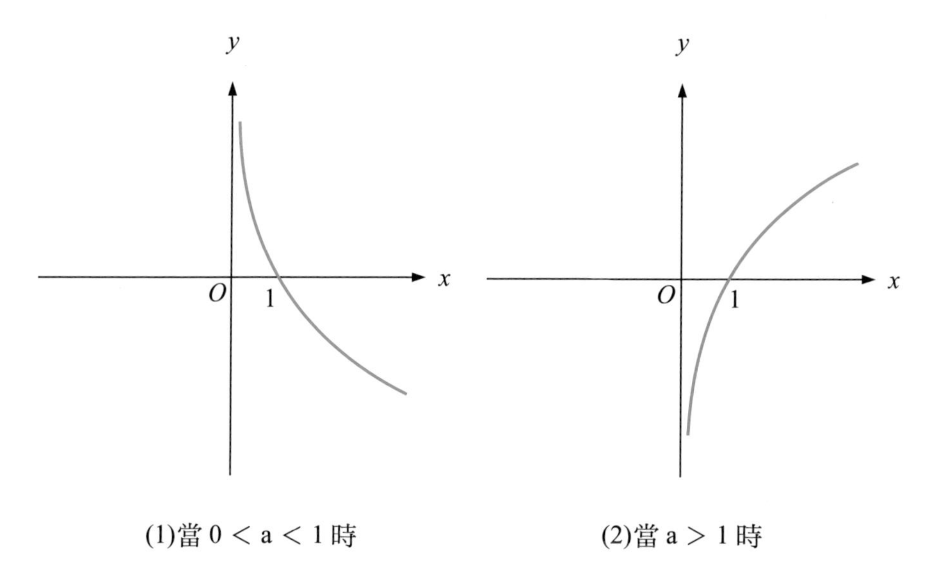

(1)當 $0 < a < 1$ 時　　(2)當 $a > 1$ 時

圖 2-29　對數函數 $y = \log_a x$ 的圖形

例 17

求 $f(x) = \log_{\frac{1}{2}} x$ 與 $f(x) = \log_2 x$ 的圖形。

對於函數 $f(x) = \log_{\frac{1}{2}} x$，由以下數對描點，可畫出其圖如圖 2-28 之 L_1 所示：

x	$\frac{1}{8}$	$\frac{1}{4}$	$\frac{1}{2}$	1	2	4	8
y	3	2	1	0	-1	−2	−3

對於函數 $f(x) = \log_2 x$，由以下數對描點，可畫出其圖如圖 2-28 之 L_2 所示：

x	$\frac{1}{8}$	$\frac{1}{4}$	$\frac{1}{2}$	1	2	4	8
y	-3	-2	-1	0	1	2	3

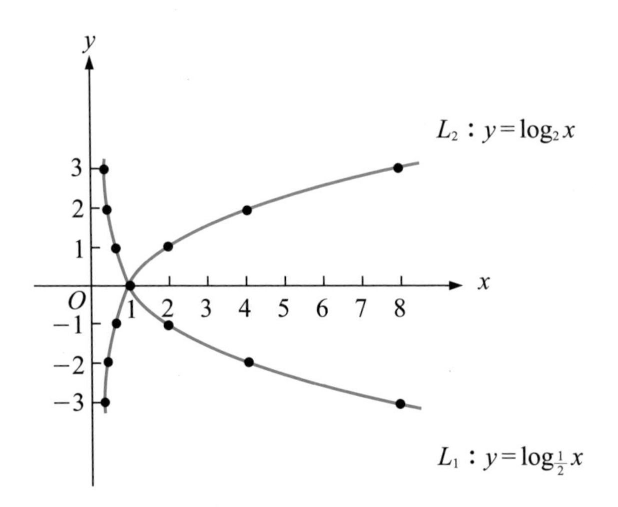

■ 圖 2-30　$f(x)=\log_{\frac{1}{2}}x$ 與 $f(x)=\log_2 x$ 的圖形

接下來我們列舉出一些常用的對數的相關公式如表 2-6 所示：

■ 表 2-6　對數的相關公式

設 $a>0$，$a\neq1$，$b>0$，$b\neq1$，x，$y>0$，則

1. $\log_a 1=0$，$\log_a a=1$
2. $\log_a(xy)=\log_a x=\log_a y$（口訣：化乘為加）
3. $\log_a(xy)=\log_a x+\log_a y$（口訣：化除為減）
4. $\log_a x^r=r\log_a x$
5. $\log_a x=\dfrac{\log_b x}{\log_b a}$（換底公式）
6. $\log_a a^x=x$
7. $a^{\log_a x}=x$

另外當對數函數$y=\log_a x$ 之底數 a 改成常數 e 時，所得到之對數函數 $y=\log_e x$（亦可表示為$y=\ln x$）稱為自然對數函數，其運算規則與一般對數函數相同，但在微積分的運用上自然對數函數較為便利。

表 2-7　自然對數的相關公式

設 x，$y>0$ 則
1. $\ln 1=0$，$\ln e=1$
2. $\ln xy=\ln x+\ln y$
3. $\ln\frac{x}{y}=\ln x-\ln y$
4. $\ln x^r=r\ln x$
5. $\ln e^x=x$
6. $e^{\ln x}=x$

2-3-9 合成函數

考慮兩個函數$f(x)=x^5$ 與 $g(x)=2x-1$，顯然我們也可以得到下列結果：$f(g(x))=f(2x-1)=(2x-1)^5$，此種由 $x\to g(x)\to f(g(x))$ 的演變過程就叫做合成。另外從工廠生產的角度上來看合成函數，x 好比是原料，首先在第一間工廠 g 中加工，製造出半成品 $g(x)$，再將半成品 $g(x)$ 送入第二間工廠 f 中加工，最後輸出成品為 $f(g(x))$。此項觀念以圖 2-31 表示：

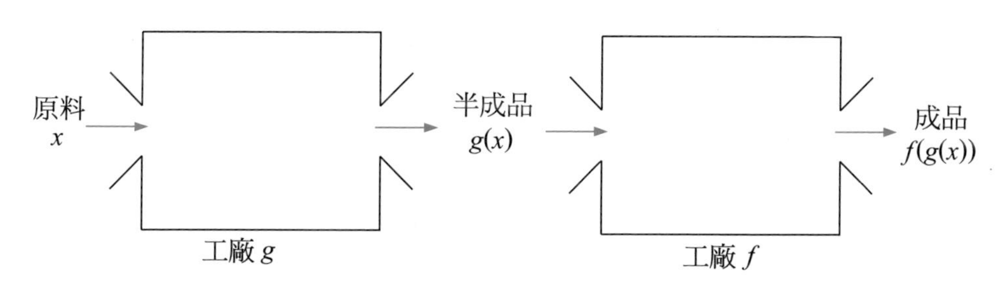

圖 2-31　從工廠生產的角度上來看合成函數

至於合成函數的完整定義陳述如下：

定義 2-6 合成函數的定義

設兩函數 $y = f(x)$ 與 $y = g(x)$ 的定義域分別為 D_1 與 D_2，若函數 $y = g(x)$ 的值域包含於 D_1 之內，則定義 f 與 g 的合成函數為 $(f \circ g)(x) = f(g(x))$，符號"∘"讀作 circle。

從定義域與值域的觀點來看合成函數，結果如圖 2-32 所示：

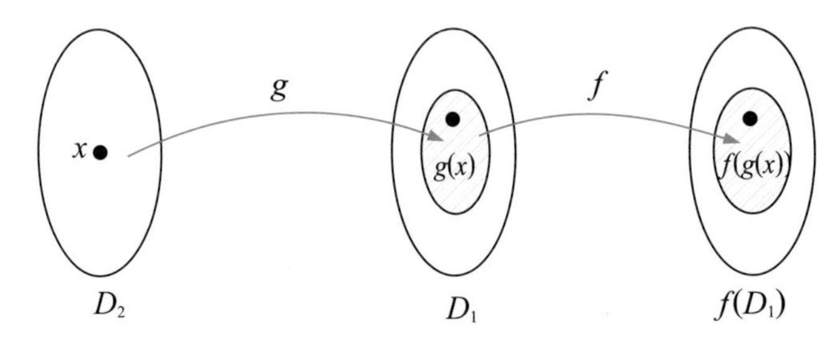

圖 2-32 從定義域與值域的觀點來看合成函數 $f(g(x))$

例 18

若 $f(x) = 4x^2 + 3$，$g(x) = 5x - 2$，求(1) $f(g(x)) = ?$ (2) $g(f(x)) = ?$

(1) $f(g(x)) = f(5x-2) = 4(5x-2)^2 + 3 = 100x^2 - 80x + 19$

(2) $g(f(x)) = g(4x^2 + 3) = 5(4x^2 + 3) - 2 = 20x^2 + 13$

例 19

若$f(x)=\dfrac{1}{x+4}$，$g(x)=x^2-4$，求 $f\circ g$ 的定義域與值域。

因 $f\circ g=\dfrac{1}{(x^2-4)+4}=\dfrac{1}{x^2}$

故定義域＝$\{\,x\,|\,x\neq 0\,\}$，值域＝$\{\,y\,|\,y>0\,\}$

2-3-10 反函數

若函數$f: A\to B$或 $y=f(x)$ 為一對一的函數，亦即在其定義域 A 當中取某一數 x_0 時，則必能在其值域 B 當中找到一個 y_0 與之對應，且此 y_0 不能再與除了 x_0 以外的x值對應，進而滿足 $y_0=f(x_0)$ 之關係；此時我們若逆向思考一個問題「是否能找到另外一個函數 $g: B\to A$ 或 $x=g(y)$，使得 y_0 對應回到 x_0，而滿足 $x_0=g(y_0)$ 之關係」，在一對一的函數中，這個答案是肯定的，此時函數 g 稱為 f 之反函數(Inverse function)，記作 f^{-1}（唸成 f　inverse）。

反函數的內涵如圖 2-33 所示：

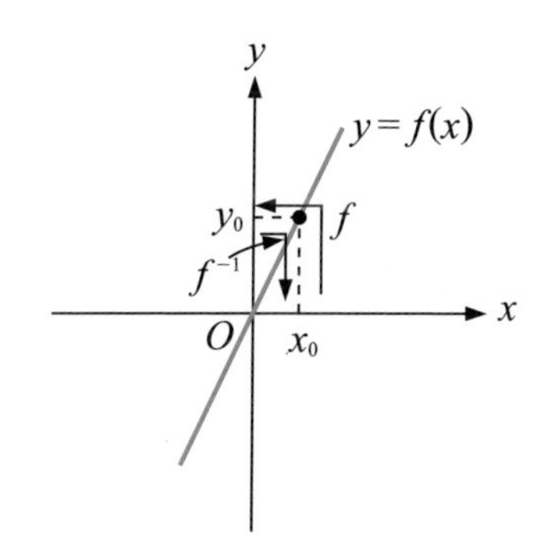

圖 2-33　函數 f 與其反函數 f^{-1} 之關係

定義 2-7　反函數的定義

設函數 $y = f(x)$ 為一對一的函數，且其定義域為 A，值域為 B，則必存在另一反函數 $y = g(x) = f^{-1}(x)$，其定義域為 B，值域為 A，且滿足 $g(f(x)) = f^{-1}(f(x)) = x$。

按照上述反函數的定義可知，當 $g(x)$ 為 $f(x)$ 之反函數的時候，滿足 $g(f(x)) = f^{-1}(f(x)) = x$ 之關係；但是同時 $f(x)$ 也為 $g(x)$ 之反函數，滿足 $f(g(x)) = f(f^{-1}(x)) = x$ 之關係，也就是 $f(x)$ 與 $g(x)$ 彼此互為反函數。

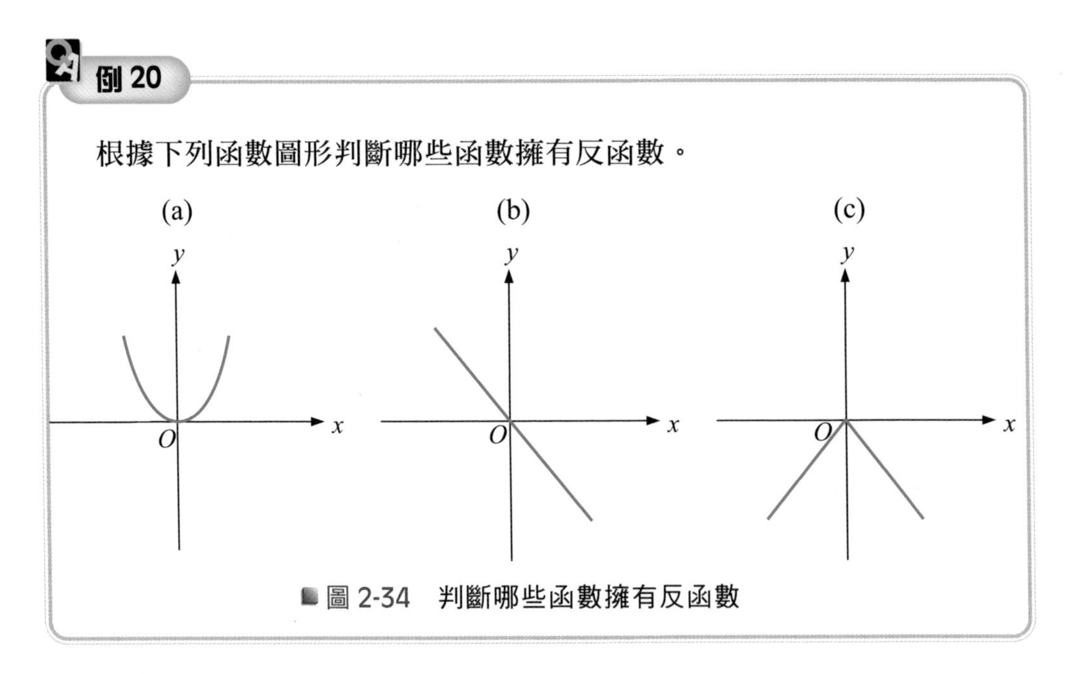

圖 2-34　判斷哪些函數擁有反函數

(a) 圖之函數非一對一函數，故沒有反函數。

(b) 圖之函數為一對一函數，故有反函數。

(c) 圖之函數非一對一函數，故沒有反函數。

例 21

求$f(x)=\sqrt{x}$ $(x>0)$ 之反函數 $f^{-1}(x)$，並畫出 $f(x)$ 與 $f^{-1}(x)$ 之圖形。

因 $x=f(f^{-1}(x))=\sqrt{f^{-1}(x)}$，故 $\sqrt{f^{-1}(x)}=x$

得反函數 $f^{-1}(x)=x^2$ $(x>0)$。

另解：

令$y=\sqrt{x}$ （因 $x>0$，故 $y>0$），則$y^2=x$，即 $x=y^2$，故$f^{-1}(y)=y^2$

得反函數 $f^{-1}(x)=x^2$ $(x>0)$。

其圖形如圖 2-35 所示：

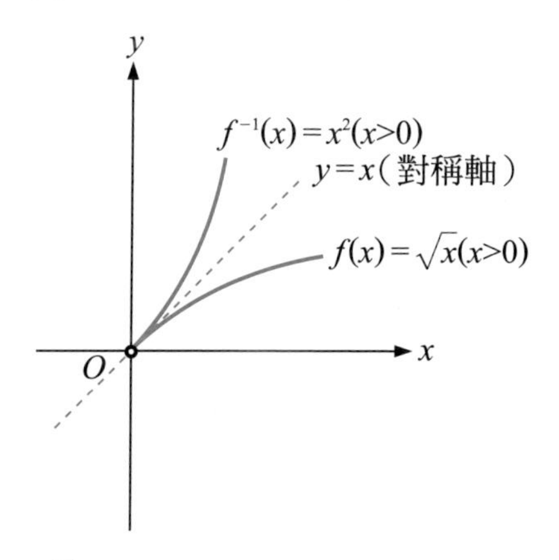

圖 2-35　$f(x)=\sqrt{x}$ $(x>0)$ 與其反函數 $f^{-1}(x)=x^2$ $(x>0)$之圖形

例 22

求指數函數 $f(x)=e^x$ 之反函數 $f^{-1}(x)$，並畫出 $f(x)$ 與 $f^{-1}(x)$ 之圖形。

因 $\ln(e^x)=x$ 且 $e^{\ln x}=x$

故 $f(x)=e^x$ 之反函數為 $f^{-1}(x)=\ln x$

也就是指數函數與對數函數互為反函數

其圖形如圖 2-36 所示：

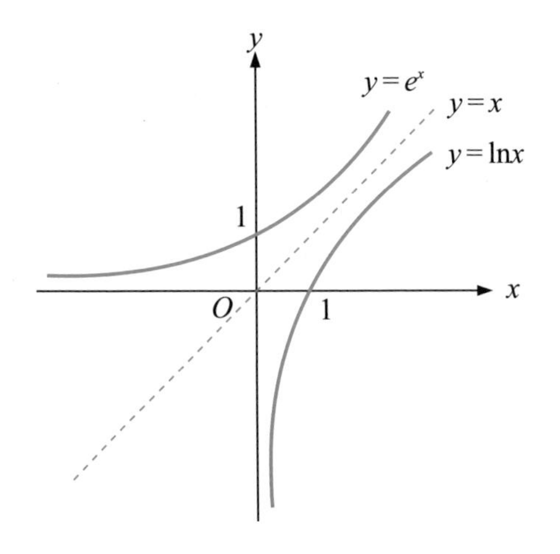

圖 2-36　$f(x)=e^x$ 與其反函數 $f^{-1}(x)=\ln x$ 之圖形

因兩點 $(a，b)$ 與 $(b，a)$ 對於直線 $y=x$ 成對稱，因此，函數 $y=f(x)$ 之圖形與其反函數 $y=f^{-1}(x)$ 之圖形亦對於直線 $y=x$ 成對稱，讀者可在圖 2-35、36、37 看見此種關係。

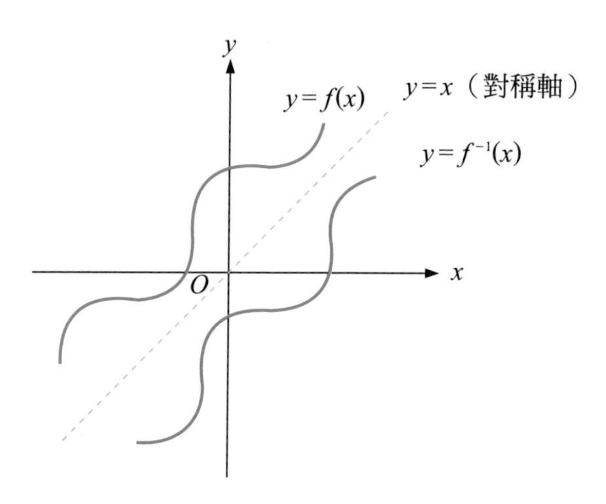

圖 2-37　函數$y = f(x)$之圖形與其反函數$y = f^{-1}(x)$之圖形

多對一的函數是否就一定沒有反函數呢？就定義域的全部範圍而言，多對一的函數確實沒有反函數；但就定義域的局部範圍而言，多對一的函數就可能有反函數。以三角函數中的 $f(x) = \sin x$ 為例，這就是一個多對一的函數，因此沒有反函數，但是若將定義域的範圍限制在$-\frac{\pi}{2} \leqq x \leqq \frac{\pi}{2}$，此時$f(x) = \sin x$就可視為就可視為一對一的函數，因此就會有反函數$f^{-1}(x) = \sin^{-1} x$，其函數圖形如圖 2-38 所示：

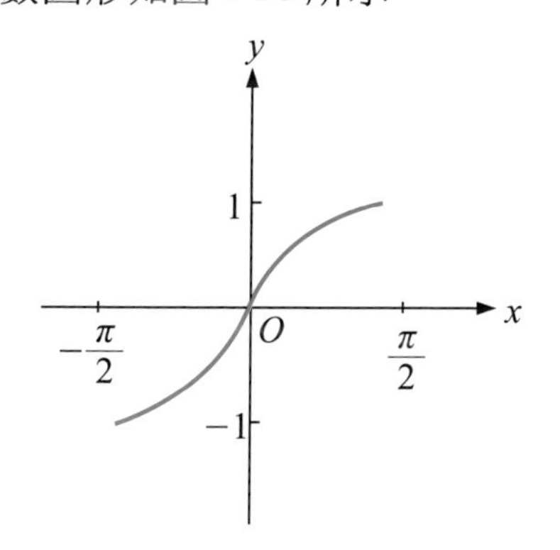

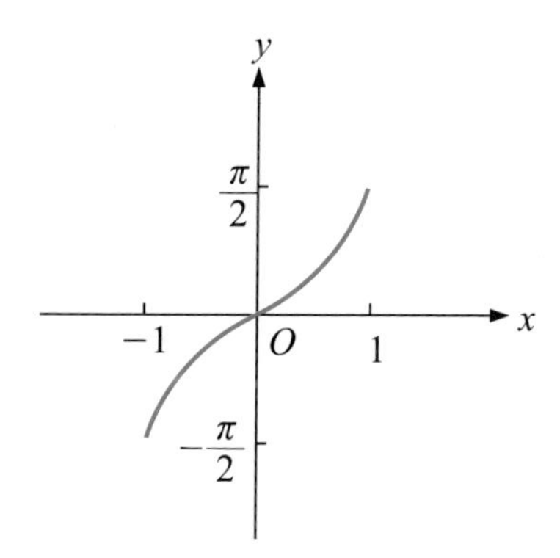

(1) sin：$[-\frac{\pi}{2}，\frac{\pi}{2}] \to [-1，1]$　　(2) $\sin^{-1}$：$[-1，1] \to [-\frac{\pi}{2}，\frac{\pi}{2}]$

圖 2-38　函數 $y = \sin x$ 與其反函數 $y = \sin^{-1} x$ 之圖形

按照上述方法，其餘五個三角函數均可在其定義域的局部範圍中找到反函數，如圖 2-39、40、41、42、43 所示：

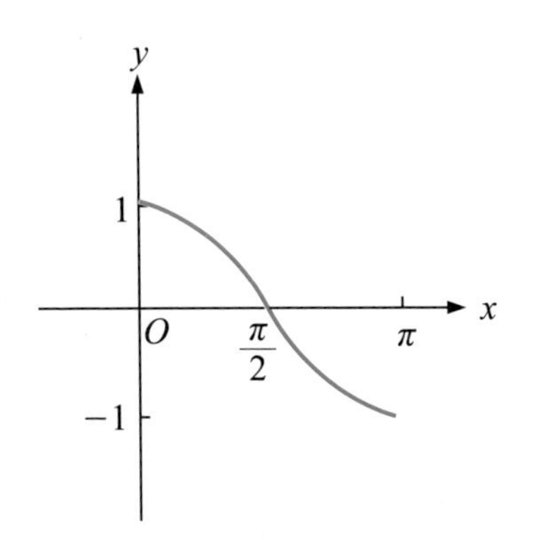

(1) cos：[0，π]→ [−1，1]

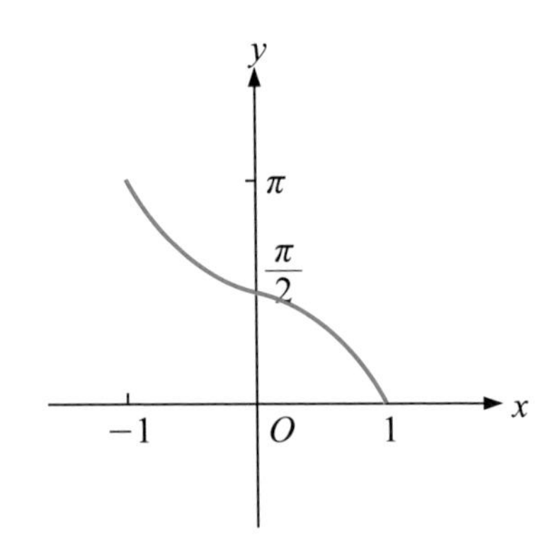

(2) $\cos^{-1}$：[−1，1]→[0，π]

圖 2-39　函數 $y = \cos x$ 與其反函數 $y = \cos^{-1}x$ 之圖形

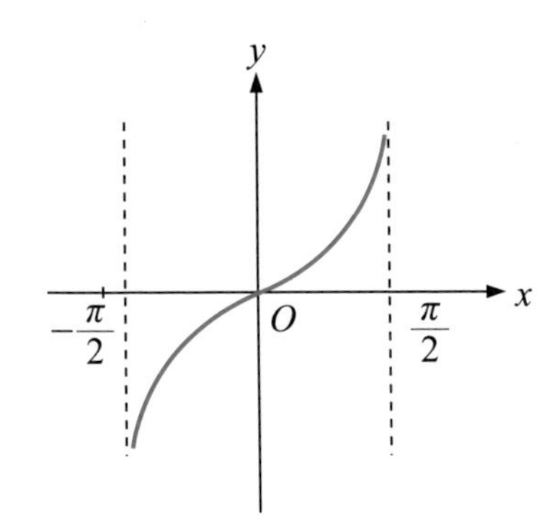

(1) tan：$(-\frac{\pi}{2}，\frac{\pi}{2})$→ (−∞，∞)

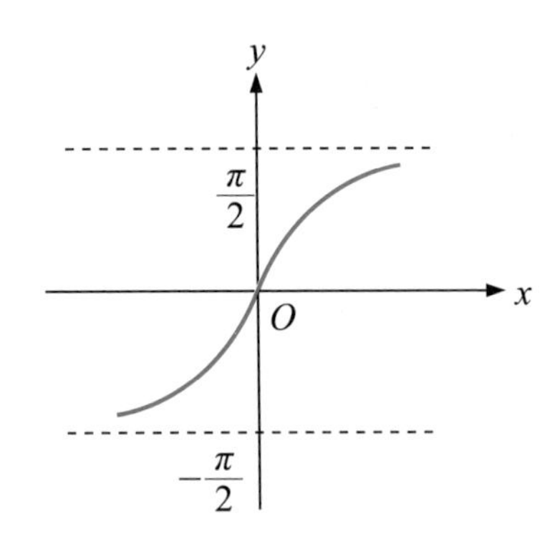

(2) $\tan^{-1}$：(−∞，∞)→$(-\frac{\pi}{2}，\frac{\pi}{2})$

圖 2-40　函數 $y = \tan x$ 與其反函數 $y = \tan^{-1}x$ 之圖形

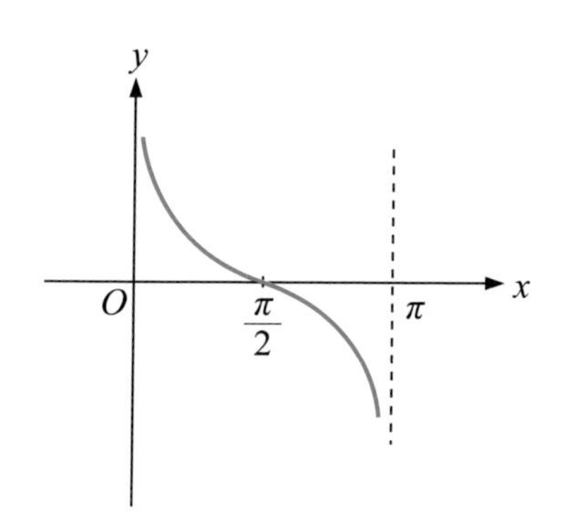

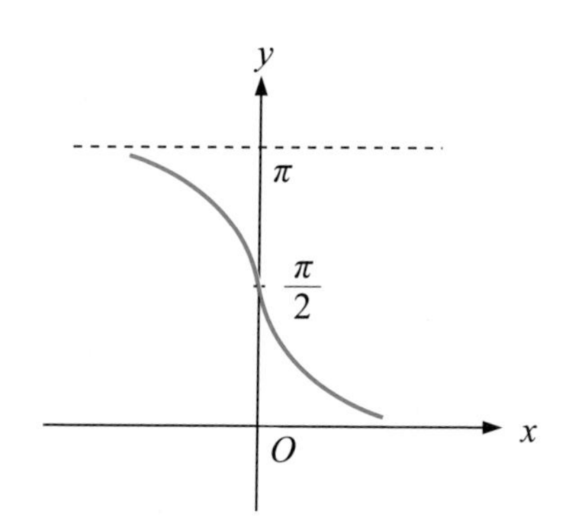

(1) $\cot : (0, \pi) \to (-\infty, \infty)$　　(2) $\cot^{-1} : (-\infty, \infty) \to (0, \pi)$

圖 2-41　函數 $y = \cot x$ 與其反函數 $y = \cot^{-1} x$ 之圖形

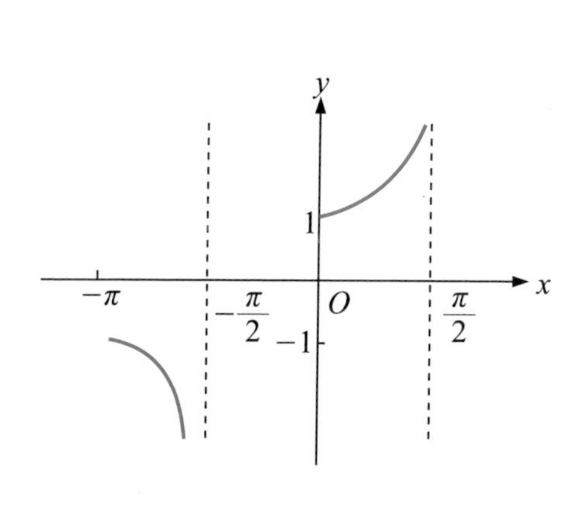

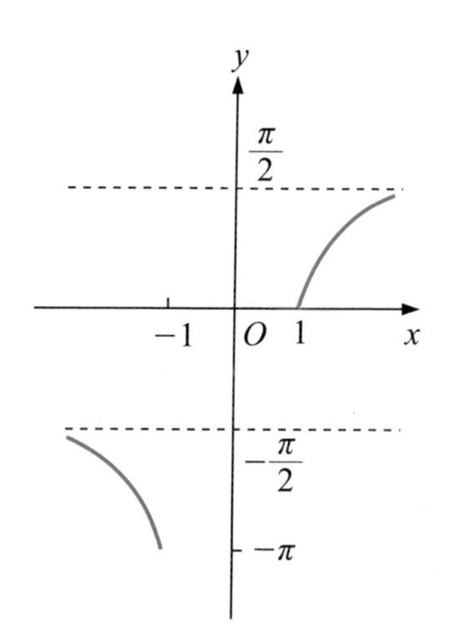

(1) $\sec : [-\pi, -\frac{\pi}{2}) \cup [0, \frac{\pi}{2}) \to (-\infty, -1] \cup [1, \infty)$

(2) $\sec^{-1} : (-\infty, -1] \cup [1, \infty) \to [-\pi, -\frac{\pi}{2}) \cup [0, \frac{\pi}{2})$

圖 2-42　函數 $y = \sec x$ 與其反函數 $y = \sec^{-1} x$ 之 圖形

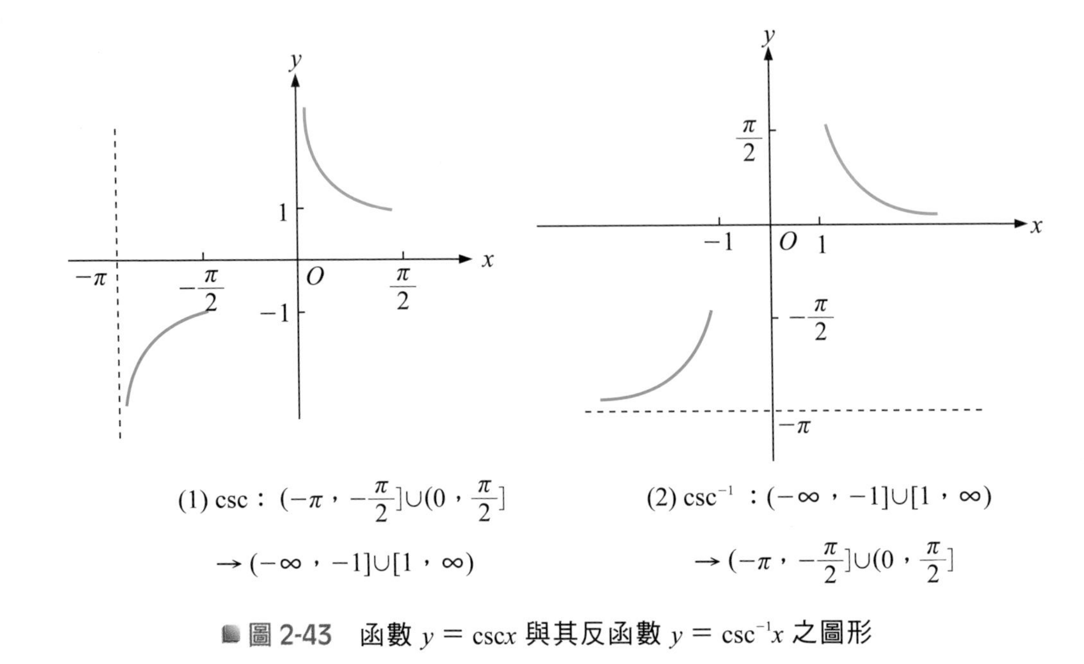

(1) csc：$(-\pi, -\frac{\pi}{2}] \cup (0, \frac{\pi}{2}]$
$\to (-\infty, -1] \cup [1, \infty)$

(2) $\csc^{-1}$：$(-\infty, -1] \cup [1, \infty)$
$\to (-\pi, -\frac{\pi}{2}] \cup (0, \frac{\pi}{2}]$

圖 2-43　函數 $y = \csc x$ 與其反函數 $y = \csc^{-1}x$ 之圖形

2-3-11 多變數函數

前面所講的函數 $y = f(x)$ 都是單變數函數（或稱一元函數），因此種函數只有一個自變數 x，其函數圖形由數對(x, y)構成，通常可在二維空間以線條呈現出來。但事實上日常生活中接觸到的函數往往自變數不只一個，這樣的函數我們稱之為多變數函數。例如 $z = f(x, y)$ 有兩個自變數x與y，稱之為二變數函數（或稱二元函數），其函數圖形由數對(x, y, z)構成，通常可在三維空間以曲面呈現出來；又如$w = f(x, y, z)$有三個自變數x、y、z，稱之為三變數函數（或稱三元函數），其函數圖形由數對(x, y, z, w)構成，故應在四維空間中以某種形式呈現出來，只是此種形式只能以抽象方法去想像了。

單變數函數在微積分的處理上較為簡單且基本，而多變數函數在微積分的處理上較為複雜，故建議讀者先學微積分對於單變數函數的運用原理，次學微積分對於多變數函數的運用原理（例如偏微分與多重積分）。

習　題　2-3

第一組

1. 求下列直線之斜率：

(1) $\frac{x}{3}-\frac{y}{6}=12$

(2) $4x+6y-3=0$

2. 依照下列不同條件求出直線方程式：

(1) 已知直線上不同兩點 $P(0，4)$ 與 $Q(-1，2)$

(2) 已知直線之斜率 $m=-1$ 與 y 截距 $b=3$

(3) 已知直線上一點 $P(-2，1)$與斜率 $m=5$

(4) 已知直線與 x、y 軸之交點 $P(-4，0)$ 與 $Q(0，6)$

3. 求二次函數 $y=-x^2+6x-2$ 在 $x=$？時，函數值 y 有極值？

4. 求下列三角函數值：

(1) $\sin(100\pi)$　(2) $\cos(55\pi)$　(3) $\tan(\frac{75}{4}\pi)$

(4) $\cot(\frac{31}{6}\pi)$　(5) $\sec(-\frac{40}{3}\pi)$　(6) $\csc(-\frac{81}{4}\pi)$

5. 計算下列各式：

(1) $4^{\sqrt{2}}\times 4^{2-\sqrt{2}}$

(2) $\frac{9^{1000}}{3^{201}}$

(3) $\sqrt[6]{8}\times\sqrt[4]{1024}$

(4) $(\sqrt[3]{4})^6-(\sqrt[7]{16})^{\frac{7}{2}}+(\sqrt[5]{8})^{\frac{5}{3}}$

6. 計算下列各式：

(1) $(\log_4 9)(\log_3 \frac{1}{8})$

(2) $\log_2 4^{100}$

(3) $\log_5 100 - \log_5 4$

(4) $9^{\log_3^{10}}$

7. 若$f(x) = -3x + 4$，$g(x) = 2x^2 - 5$，求：

(1) $f(g(x))$

(2) $g(f(x))$

8. 根據下列函數 $y=f(x)$ 之圖形判斷哪些函數擁有反函數。

(1)

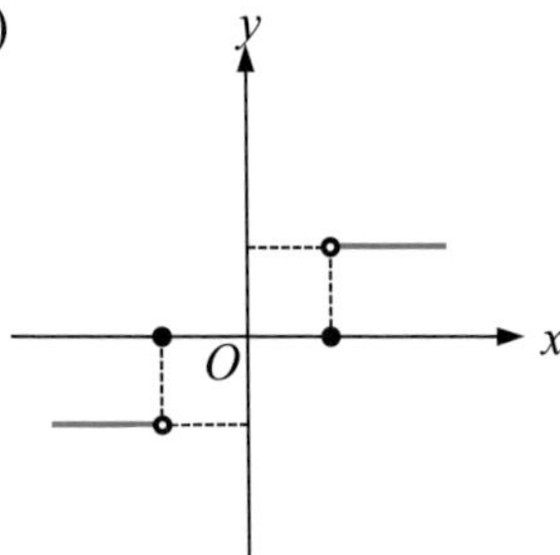

(2)

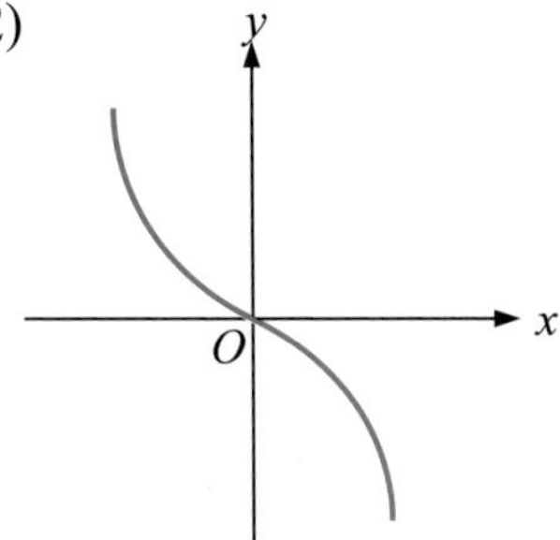

(3)

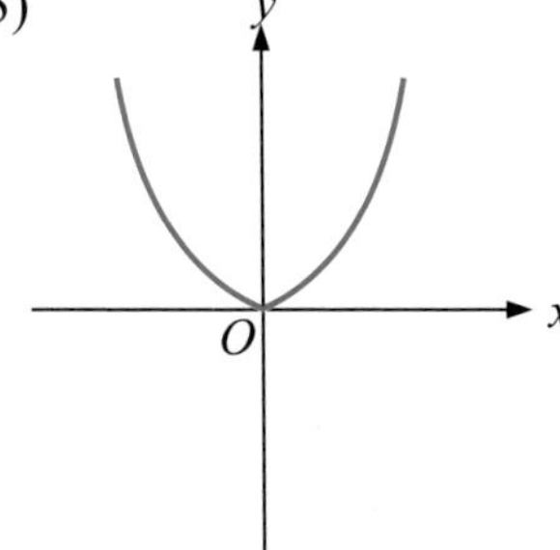

(4)

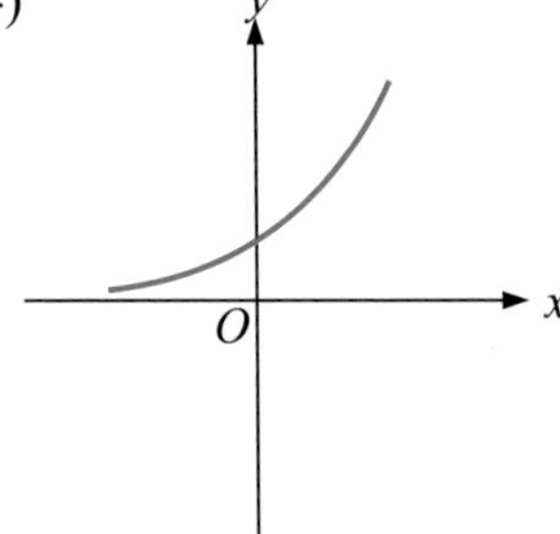

9. 求 $f(x) = 4x - 1$ 之反函數 $f^{-1}(x)$。

10.求下列各題之值：

(1) $\sin^{-1}(\frac{1}{2})$　(2) $\tan^{-1}(1)$　(3) $\cos(\sec^{-1}2)$　(4) $\sec(\cot^{-1}\frac{1}{\sqrt{3}})$

第二組

1. 求下列直線之斜率：

(1) $\frac{x}{3}+\frac{y}{4}=1$

(2) $-4x+2y=5$

2. 依照下列不同條件求出直線方程式：

(1) 已知直線上不同兩點 $P(-4，1)$ 與 $Q(2，3)$

(2) 已知直線之斜率 $m=0$ 與 y 截距 $b=2$

(3) 已知直線上一點 $P(1，5)$ 與斜率 $m=-3$

(4) 已知直線與 x、y 軸之交點 $P(-10，0)$ 與 $Q(0，-5)$

3. 求二次函數 $y=2x^2-10x+5$ 在 $x=$？時，函數值 y 有極值？

4. 求下列三角函數值：

(1) $\sin(\frac{100}{3}\pi)$　(2) $\cos(\frac{21}{4}\pi)$　(3) $\tan(\frac{47}{6}\pi)$

(4) $\cot(\frac{55}{2}\pi)$　(5) $\sec(100\pi)$　(6) $\csc(\frac{19}{2}\pi)$

5. 計算下列各式：

(1) $3^{50}\times 9^{-25}$

(2) $8^{40}\div 4^{55}$

(3) $\sqrt[3]{16}\times\sqrt[9]{64}$

(4) $(\sqrt[4]{8})^8-(\sqrt[6]{16})^9$

6. 計算下列各式：

(1) $\log_{16}^{\frac{16}{9}}+\log_{4}^{12}$

(2) $\log_{8}^{10}-\log_{8}^{5}$

(3) $\log_{\frac{1}{27}} 9^{-5}$

(4) $16^{\log_{2}^{7}}$

7. 若 $f(x)=x^2-x$，$g(x)=3x-1$，求(1) $f(g(x))$　　(2) $g(f(x))$

8. 根據下列函數 $y=f(x)$ 之圖形判斷哪些函數擁有反函數？

(1)

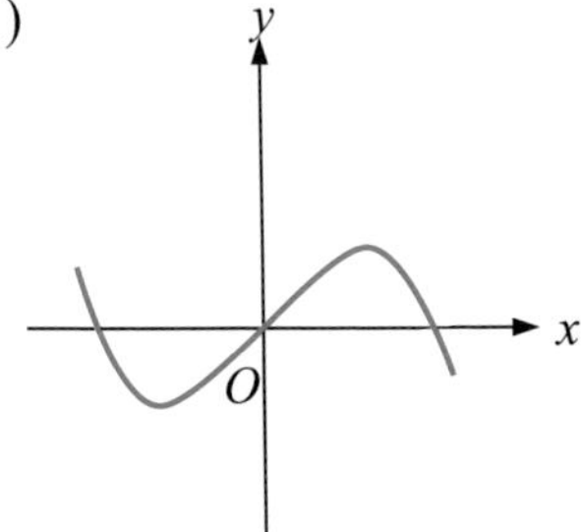

(2)

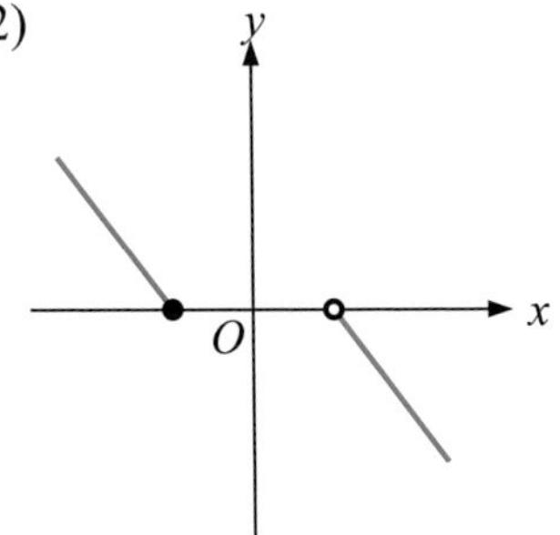

(3)

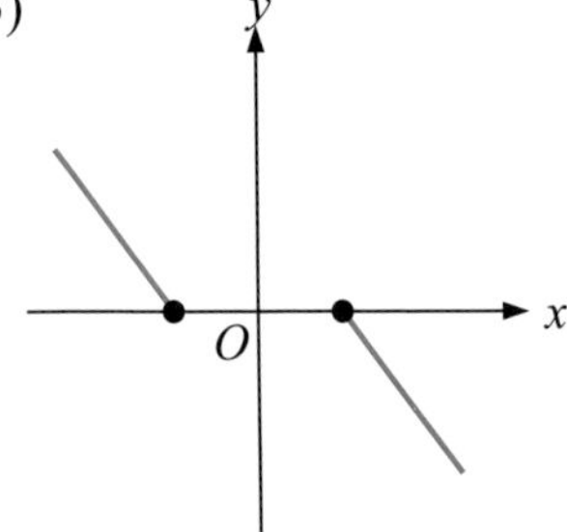

(4)

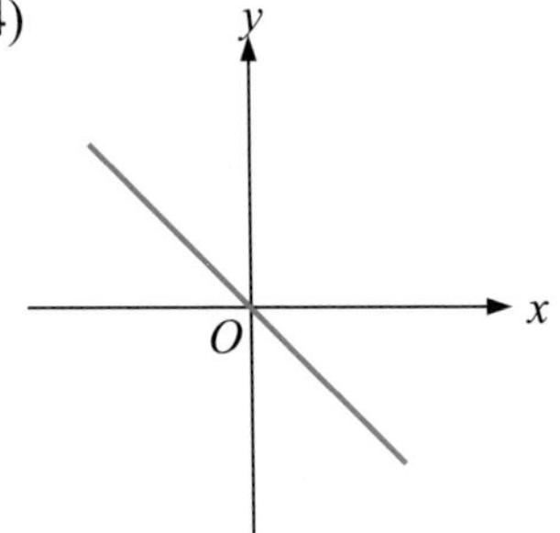

9. 求 $f(x)=x^2-4\ (x\geq 0)$之反函數 $f^{-1}(x)$。

10.求下列各題之值：

(1) $\cos^{-1}(\frac{\sqrt{2}}{2})$　　(2) $\csc^{-1}(2)$

(3) $\tan(\sin^{-1}\frac{\sqrt{3}}{2})$　　(4) $\sec(\cot^{-1}1)$

微積分趣談(二)：函數

史努比是個多情的人，同時與多個女生交往，桃樂比曾勸他要專情，但是史努比並沒有聽進去，直到有一天小花發現史努比是個花花公子的真相，大鬧特鬧之後，史努比失去了所有與他交往的女生的心，到了這般地步，史努比若有所悟的說：「愛情就像函數，可以一個人喜歡一個人（一對一函數）；可以多個人喜歡一個人（多對一函數）；但不可以一個人喜歡多個人（一對多就不是函數）」。

memo

CHAPTER 03

函數的極限與連續

本章大綱

3-1 函數的極限

極限(Limit)是微積分十分重要的基礎，1-1 節所述之窮盡法與無窮小方法都隱含著極限的概念，但到底什麼是極限呢？ 以下我們用三個例子來說明極限的直觀意義：

首先以圖 3-1 為例，這是一個求切線的動態過程。設 $f(x)$ 為一函數，P 是 $y=f(x)$ 圖形上一個定點，若在函數圖形上任選一異於 P 的點 Q（圖 3- 1 (1) Q 在左邊，圖 3- 1(2) Q 在右邊），然後連接 P、Q 兩點，形成 $\overleftrightarrow{PQ}$，稱為曲線的割線，進一步讓動點 Q 沿曲線向 P 靠近（圖 3-1(1) Q 由左向右靠，圖 3-1(2) Q 由右向左靠），當 Q 非常靠近 P 時（但兩者並不重合），直覺告訴我們直線 $\overleftrightarrow{PQ}$ 將到達一個極限位置，若圖 3- 1(1)與(2)之直線 $\overleftrightarrow{PQ}$ 的極限位置相同時，我們可說這條佔據極限位置的直線就是過 P 之切線。

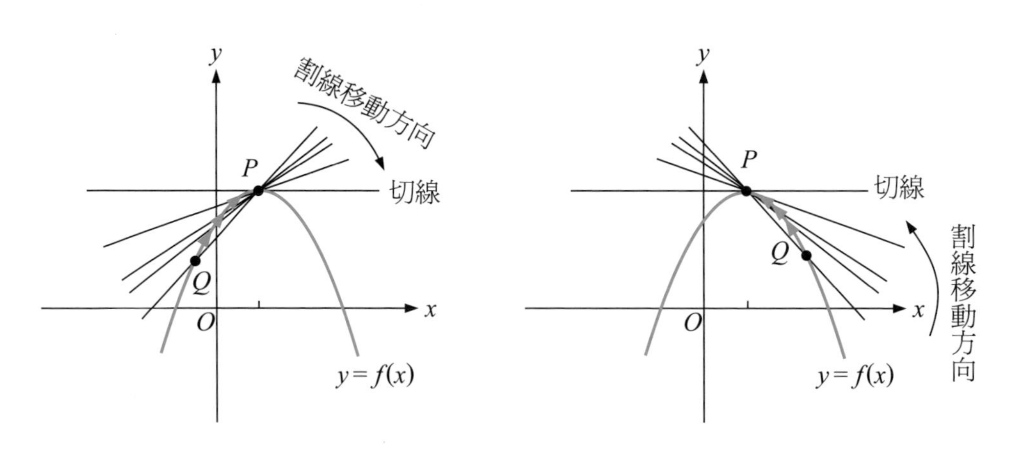

(1) Q 在 P 之左邊　　(2) Q 在 P 之右邊

圖 3-1　通過曲線 L：$y=f(x)$ 上一點 P 之切線求法

其次以圖 3-2 為例，這是一個求不規則面積的過程。我們可將此不規則區域分割成許多等寬的長方形，分割方法有兩種，一種如圖 3-2(1)所示，每個長方形的長度，都在曲線之下；一種如圖 3-2(2)所示，每個長方形的長度，都在曲線之上。當長方形的分割數目不多時，很明顯的圖 3-2(1)之長方形面積總和會小於真實面積，而圖 3-2(2)之長方形面積總和會大於真實面積。但是當長方形的分割數目無限多時，此時圖 3-2(1)與圖 3-2(2)之長方形面積總和會達到一個相同的極限位置，直觀上這個極限位置就是真實面積。

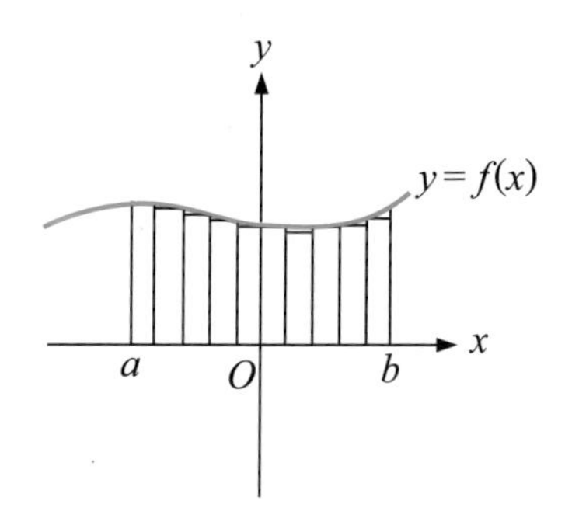

(1) 每個長方形的長度在曲線之下

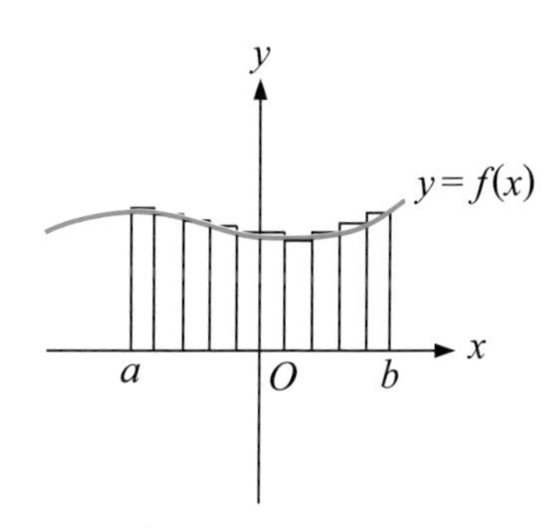

(2) 每個長方形的長度在曲線之上

圖 3-2　由函數 $y=f(x)$ 與直線 $x=a$，$x=b$ 及 x 軸所圍面積之求法

最後我們來看關於極限的直觀意義之第三個例子，考慮函數$f(x)=\dfrac{x^2-4}{x-2}$，很顯然此函數在 $x=2$ 時無意義，但令人感到有趣的是當 x 很靠近（或說趨近）2 時，函數值 $f(x)$ 會如何變化？讀者應會想到 x 趨近 2 的過程可區分為兩種情況，一種是從 2 的左邊靠近（如表 3-1 所示），另一種是從 2 的右邊靠近（如表 3-2 所示）：

表 3-1　x 從左邊趨近 2

x	1.9	1.99	1.999	1.9999	1.99999（越來越接近 2）
$f(x)=\frac{x^2-4}{x-2}$	3.9	3.99	3.999	3.9999	3.99999（越來越接近 4）

表 3-2　x 從右邊趨近 2

x	2.00001（越來越接近 2）	2.0001	2.001	2.01	2.1
$f(x)=\frac{x^2-4}{x-2}$	4.00001（越來越接近 4）	4.0001	4.001	4.01	4.1

從以上這兩個表中，讀者當可看出 x 不論是從左邊趨近 2 或者從右邊趨近 2，函數值 $f(x)$ 會趨近於一個相同的極限值 4，以符號表示如下：

當 $x \to 2$ 時，函數值 $f(x) \to 4$

或以更精簡的數學符號表示為

$\lim_{x \to 2} f(x) = \lim_{x \to 2}\frac{x^2-4}{x-2} = 4$（讀作 $f(x)$ 在 $x = 2$ 的極限是 4）

定義 3-1　函數極限的定義

當 x 趨近 x_0 時（但 $x \neq x_0$），若函數值 $f(x)$ 也趨近唯一確定值 L，則稱 $f(x)$ 在 $x = x_0$ 的極限存在，且極限為 L，以符號表示為 $\lim_{x \to x_0} f(x) = L$ 讀作 $f(x)$ 在 $x = x_0$ 的極限是 L。

在函數極限的定義中談到當 x 趨近 x_0 的情況，以表 3-1 與 3-2 為例，x 趨近 2 的方式可分成兩種，一種是從左邊趨近 2，另一種是從右邊趨近 2。我們一般用 $x \to x_0^-$ 表示 x 從 x_0 的左側（即 $x < x_0$）趨近 x，若函數值 $f(x)$ 能趨近

某固定值 L，此一固定值 L 稱為函數 $y=f(x)$ 在 $x=x_0$ 的左極限，可記之為 $\lim_{x\to x_0^-} f(x)=L$ 。同樣地，可用 $x\to x_0^+$ 表示 x 從 x_0 的右側（即 $x>x_0$）趨近 x_0，若函數值 $f(x)$ 能趨近某固定值 M，此一固定值 M 稱為函數 $y=f(x)$ 在 $x=x_0$ 的右極限，可記之為 $\lim_{x\to x_0^+} f(x)=M$ 。

定理 3-1　左極限、右極限與極限之關係

若一函數 $f(x)$ 在 $x=x_0$ 的左極限等於右極限時，可稱此函數 $f(x)$ 在 $x=x_0$ 的極限值 $\lim_{x\to x_0} f(x)$ 存在，反之亦然。以符號表示為

$$\lim_{x\to x_0^-} f(x)=\lim_{x\to x_0^+} f(x)=L \Leftrightarrow \lim_{x\to x_0} f(x)=L$$

由定理 3-1 可發現，若函數 $f(x)$ 在 $x=x_0$ 的左、右極限各有一個不存在，或者存在但不相等，此時函數 $f(x)$ 在 $x=x_0$ 的極限值將不存在。

例 1

若一函數 $y=f(x)$ 之圖形如圖 3-3 所示，請根據此圖求出下列函數值（(1)～(5)小題）與極限值（(6)～(20)小題）：

(1) $f(a)$

(2) $f(b)$

(3) $f(0)$

(4) $f(c)$

(5) $f(d)$

(6) $\lim_{x\to a^-} f(x)$

(7) $\lim_{x\to a^+} f(x)$

(8) $\lim_{x\to a} f(x)$

(9) $\lim_{x\to b^-} f(x)$

(10) $\lim_{x\to b^+} f(x)$

(11) $\lim_{x\to b} f(x)$

(12) $\lim_{x\to 0^-} f(x)$

(13) $\lim_{x\to 0^+} f(x)$

(14) $\lim_{x\to 0} f(x)$

(15) $\lim_{x\to c^-} f(x)$

(16) $\lim_{x\to c^+} f(x)$

(17) $\lim_{x\to c} f(x)$

(18) $\lim_{x\to d^-} f(x)$

(19) $\lim_{x\to d^+} f(x)$

(20) $\lim_{x\to d} f(x)$

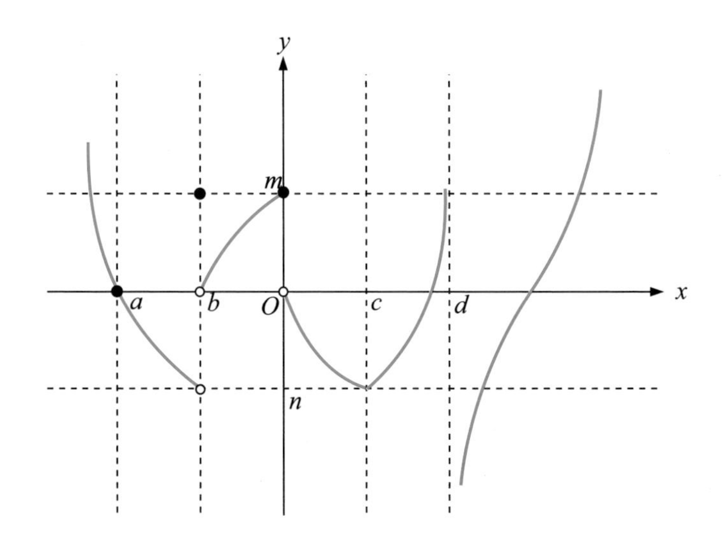

圖 3-3 函數 $y = f(x)$ 之圖形

(1) $f(a) = 0$

(2) $f(b) = m$

(3) $f(0) = m$

(4) $f(c) = n$

(5) $f(d)$不存在

(6) $\lim_{x\to a^-} f(x) = 0$

(7) $\lim_{x\to a^+} f(x) = 0$

(8) $\lim_{x\to a} f(x) = 0$

(9) $\lim\limits_{x\to b^-} f(x) = n$

(10) $\lim\limits_{x\to b^+} f(x) = 0$

(11) $\lim\limits_{x\to b} f(x)$不存在

(12) $\lim\limits_{x\to 0^-} f(x) = m$

(13) $\lim\limits_{x\to 0^+} f(x) = 0$

(14) $\lim\limits_{x\to 0} f(x)$ 不存在

(15) $\lim\limits_{x\to c^-} f(x) = n$

(16) $\lim\limits_{x\to c^+} f(x) = n$

(17) $\lim\limits_{x\to c} f(x) = n$

(18) $\lim\limits_{x\to d^-} f(x) = \infty$

(19) $\lim\limits_{x\to d^+} f(x) = -\infty$

(20) $\lim\limits_{x\to d} f(x)$ 不存在

例 2

求 $\lim\limits_{x\to 0}\dfrac{|x|}{x} = ?$

因為左極限 $\lim\limits_{x\to 0^-}\dfrac{|x|}{x} = \lim\limits_{x\to 0^-}\dfrac{-x}{x} = -1$

而右極限 $\lim\limits_{x\to 0^+}\dfrac{|x|}{x} = \lim\limits_{x\to 0^+}\dfrac{x}{x} = 1$

故左極限 $\neq$ 右極限，所以 $\lim\limits_{x\to 0}\dfrac{|x|}{x}$ 不存在

例 3

若$f(x)=\begin{cases}3x-1 & x \geqq 1 \\ x+1 & x<1\end{cases}$，求 $\lim\limits_{x \to 1} f(x)=$？

因為左極限$=\lim\limits_{x \to 1^-} f(x)=\lim\limits_{x \to 1^-}(x+1)=2$

而右極限$=\lim\limits_{x \to 1^+} f(x)=\lim\limits_{x \to 1^+}(3x-1)=2$

故左極限＝右極限＝2，所以 $\lim\limits_{x \to 1} f(x)=2$

例 4

求 $\lim\limits_{x \to 0} \frac{1}{x}=$？

因為左極限$=\lim\limits_{x \to 0^-} \frac{1}{x}=-\infty$

而右極限$=\lim\limits_{x \to 0^+} \frac{1}{x}=\infty$

故左極限 ≠ 右極限，所以 $\lim\limits_{x \to 0} \frac{1}{x}$ 不存在

例 5

求 $\lim_{x \to 0} \frac{1}{x^2} = ?$

因為左極限 $= \lim_{x \to 0^-} \frac{1}{x^2} = \infty$

而右極限 $= \lim_{x \to 0^+} \frac{1}{x^2} = \infty$

但此時無法判斷左極限是否等於右極限，因為符號無限大"∞"代表一個很大很大的數的觀念，這個數無法確定它到底有多大，也就是說兩個無限大之間無法比較其大小，但我們可以確知 $\lim_{x \to 0} \frac{1}{x^2}$ 必然也是一個很大很大的數，所以答案可以表示為 $\lim_{x \to 0} \frac{1}{x^2} = \infty$（但注意此時極限值其實是不存在的，至於細節詳見於 3-4 節無窮極限）。

習 題 3-1

第一組

1. 若一函數 $y=f(x)$ 之圖形如下所示，試求下列極限值：

(1) $\lim\limits_{x\to-\infty} f(x)$　(6) $\lim\limits_{x\to b^+} f(x)$　(11) $\lim\limits_{x\to c^-} f(x)$　(16) $\lim\limits_{x\to d} f(x)$

(2) $\lim\limits_{x\to a^-} f(x)$　(7) $\lim\limits_{x\to b} f(x)$　(12) $\lim\limits_{x\to c^+} f(x)$　(17) $\lim\limits_{x\to e^-} f(x)$

(3) $\lim\limits_{x\to a^+} f(x)$　(8) $\lim\limits_{x\to 0^-} f(x)$　(13) $\lim\limits_{x\to c} f(x)$　(18) $\lim\limits_{x\to e^+} f(x)$

(4) $\lim\limits_{x\to a} f(x)$　(9) $\lim\limits_{x\to 0^+} f(x)$　(14) $\lim\limits_{x\to d^-} f(x)$　(19) $\lim\limits_{x\to e} f(x)$

(5) $\lim\limits_{x\to b^-} f(x)$　(10) $\lim\limits_{x\to 0} f(x)$　(15) $\lim\limits_{x\to d^+} f(x)$　(20) $\lim\limits_{x\to \infty} f(x)$

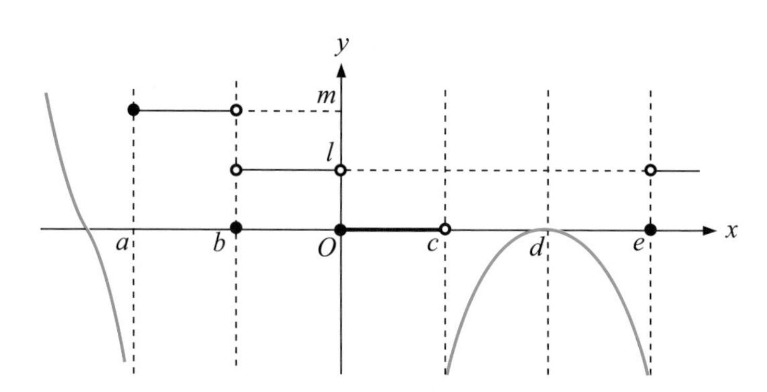

2. 求下列極限：

(1) $\lim\limits_{x\to 1^-} 5$　(4) $\lim\limits_{x\to 0^-} |x|$　(7) $\lim\limits_{x\to -1^-} x^2$　(10) $\lim\limits_{x\to 0^-} \sqrt{x}$　(13) $\lim\limits_{x\to 1^-} \dfrac{1}{x-1}$

(2) $\lim\limits_{x\to 1^+} 5$　(5) $\lim\limits_{x\to 0^+} |x|$　(8) $\lim\limits_{x\to -1^+} x^2$　(11) $\lim\limits_{x\to 0^+} \sqrt{x}$　(14) $\lim\limits_{x\to 1^+} \dfrac{1}{x-1}$

(3) $\lim\limits_{x\to 1} 5$　(6) $\lim\limits_{x\to 0} |x|$　(9) $\lim\limits_{x\to -1} x^2$　(12) $\lim\limits_{x\to 0} \sqrt{x}$　(15) $\lim\limits_{x\to 1} \dfrac{1}{x-1}$

第二組

1. 若一函數 $y=f(x)$ 之圖形如下所示，試求下列極限值：

(1) $\lim\limits_{x\to-\infty} f(x)$　(6) $\lim\limits_{x\to b^+} f(x)$　(11) $\lim\limits_{x\to o^-} f(x)$　(16) $\lim\limits_{x\to d} f(x)$

(2) $\lim\limits_{x\to a^-} f(x)$　(7) $\lim\limits_{x\to b} f(x)$　(12) $\lim\limits_{x\to o^+} f(x)$　(17) $\lim\limits_{x\to e^-} f(x)$

(3) $\lim\limits_{x\to a^+} f(x)$　(8) $\lim\limits_{x\to c^-} f(x)$　(13) $\lim\limits_{x\to o} f(x)$　(18) $\lim\limits_{x\to e^+} f(x)$

(4) $\lim\limits_{x\to a} f(x)$　(9) $\lim\limits_{x\to c^+} f(x)$　(14) $\lim\limits_{x\to d^-} f(x)$　(19) $\lim\limits_{x\to e} f(x)$

(5) $\lim\limits_{x\to b^-} f(x)$　(10) $\lim\limits_{x\to c} f(x)$　(15) $\lim\limits_{x\to d^+} f(x)$　(20) $\lim\limits_{x\to \infty} f(x)$

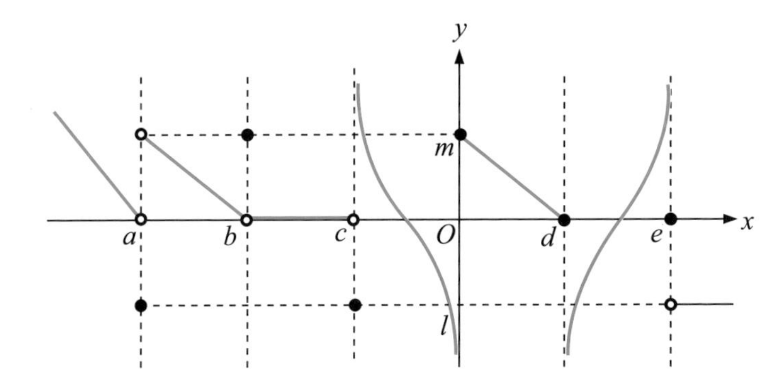

2. 求下列極限：

(1) $\lim\limits_{x\to 0^-} 8$　(4) $\lim\limits_{x\to 1^-} \dfrac{1-x}{|x-1|}$　(7) $\lim\limits_{x\to 3^-} x^2$　(10) $\lim\limits_{x\to -2^-} \sqrt{x}$　(13) $\lim\limits_{x\to 2^-} \dfrac{1}{x}$

(2) $\lim\limits_{x\to 0^+} 8$　(5) $\lim\limits_{x\to 1^+} \dfrac{1-x}{|x-1|}$　(8) $\lim\limits_{x\to 3^+} x^2$　(11) $\lim\limits_{x\to -2^+} \sqrt{x}$　(14) $\lim\limits_{x\to 2^+} \dfrac{1}{x}$

(3) $\lim\limits_{x\to 0} 8$　(6) $\lim\limits_{x\to 1} \dfrac{1-x}{|x-1|}$　(9) $\lim\limits_{x\to 3} x^2$　(12) $\lim\limits_{x\to -2} \sqrt{x}$　(15) $\lim\limits_{x\to 2} \dfrac{1}{x}$

3-2 極限的計算

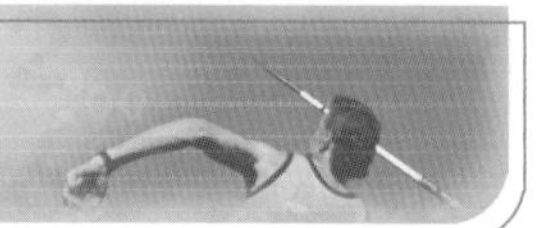

每次都使用圖形或左、右極限的方式來求極限有時頗為麻煩，以下將介紹一些定理，以利我們求出極限。

定理 3-2 極限存在的唯一性

若一函數 $f(x)$ 在 $x = x_0$ 的極限存在，則其極限值為唯一。亦即 $\lim\limits_{x \to x_0} f(x) = L$ 且 $\lim\limits_{x \to x_0} f(x) = M$，則 $L = M$。

例 6

已知 $\lim\limits_{x \to 1} f(x) = k^2 + k - 1$ 且 $\lim\limits_{x \to 1} f(x) = k + 2$，求 $k =$ ？

根據極限存在的唯一性，可知 $k^2 + k - 1 = k + 2$

因此 $k^2 = 3$

所以 $k = \pm\sqrt{3}$

定理 3-3　常數函數的極限

設c是常數，則常數函數$f(x)=c$在$x=x_0$的極限是$\lim\limits_{x\to x_0} f(x)=\lim\limits_{x\to x_0} c=c$。

定理 3-4　函數$f(x)=x$在$x=x_0$的極限

函數$f(x)=x$在$x=x_0$的極限是$\lim\limits_{x\to x_0} f(x)=\lim\limits_{x\to x_0} =x_0$。

定理 3-5　係數與極限

設 c 是常數，且$\lim\limits_{x\to x_0} f(x)$存在，則$\lim\limits_{x\to x_0} cf(x)=c\lim\limits_{x\to x_0} f(x)$。

定理 3-6　極限的四則運算

設$\lim\limits_{x\to x_0} f(x)=L$，$\lim\limits_{x\to x_0} g(x)=M$，則

(1) $\lim\limits_{x\to x_0} [f(x)+g(x)]=\lim\limits_{x\to x_0} f(x)+\lim\limits_{x\to x_0} g(x)=L+M$

(2) $\lim\limits_{x\to x_0} [f(x)-g(x)]=\lim\limits_{x\to x_0} f(x)-\lim\limits_{x\to x_0} g(x)=L-M$

(3) $\lim\limits_{x\to x_0} [f(x)\cdot g(x)]=\lim\limits_{x\to x_0} f(x)\cdot\lim\limits_{x\to x_0} g(x)=L\cdot M$

(4) 若$M\neq 0$時，則$\lim\limits_{x\to x_0}\dfrac{f(x)}{g(x)}=\dfrac{\lim\limits_{x\to x_0} f(x)}{\lim\limits_{x\to x_0} g(x)}=\dfrac{L}{M}$

例 7

$\lim_{x\to 4}(2x-1)=?$

$\lim_{x\to 4}(2x-1)=\lim_{x\to 4}2x-\lim_{x\to 4}1=2\lim_{x\to 4}x-\lim_{x\to 4}1=2\times 4-1=7$

（利用定理 3-6-(2)）　（利用定理 3-5）（利用定理 3-3 與 3-4）

例 8

$\lim_{x\to 4}\frac{3x+2}{2x-1}=?$

$\lim_{x\to 4}\frac{3x+2}{2x-1}=\frac{\lim_{x\to 4}(3x+2)}{\lim_{x\to 4}(2x-1)}=\frac{14}{7}=2$

（利用定理 3-6-(4)）

定理 3-7　函數 n 次方的極限

若 $\lim_{x\to x_0}f(x)=L$ 且 n 是一個正整數，則 $\lim_{x\to x_0}[f(x)]^n=[\lim_{x\to x_0}f(x)]^n=L^n$。

例 9

求下列極限值：

(1) $\lim\limits_{x\to 2} x^3$

(2) $\lim\limits_{x\to 2}\ (3x-5)^4$

(3) $\lim\limits_{x\to 2} (2x^4-5x^3+3x^2-6x+1)$

(4) $\lim\limits_{x\to x_0} (a_nx^n+a_{n-1}x^{n-1}+\cdots\cdots+a_1x+a_0)$

(1) $\lim\limits_{x\to 2} x^3=(\lim\limits_{x\to 2} x)^3=2^3=8$

(2) $\lim\limits_{x\to 2}\ (3x-5)^4=[\lim\limits_{x\to 2} (3x-5)]^4=1^4=1$

(3) $\lim\limits_{x\to 2} (2x^4-5x^3+3x^2-6x+1)=2\times 2^4-5\times 2^3+3\times 2^2-6\times 2+1=-7$

(4) $\lim\limits_{x\to x_0} (a_nx^n+a_{n-1}x^{n-1}+\cdots\cdots+a_{1x}+a_0)=a_nx_0^n+a_{n-1}x_0^{n-1}+\cdots\cdots+a_1x_0+a_0$

由例 9(4)可以得到一個多項式函數的極限求法：

若多項式函數$f(x)=a_nx^n+a_{n-1}x^{n-1}+\cdots\cdots+a_1x+a_0$，其中$a_n\neq 0$，且$a_i(i=0，1，\cdots\cdots，n)$為實數，而$n$為非負整數，則

$$\lim_{x\to x_0} f(x)=\lim_{x\to x_0} (a_nx^n+a_{n-1x}{}^{n-1}+\cdots\cdots+a_1x+a_0)$$
$$=a_nx_0^n+a_{n-1}x_0^{n\ 1}+\cdots\cdots+a_1x_0+a_0=f(x_0)$$

定理 3-8 有理函數的極限

設 $p(x)$ 與 $q(x)$ 皆為多項式函數，且 $p(x_0)\neq 0$，則有理函數 $f(x)=\dfrac{q(x)}{p(x)}$

在 $x = x_0$ 的極限是 $\lim\limits_{x\to x_0} f(x)=\lim\limits_{x\to x_0}\dfrac{q(x)}{p(x)}=\dfrac{q(x_0)}{p(x_0)}=f(x_0)$

例 10

求下列極限值：

(1) $\lim\limits_{x\to 1}\dfrac{3x^4+2x-6}{4x^2-1}$

(2) $\lim\limits_{x\to -2}\dfrac{2x+4}{6x^2+3x+5}$

(1) $\lim\limits_{x\to 1}\dfrac{3x^4+2x-6}{4x^2-1}=\dfrac{3\times 1^4+2\times 1-6}{4\times 1^2-1}=-\dfrac{1}{3}$

(2) $\lim\limits_{x\to -2}\dfrac{2x+4}{6x^2+3x+5}=\dfrac{2(-2)+4}{6(-2)^2+3(-2)+5}=\dfrac{0}{23}=0$

在定理 3-8 中欲求有理函數 $f(x)=\dfrac{q(x)}{p(x)}$ 在 $x=x_0$ 的極限 $\lim\limits_{x\to x_0}\dfrac{q(x)}{p(x)}$ 之條件是 $p(x_0)\neq 0$，若一但 $p(x_0)=0$ 那該如何求極限呢？此時可區分成以下兩種情況：

(1) 若 $p(x_0)=0$ 且 $q(x_0)\neq 0$，則 $\lim\limits_{x\to x_0}\dfrac{q(x)}{p(x)}$ 不存在。

(2) 若 $p(x_0)=0$ 且 $q(x_0)=0$，這是一種$\dfrac{0}{0}$的不定型極限，則 $\lim\limits_{x\to x_0}\dfrac{q(x)}{p(x)}$ 可透過分子、分母約分公因子$(x-x_0)$的方法求之，而最後的結果此極限可能存在也可能不存在，在此特別以例 11 來說明這些狀況。

例 11

求下列極限值：

(1) $\lim\limits_{x\to 0}\dfrac{x^2+x+1}{x^2+x}$

(2) $\lim\limits_{x\to 1}\dfrac{x^2+x-2}{x^2-2x+1}$

(3) $\lim\limits_{x\to 2}\dfrac{x^2-x-2}{x^3+2x^2-8x}$

(4) $\lim\limits_{x\to 3}\dfrac{x^2-x-6}{x-3}$

(1) $\lim\limits_{x\to 0}\dfrac{x^2+x+1}{x^2+x}=\lim\limits_{x\to 0}\dfrac{x^2+x+1}{x(x+1)}$

因分子 $0^2+0+1\neq 0$ 且分母 $0(0+1)=0$，故 $\lim\limits_{x\to 0}\dfrac{x^2+x+1}{x^2+x}$ 不存在

(2) $\lim\limits_{x\to 1}\dfrac{x^2+x-2}{x^2-2x+1}=\lim\limits_{x\to 1}\dfrac{x^2+x-2}{(x-1)^2}=\lim\limits_{x\to 1}\dfrac{x+2}{x-1}$

因分子 $1+2\neq 0$ 且分母 $1-1=0$，故 $\lim\limits_{x\to 1}\dfrac{x^2+x-2}{x^2-2x+1}$ 不存在

(3) $\lim\limits_{x\to 2}\dfrac{x^2-x-2}{x^3+2x^2-8x}=\lim\limits_{x\to 2}\dfrac{(x-2)(x+1)}{x(x-2)(x+4)}=\lim\limits_{x\to 2}\dfrac{x+1}{x(x+4)}=\dfrac{2+1}{2(2+4)}=\dfrac{1}{4}$

(4) $\lim\limits_{x\to 3}\dfrac{x^2-x-6}{x-3}=\lim\limits_{x\to 3}\dfrac{(x-3)(x+2)}{x-3}=\lim\limits_{x\to 3}(x+2)=3+2=5$

定理 3-9 根式的極限

設$\lim\limits_{x\to x_0} f(x)=L$，$n$為正整數，則

(1) 若n為奇數，則 $\lim\limits_{x\to x_0}\sqrt[n]{f(x)}=\sqrt[n]{\lim\limits_{x\to x_0} f(x)}=\sqrt[n]{L}$

(2) 若n為偶數且 $L\geqq 0$，則 $\lim\limits_{x\to x_0}\sqrt[n]{f(x)}=\sqrt[n]{\lim\limits_{x\to x_0} f(x)}=\sqrt[n]{L}$

(3) 若n為偶數且 $L<0$，則 $\lim\limits_{x\to x_0}\sqrt[n]{f(x)}$不存在

例 12

求下列極限值：

(1) $\lim\limits_{x\to 8}\sqrt[3]{x}$ (2) $\lim\limits_{x\to 25}\sqrt{x}$ (3) $\lim\limits_{x\to -81}\sqrt[4]{x}$

(4) $\lim\limits_{x\to 2}\dfrac{\sqrt{x}+1}{\sqrt{x}-1}$ (5) $\lim\limits_{x\to 0}\dfrac{x}{\sqrt{x+4}-2}$

(1) $\lim\limits_{x\to 8}\sqrt[3]{x}=\sqrt[3]{8}=2$ (2) $\lim\limits_{x\to 25}\sqrt{x}=\sqrt{25}=5$

(3) $\lim\limits_{x\to -81}\sqrt[4]{x}$ 不存在

(4) $\lim\limits_{x\to 2}\dfrac{\sqrt{x}+1}{\sqrt{x}-1}=\dfrac{\sqrt{2}+1}{\sqrt{2}-1}=\dfrac{(\sqrt{2}+1)(\sqrt{2}+1)}{(\sqrt{2}-1)(\sqrt{2}+1)}=\dfrac{(\sqrt{2}+1)^2}{(\sqrt{2})^2-1^2}=3+2\sqrt{2}$

(5) $\lim_{x\to 0}\frac{x}{\sqrt{x+4}-2}=\lim_{x\to 0}\frac{x(\sqrt{x+4}+2)}{(\sqrt{x+4}-2)(\sqrt{x+4}+2)}=\lim_{x\to 0}\frac{x(\sqrt{x+4}+2)}{(\sqrt{x+4})^2-2^2}$

$$=\lim_{x\to 0}\frac{x(\sqrt{x+4}+2)}{x}=\lim_{x\to 0}(\sqrt{x+4}+2)=\sqrt{0+4}+2=4$$

例 12(5)是一個值得注意的題目，這也是一種 $\frac{0}{0}$ 的不定型極限，因分子的極限 $\lim_{x\to 0}x=0$ 且分母的極限 $\lim_{x\to 0}(\sqrt{x+4}-2)=0$ 之故。在含有根式的極限計算當中，若遇到 $\frac{0}{0}$ 的情況，則必須先將分子或分母有理化，進一步再求極限值或判斷極限不存在。前面在討論有理函數 $f(x)=\frac{q(x)}{p(x)}$ 的極限情況時，也曾遇到 $\frac{0}{0}$ 的不定型極限，其解法是透過分子、分母約分公因子$(x-x_0)$的方法求之，讀者可從例 13 當中一併作一個比較。

例 13

下列四小題均為 $\frac{0}{0}$ 的不定型極限，試求其極限值：

(1) $\lim_{x\to 0}\frac{x^2-x}{x^2}$

(2) $\lim_{x\to 0}\frac{x^2}{x^2-x}$

(3) $\lim_{x\to 0}\frac{\sqrt{x+1}-1}{x^2}$

(4) $\lim_{x\to 0}\frac{\sqrt{x+1}-1}{x}$

(1) $\lim_{x\to 0}\frac{x^2-x}{x^2}=\lim_{x\to 0}\frac{x(x-1)}{x^2}=\lim_{x\to 0}\frac{(x-1)}{x}$

因分子 $0-1\neq 0$，而分母為 0，故 $\lim_{x\to 0}\frac{x^2-x}{x^2}$ 不存在

(2) $\lim\limits_{x\to 0}\dfrac{x^2}{x^2-x}=\lim\limits_{x\to 0}\dfrac{x^2}{x(x-1)}=\lim\limits_{x\to 0}\dfrac{x}{x-1}=\dfrac{0}{0-1}=0$

(3) $\lim\limits_{x\to 0}\dfrac{\sqrt{x+1}-1}{x^2}=\lim\limits_{x\to 0}\dfrac{(\sqrt{x+1}-1)(\sqrt{x+1}+1)}{x^2(\sqrt{x+1}+1)}=\lim\limits_{x\to 0}\dfrac{(\sqrt{x+1})^2-1^2}{x^2(\sqrt{x+1}+1)}$

$$=\lim_{x\to 0}\frac{x}{x^2(\sqrt{x+1}+1)}=\lim_{x\to 0}\frac{1}{x(\sqrt{x+1}+1)}$$

因分子為 $1\neq 0$，而分母為 $0(\sqrt{0+1}+1)=0$，故 $\lim\limits_{x\to 0}\dfrac{\sqrt{x+1}-1}{x^2}$ 不存在

(4) $\lim\limits_{x\to 0}\dfrac{\sqrt{x+1}-1}{x}=\lim\limits_{x\to 0}\dfrac{(\sqrt{x+1}-1)(\sqrt{x+1}+1)}{x(\sqrt{x+1}+1)}=\lim\limits_{x\to 0}\dfrac{(\sqrt{x+1})^2-1^2}{x(\sqrt{x+1}+1)}$

$$=\lim_{x\to 0}\frac{x}{x(\sqrt{x+1}+1)}=\lim_{x\to 0}\frac{1}{\sqrt{x+1}+1}=\frac{1}{\sqrt{0+1}+1}=\frac{1}{2}$$

定理 3-10　夾擠定理

若對於一個包含 x_0 的開區間中的所有 x（可能不包括 x_0），恆有 $h(x)\leqq f(x)\leqq g(x)$，如圖 3-4 所示，且 $\lim\limits_{x\to x_0}h(x)=\lim\limits_{x\to x_0}g(x)=L$，則 $\lim\limits_{x\to x_0}f(x)=L$

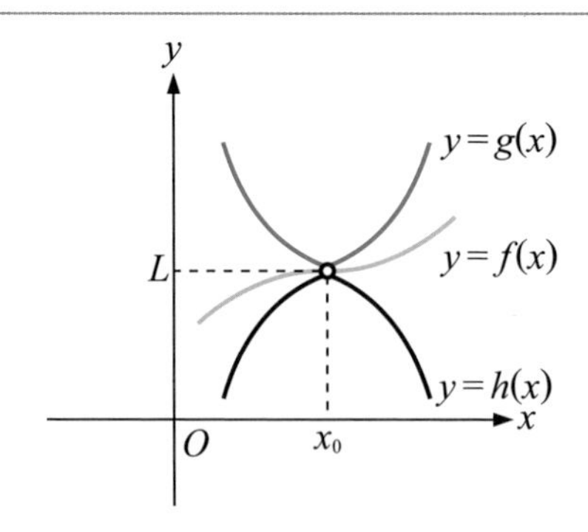

圖 3-4　夾擠定理

例 14

對於任一實數x，恆存在$3x^2-4x^3 \leqq f(x) \leqq 3x^2+4x^3$之關係，求$\lim\limits_{x\to o}\frac{f(x)}{x^2}=$？

因 $3x^2-4x^3 \leqq f(x) \leqq 3x^2+4x^3$

故 $3-4x \leqq \frac{f(x)}{x^2} \leqq 3+4x$ （但$x \neq 0$）

而 $\lim\limits_{x\to 0}(3-4x)=\lim\limits_{x\to 0}(3+4x)=3$

故由夾擠定理可得 $\lim\limits_{x\to 0}\frac{f(x)}{x^2}=3$

例 15

求 $\lim\limits_{x\to 0}(x\sin\frac{1}{x})=$？

對於任一實數x（但$x \neq 0$），恆存在$-1 \leqq \sin\frac{1}{x} \leqq 1$之關係

(1) 若 $x>0$，則$-x \leqq x\sin\frac{1}{x} \leqq x$

(2) 若 $x<0$，則 $x \leqq x\sin\frac{1}{x} \leqq -x$

由(1)、(2)得 $-|x| \leqq x\sin\frac{1}{x} \leqq |x|$

又因 $\lim_{x\to 0} -|x| = \lim_{x\to 0} |x| = 0$

故由夾擠定理可得 $\lim_{x\to 0}(x\sin\frac{1}{x}) = 0$

夾擠定理是一個頗為有用的定理，有些極限（如例 14 與例 15）也許無法利用前面所提到的方法來算，但卻可以利用夾擠定理求之，另外在定理 3-1 利用左極限是否等於右極限以界定極限存在與否的觀念，其實也隱含了夾擠定理的精神。

例 16

證明 $\lim_{x\to 0}\frac{\sin x}{x} = 1$

考慮如圖 3-5 之單位圓，且設 $0 < x < \frac{\pi}{2}$

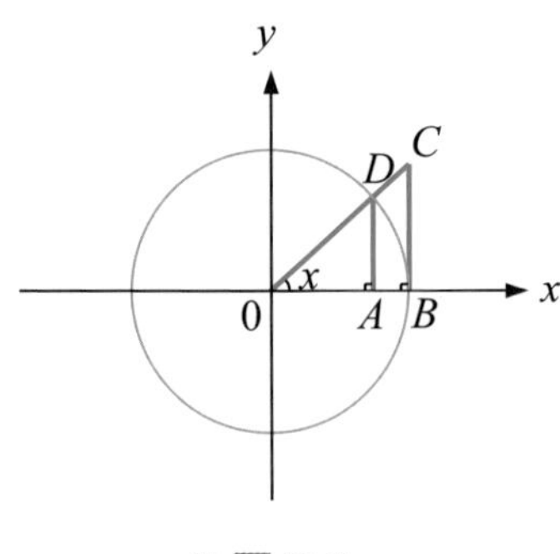

圖 3-5

$\triangle$ODA 的面積 $=\frac{1}{2}\cdot\overline{OA}\cdot\overline{AD}=\frac{1}{2}\sin x\cos x$

扇形ODB的面積 $=\frac{1}{2}\cdot r^2\cdot\theta=\frac{1}{2}\cdot 1^2\cdot x=\frac{1}{2}x$（$r$ 為單位圓之半徑）

$\triangle$OCB 的面積 $=\frac{1}{2}\cdot\overline{OB}\cdot\overline{BC}=\frac{1}{2}\cdot 1\cdot\tan x=\frac{1}{2}\tan x$

由圖 3-5 可知 $\triangle$ODA 的面積＜扇形 ODB 的面積＜$\triangle$OCB 的面積

故得 $\frac{1}{2}\sin x\cos x<\frac{1}{2}x<\frac{1}{2}\tan x$

每一項都同乘以 $\frac{2}{\sin x}$ 得

$\cos x<\frac{x}{\sin x}<\frac{1}{\cos x}$ 或

$\cos x<\frac{\sin x}{x}<\frac{1}{\cos x}$

因 $\cos x$、$\frac{\sin x}{x}$、$\frac{1}{\cos x}$ 都是偶函數

故在 $-\frac{\pi}{2}<x<0$ 時，$\cos x<\frac{\sin x}{x}<\frac{1}{\cos x}$ 仍然成立

因 $\lim\limits_{x\to 0}\cos x=\lim\limits_{x\to 0}\frac{1}{\cos x}=1$

故由夾擠定理可得 $\lim\limits_{x\to 0}\frac{\sin x}{x}=1$

定義 3-2　常數 e 的定義

$e=\lim\limits_{x\to 0}(1+x)^{\frac{1}{x}}$，其中 e 為無理數且 $e=2.71828\cdots\cdots$

常數 e 的定義與極限有關，如同圓周率一樣它們都是很重要的數，特別是在自然指數與自然對數的定義上就是以常數 e 為基礎的。

例 17

$\lim_{x\to 0}(1+6x)^{\frac{1}{x}}=$?

$\lim_{x\to 0}(1+6x)^{\frac{1}{x}}=\lim_{x\to 0}[(1+6x)^{\frac{1}{6x}}]^6=[\lim_{x\to 0}(1+6x)^{\frac{1}{6x}}]^6=[\lim_{x\to 0}(1+t)^{\frac{1}{t}}]^6=e^6$

（根據定理 3-7）（設$t=6x$，則$x\to 0$ 相當於$t\to 0$）

例 18

$\lim_{x\to\infty}(1+\frac{1}{x})^{-x}=$?

$\lim_{x\to\infty}(1+\frac{1}{x})^{-x}=\lim_{t\to 0}(1+\mathrm{t})^{-\frac{1}{t}}=\lim_{t\to 0}\frac{1}{(1+t)^{\frac{1}{t}}}=\frac{\lim_{t\to 0}1}{\lim_{t\to 0}(1+t)^{\frac{1}{t}}}=\frac{1}{e}$

（設$t=\frac{1}{x}$ 則 $x\to\infty$ 相當於$t\to 0$）（根據定理 3-6(4)）

習題 3-2

第一組

1. 已知 $\lim\limits_{x\to 0} f(x) = 2\alpha^2 - 2\alpha$ 且 $\lim\limits_{x\to 0} f(x) = \alpha^2 - \alpha + 2$，求 $\alpha = ?$

2. 求下列極限值：

(1) $\lim\limits_{x\to 0} (x^4 - x^3 + x^2 - x + 1)$　(2) $\lim\limits_{x\to 0} \dfrac{x-1}{x+1}$

(3) $\lim\limits_{x\to 4} \dfrac{x^2-16}{\sqrt{x}-2}$　(4) $\lim\limits_{x\to 1} \dfrac{x^2+2x-3}{x^2-4x+3}$

(5) $\lim\limits_{x\to 0} \dfrac{x^3-x^2}{x^3-x}$

3. 若 $f(x) = \begin{cases} 2x-1 & x \geqq 1 \\ -1 & x < 1 \end{cases}$，求下列各極限：

(1) $\lim\limits_{x\to 1^-} f(x)$　(2) $\lim\limits_{x\to 1^+} f(x)$　(3) $\lim\limits_{x\to 1} f(x)$　(4) $\lim\limits_{x\to -1^-} f(x)$

(5) $\lim\limits_{x\to -1^+} f(x)$　(6) $\lim\limits_{x\to -1} f(x)$

4. 利用夾擠定理求下列極限：

(1) 若 $x \in R$，且 $3x-2 \leq f(x) \leq x^2$，則 $\lim\limits_{x\to 2} f(x)$？

(2) 若 $x \in R$，且 $5x^2 - x^6 \leq f(x) \leq 5x^2$，則 $\lim\limits_{x\to 0} \dfrac{f(x)}{x^2}$？

5. 已知常數 $e = \lim\limits_{x\to 0} (1+x)^{\frac{1}{x}}$，則 $\lim\limits_{x\to \infty} (1+\dfrac{4}{x})^{3x}$？

6. 已知 $\lim\limits_{x\to 0} \dfrac{\sin x}{x} = 1$，利用此結果證明 $\lim\limits_{x\to 0} \dfrac{\sin bx}{ax} = \dfrac{b}{a}$。

第二組

1. 已知 $\lim_{x\to 1} f(x) = 3\beta^2 - 1$ 且 $\lim_{x\to 1} f(x) = 11$，求β＝？

2. 求下列極限值：

   (1) $\lim_{x\to 0} (a_n x^n + a_{n-1}x^{n-1} + a_{n-2}x^{n-2} + \cdots\cdots + a_1 x^1 + a_0)$

   (2) $\lim_{x\to -1} \sqrt{x^2 + x + 1}$

   (3) $\lim_{x\to 1} \dfrac{x^3 - x}{x^3 + x - 2}$

   (4) $\lim_{x\to 1} \dfrac{x-1}{\sqrt{2x+7} - 3}$

   (5) $\lim_{x\to 3} |x^2 - 9|$

3. 若 $f(x) = \begin{cases} 3x-1 & x > 2 \\ 4-x & x \le 2 \end{cases}$，求下列各極限：

   (1) $\lim_{x\to 2^-} f(x)$　(2) $\lim_{x\to 2^+} f(x)$　(3) $\lim_{x\to 2} f(x)$　(4) $\lim_{x\to 5^-} f(x)$

   (5) $\lim_{x\to 5^+} f(x)$　(6) $\lim_{x\to 5} f(x)$

4. 利用夾擠定理求下列極限：

   (1) 若$x\in R$，且$-x^2 + 6x - 13 \le f(x) \le 4x - 12$，則$\lim_{x\to 1} f(x)$？

   (2) 若$x\in R$，且$x^2 - \dfrac{x^4}{5} \le f(x) \le x^2$，則 $\lim_{x\to 0} \dfrac{f(x)}{3x^2}$？

5. 已知常數 $e = \lim_{x\to\infty} (1+\dfrac{1}{x})^x$，則 $\lim_{x\to 0} (\dfrac{1}{3} + 4x)^{\frac{5}{x}}$？

6. 已知 $\lim_{x\to 0} \dfrac{\sin x}{x} = 1$，利用此結果證明 $\lim_{x\to 0} \dfrac{1-\cos x}{x} = 0$。

3-3 連續函數

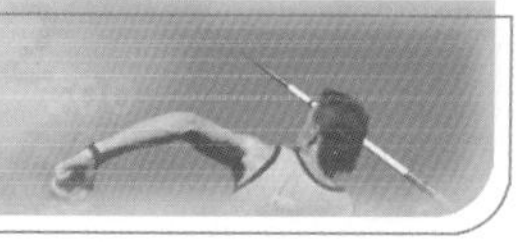

函數$y=f(x)$的圖形是否連續，從直觀上很容易看得出來，例如圖 3-6(1)、(2)、(3)、(4)皆在$x=a$處不連續，但如何明確定義出函數的連續性呢？此時須借助極限的觀念。

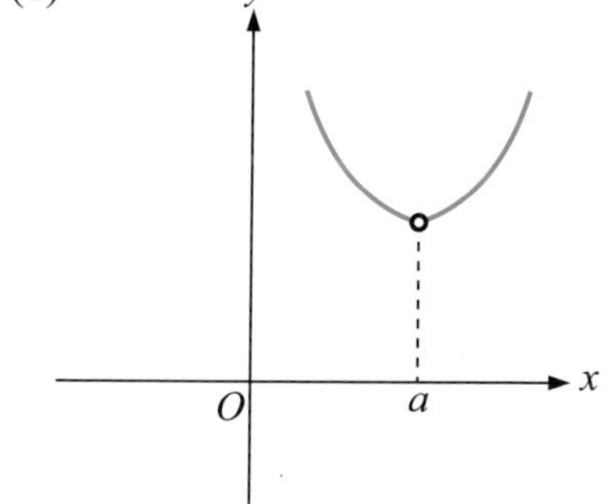

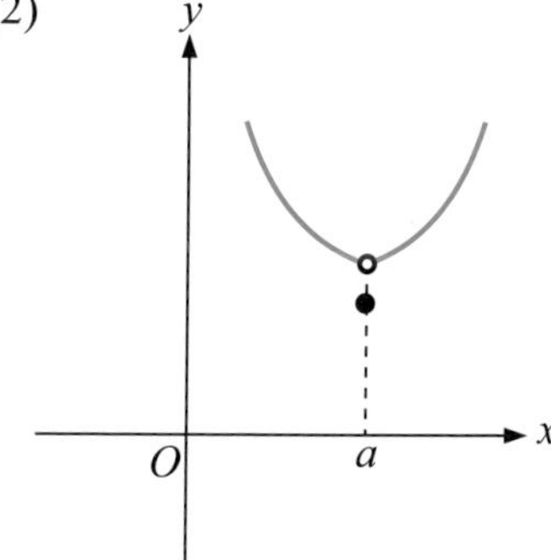

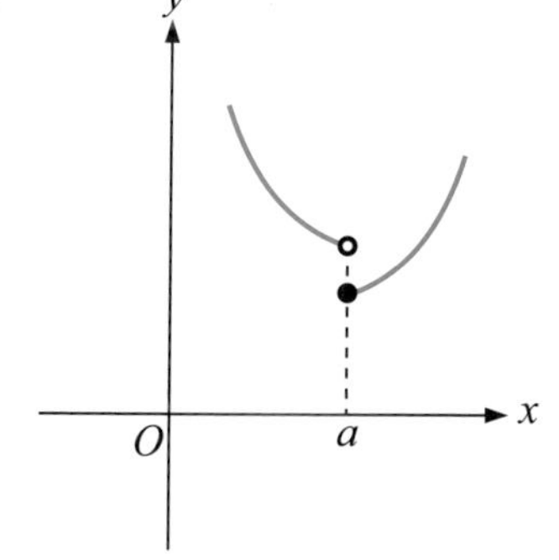

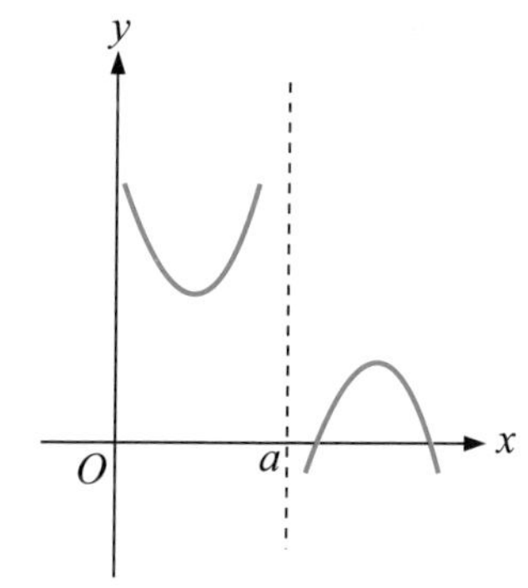

圖 3-6

定義 3-3 函數的連續

對於函數 $y=f(x)$，若下列條件：

(1) $f(a)$有定義　　(2) $\lim_{x \to a} f(x)$存在　　(3) $\lim_{x \to a} f(x)=f(a)$

同時皆成立，則稱函數$y=f(x)$ 在$x=a$連續。

若上述三條件中有一條件不成立，則稱 f 在 a 為不連續，a 稱為 f 的不連續點。另外若函數 f 在開區間$(a，b)$中的所有點皆連續，則稱 f 在$(a，b)$為連續。

例 19

設$f(x)=\dfrac{x^2-4}{x-2}$，則 f 在$x=2$ 是否連續？

因 $f(2)$無定義，故 f 在$x=2$ 為不連續（如圖 3-7(1) 所示）

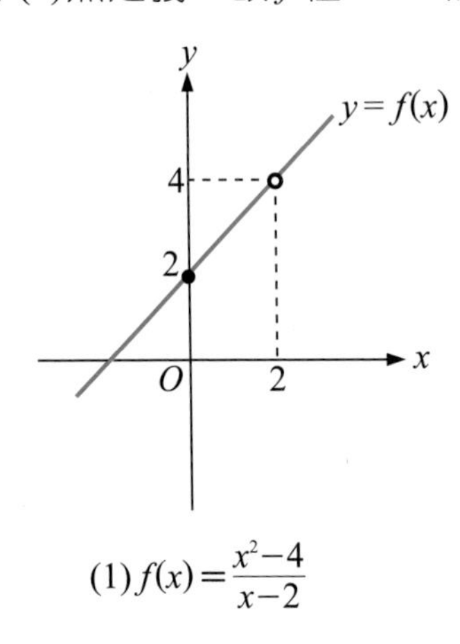

(1) $f(x)=\dfrac{x^2-4}{x-2}$

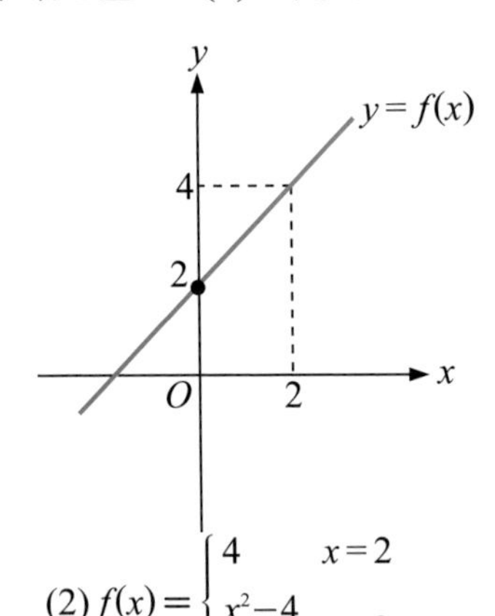

(2) $f(x)=\begin{cases} 4 & x=2 \\ \dfrac{x^2-4}{x-2} & x\neq 2 \end{cases}$

圖 3-7

例 20

設 $f(x)=\begin{cases}4 & x=2\\ \dfrac{x^2-4}{x-2} & x\neq 2\end{cases}$，則 f 在 $x=2$ 是否連續？

因 $\lim\limits_{x\to 2^-} f(x)=\lim\limits_{x\to 2^-}\dfrac{x^2-4}{x-2}=\lim\limits_{x\to 2^-}(x+2)=4$

$\lim\limits_{x\to 2^+} f(x)=\lim\limits_{x\to 2^+}\dfrac{x^2-4}{x-2}=\lim\limits_{x\to 2^+}(x+2)=4$

故 $\lim\limits_{x\to 2} f(x)=4=f(2)$

即 f 在 $x=2$ 為連續（如圖 3-7(2) 所示）

例 21

設 $f(x)=\begin{cases}x+3 & x>1\\ 6 & x=1\\ 2x+2 & x<1\end{cases}$，則 f 在 $x=1$ 是否連續？

因 $\lim\limits_{x\to 1^-} f(x)=\lim\limits_{x\to 1^-}(2x+2)=4$

$\lim\limits_{x\to 1^+} f(x)=\lim\limits_{x\to 1^+}(x+3)=4$

故 $\lim\limits_{x\to 1} f(x)=4$

但 $f(1)=6$

故 $\lim\limits_{x\to 1} f(x) \neq f(1)$

所以 f 在 $x=1$ 不連續（如圖 3-8 所示）

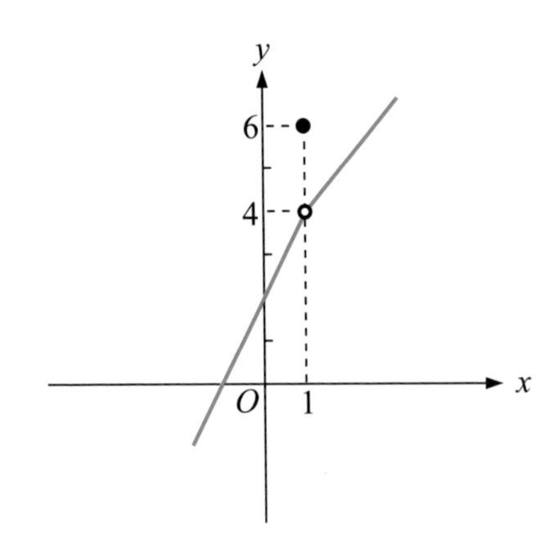

圖 3-8 $f(x)=\begin{cases} x+3 & x>1 \\ 6 & x=1 \\ 2x+2 & x<1 \end{cases}$ 之圖形

定義 3-4 單邊連續

對於函數 $y=f(x)$

若下列條件：

(1) $f(a)$ 有定義　(2) $\lim\limits_{x\to a^+} f(x)$ 存在　(3) $\lim\limits_{x\to a^+} f(x)=f(a)$

同時皆成立，則稱函數 $y=f(x)$ 在 $y=a$ 右連續。

若下列條件：

(1) $f(a)$ 有定義　(2) $\lim\limits_{x\to a^-} f(x)$ 存在　(3) $\lim\limits_{x\to a^-} f(x)=f(a)$

同時皆成立，則稱函數 $y=f(x)$ 在 $y=a$ 左連續。

右連續與左連續皆稱為單邊連續。設 $f(x)=\sqrt{x}$ ，因 $\lim_{x\to 0^+} f(x)=\lim_{x\to 0^+}\sqrt{x}=0=f(0)$，故函數 f 在 $x=0$ 右連續（如圖 3-9 所示）。

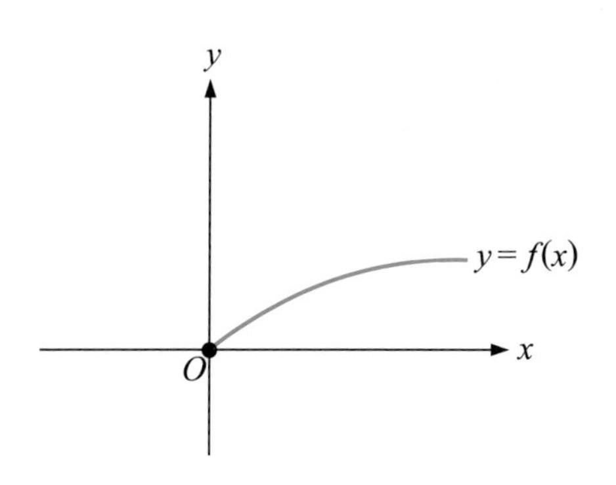

圖 3-9　$f(x)=\sqrt{x}$ 之圖形

例 22

設 $f(x)=\begin{cases} 3x-1 & x<1 \\ -1 & x=0 \\ -3x+1 & x>0 \end{cases}$，則 f 在 $x=0$ 處是否連續？

$\lim_{x\to 0^-} f(x)=\lim_{x\to 0^-}(3x-1)=-1$

$\lim_{x\to 0^+} f(x)=\lim_{x\to 0^+}(-3x+1)=1$

因 $\lim_{x\to 0^-} f(x)\neq\lim_{x\to 0^+} f(x)$

故 f 在 $x=0$ 處不連續（如圖 3-10 所示）

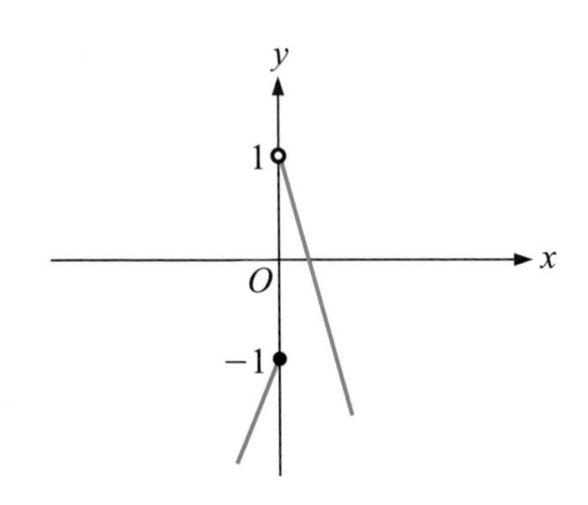

■ 圖 3-10 $f(x)=\begin{cases} 3x-1 & x<1 \\ -1 & x=0 \\ -3x+1 & x>0 \end{cases}$ 之圖形

例 23

已知 $f(x)=\begin{cases} cx^2 & x>1 \\ x-c & x<1 \end{cases}$ 在 $x=1$ 為連續，則 $c=$？

因 $f(1)=1-c$

$\lim\limits_{x\to 1^-} f(x)=\lim\limits_{x\to 1^-}(x-c)=1-c$

$\lim\limits_{x\to 1^+} f(x)=\lim\limits_{x\to 1^+} cx^2=c$

又 f 在 $x=1$ 處連續

故 $\lim\limits_{x\to 1^-} f(x)=\lim\limits_{x\to 1^+} f(x)=f(1)$

即 $1-c=c$ 故 $c=\dfrac{1}{2}$

定義 3-5　函數在閉區間的連續

對於函數 $y=f(x)$，若下列條件：

(1) f 在開區間 $(a，b)$ 為連續　(2) f 在 a 為右連續　(3) f 在 b 為左連續

同時皆成立，則稱函數 $y=f(x)$ 在閉區間 $[a，b]$ 為連續。

例 24

試證 $f(x)=\sqrt{4-x^2}$ 在閉區間 $[-2，2]$ 為連續。

若 $-2<c<2$

則 $\lim\limits_{x\to c}f(x)=\lim\limits_{x\to c}\sqrt{4-x^2}=\sqrt{4-c^2}=f(c)$

故 f 在開區間 $(-2，2)$ 為連續

又 $\lim\limits_{x\to -2^+}f(x)=\lim\limits_{x\to -2^+}\sqrt{4-x^2}=0=f(-2)$

且 $\lim\limits_{x\to 2^-}f(x)=\lim\limits_{x\to 2^-}\sqrt{4-x^2}=0=f(2)$

故 f 在閉區間 $[-2，2]$ 為連續。

定理 3-11　連續函數的四則運算也是連續函數

若兩函數 f 與 g 在 a 皆為連續，又 α，β 為任意兩常數，則 αf，$\alpha f\pm\beta g$，$f\cdot g$ 與 $\dfrac{f}{g}(g(a)\neq 0)$ 在 a 也連續。

例 25

已知函數 $f(x)=x+1$ 與 $g(x)=-3x$ 在實數範圍內皆為連續函數，試分別畫出 (1)$2f$ (2)$2f+g$ (3) $2f-g$ (4) $f\cdot g$ (5) $\dfrac{f}{g}$ ($x\neq 0$) 之函數圖形，並由圖形檢視上述函數在實數範圍內是否也為連續函數？

(1) 如圖 3-11(1) 所示：$2f=2x+2$ 在實數範圍內是連續函數。

(2) 如圖 3-11(2) 所示：$2f+g=-x+2$ 在實數範圍內是連續函數。

(3) 如圖 3-11(3) 所示：$2f-g=5x+2$ 在實數範圍內是連續函數。

(4) 如圖 3-11(4) 所示：$f\cdot g=-3x^2-3x$ 在實數範圍內是連續函數。

(5) 如圖 3-11(5) 所示：$\dfrac{f}{g}=\dfrac{x+1}{-3x}$ 在實數範圍內（但 $x\neq 0$ ）是連續函數。

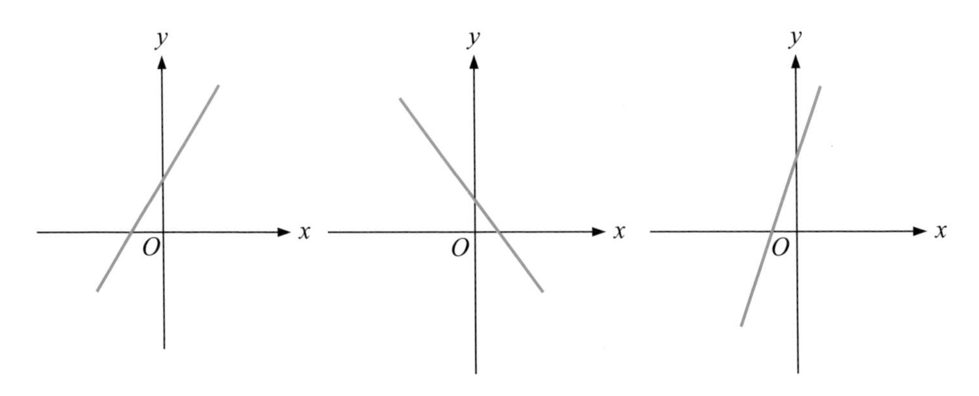

(1) $2f=2x+2$　　(2) $2f+g=-x+2$　　(3) $2f-g=5x+2$

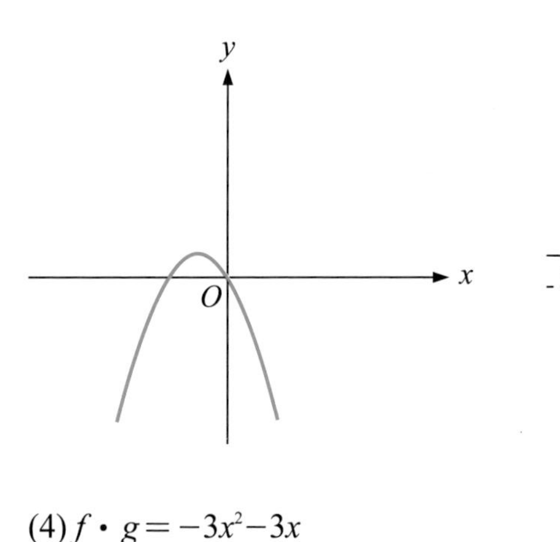

(4) $f \cdot g = -3x^2 - 3x$

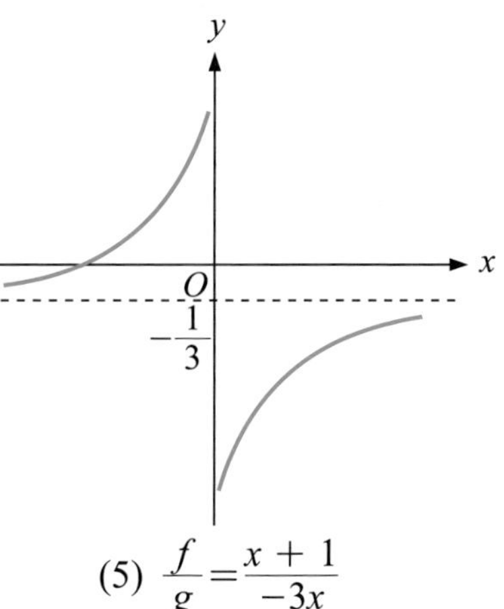

(5) $\frac{f}{g} = \frac{x+1}{-3x}$

圖 3-11

定理 3-12　多項式函數皆是連續函數

多項式函數 $f(x) = a_n x^n + a_{n-1} x^{n-1} + \cdots\cdots + a_1 x + a_0\ (a_n \neq 0)$ 在實數範圍內皆連續。

定理 3-13　有理函數的連續

有理函數 $f(x) = \frac{q(x)}{p(x)}$ 在除了使分母 $p(x)$ 為零的點以外其餘皆連續。

例 26

函數 $f(x) = \frac{3x}{x^2 - 5x + 6}$ 在何處連續？

因 $x^2-5x+6=0$ 的解為 $x=2$ 與 $x=3$

故 f 在這些點以外（即 $x\neq 2$，3）皆為連續。

定理 3-14　連續函數的合成函數也是連續函數

若函數 g 在 a 為連續，且函數 f 在 $g(a)$ 為連續，則合成函數 $f(g(x))$ 在 a 也為連續。此時合成函數 $f(g(x))$ 滿足下列關係：

$$\lim_{x\to a} f(g(x))=f(\lim_{x\to a} g(x))=f(g(a))$$

若 $f(x)=\dfrac{1}{x+4}$，$=x^2-4$，證明 $f\circ g$ 在 $x=-3$ 為連續。

因 $g(x)=x^2-4$ 在 $x=-3$ 為連續

且 $f(x)=\dfrac{1}{x+4}$ 在 $g(-3)=5$ 為連續

故 $f\circ g=\dfrac{1}{(x^2-4)+4}=\dfrac{1}{x^2}$ 在 $x=-3$ 為連續

定理 3-15　中間值定理(intermediate-value theorem)

設函數 f $[a，b]$ 為連續，且 $f(a) \neq f(b)$，k 是介於 $f(a)$ 與 $f(b)$ 之間的任一實數，則必至少存在一數 $c \in (a，b)$，使得 $f(c) = k$。

中間值定理是在閉區間 $[a，b]$ 為連續的函數所具有的性質，其幾何意義詳見於圖 3-12。

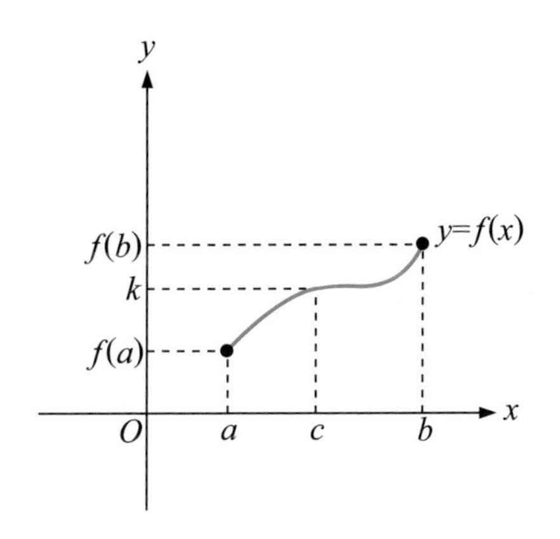

圖 3-12　中間值定理的說明

定理 3-16　勘根定理

設函數 f 在 $[a，b]$ 為連續。且 $f(a) \cdot f(b) < 0$。則必至少存在一數 $c \in (a，b)$，使得 $f(c) = 0$。

勘根定理為中間值定理的特殊情形，尤其對於判斷方程式的根落在何處特別有用，我們特別以下例做說明：

例 28

判斷方程式 $x^3-3x-1=0$ 的三個實根分別落在哪些整數之間？

令 $f(x)=x^3-3x-1$

列表得

x	-2	-1	0	1	2
$f(x)$	-3	1	-1	-3	1

因 $f(-2)\cdot f(-1)<0$，$f(-1)\cdot f(0)<0$，$f(1)\cdot f(2)<0$

故根據勘根定理得方程式 $x^3-3x-1=0$ 的三個實根分別落在 $(-2,-1)$，$(-1,0)$，$(1,2)$ 等區間。

習 題 3-3

第一組

1. 下列函數在實數範圍內是否皆為連續函數，如有不連續之處，請指出在何處不連續！

 (1) $f(x)=x^3-x^2$

 (2) $f(x)=\dfrac{4}{x^2-1}$

 (3) $f(x)=[x]$（此為高斯函數）

 (4) $f(x)=\begin{cases} 2x-1 & x>3 \\ 3x+2 & x<3 \end{cases}$

 (5) $f(x)=\begin{cases} -2x+6 & x>1 \\ x^2+3 & x=1 \\ 3x+1 & x<1 \end{cases}$

2. 已知函數 $f(x)=1-2x$ 與 $g(x)=4x+1$ 在實數範圍內皆為連續函數，試分別畫出(1) $f+g$　(2) $f-g$　(3) $f\cdot g$　(4) $\dfrac{f}{g}(x\neq -\dfrac{1}{4})$　(5) $f(g(x))$ 之函數圖形，並由圖形檢視上述函數在實數範圍內是否也為連續函數。

3. 若 $f(x)=\begin{cases} \dfrac{x^2+x-2}{x^2-1} & x\neq 1 \\ a & x=1 \end{cases}$ 在 $x=1$ 處連續，則 $a=$？

4. 若 $g(x)=\begin{cases} kx+2 & x>-1 \\ x+4k & x\leqq -1 \end{cases}$ 在 $x=-1$ 處連續，則 $k=$？

5. 判斷方程式 $x^3+4x^2-6=0$ 的三個實根分別落在哪些整數之間。

第二組

1. 下列函數在實數範圍內是否皆為連續函數，如有不連續之處，請指出在何處不連續！

   (1) $f(x)=\sin x$

   (2) $f(x)=\tan x$

   (3) $f(x)=|x^3|$

   (4) $f(x)=\dfrac{x-2}{x+2}$

   (5) $f(x)=\begin{cases} x^2-16 & x>4 \text{ 或 } x<-4 \\ |x^2-16| & -4\leqq x\leqq 4 \end{cases}$

2. 已知函數 $f(x)=3x$ 與 $g(x)=2x-1$ 在實數範圍內皆為連續函數，試分別畫出 (1) $f+g$　(2) $f-g$　(3) $f\cdot g$　(4) $\dfrac{f}{g}\ (x\neq\dfrac{1}{2})$　(5) $f(g(x))$之函數圖形，並由圖形檢視上述函數在實數範圍內是否也為連續函數。

3. 若 $f(x)=\begin{cases} \dfrac{x^2+(a-3)x-3a}{x^2-9} & x\neq 3 \\ -2 & x=3 \end{cases}$ 在 $x=3$ 處連續，則 $a=$？

4. 若 $g(x)=\begin{cases} -4x+3k & x\geq 2 \\ 3kx+4 & x>2 \end{cases}$ 在 $x=2$ 處連續，則 $k=$？

5. 判斷方程式 $x^3+6x^2+4x+5=0$ 的三個實根分別落在哪些整數之間。

3-4 無窮極限與漸近線

介紹無窮極限之前，首先要認識兩個符號：無限大 ∞ 與負無限大 $-\infty$，符號無限大"∞"代表一個很大很大的數的觀念，這個數無法確定它到底有多大；相對的，符號負無限大"$-\infty$"代表一個很小很小的數的觀念，這個數無法確定它到底有多小，茲將 ∞ 與 $-\infty$的一些特殊性質整理如下：若a是任意實數，則

(1) $\infty+\infty=\infty$；$(-\infty)-\infty=-\infty$

(2) $\infty\pm a=\infty$；$(-\infty)\pm a=-\infty$

(3) $a\cdot\infty=\begin{cases}\infty & a>0\\ -\infty & a<0\end{cases}$；$\dfrac{a}{\infty}=0$

(4) $\infty^{a}=\begin{cases}\infty & a>0\\ 0 & a<0\end{cases}$

因此 ∞ 與 $-\infty$兩者也就不能適用實數所有的運算，例如兩個無限大之間就無法比較大小。

無窮極限簡而言之就是涉及到∞或$-\infty$的極限，一般可分為兩種：

第一種無窮極限是描述當$x\to a\in R$，函數$f(x)\to\infty$或$-\infty$。

以圖 3-13 表示如下：當$x\to -1^+$時，$f(x)\to-\infty$，可以符號 $\lim\limits_{x\to-1^+}=-\infty$ 表示；當$x\to 0^-$ 時，$f(x)\to\infty$，可以符號 $\lim\limits_{x\to0^-}f(x)=\infty$ 表示；當$x\to 0^+$ 時，$\to\infty$，可以符號 $\lim\limits_{x\to0^+}f(x)=\infty$ 表示；當$x\to 0$ 時，$f(x)\to\infty$，可以符號$\lim\limits_{x\to0}f(x)=\infty$ 表示；當$x\to 1^-$ 時，$f(x)\to-\infty$，可以符號$\lim\limits_{x\to1^-}f(x)=-\infty$ 表示。要特別注意以上的極限雖以∞或$-\infty$表示出來，但極限值事實上是不存在的，因∞與 $-\infty$兩者都不屬於定值。

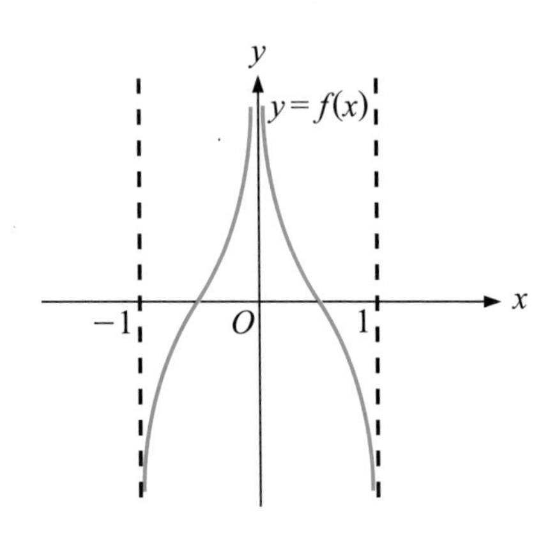

圖 3-13

定理 3-17 當$x \to 0$時，$\frac{1}{x^n}$的無窮極限

(1) 若n為正偶數，則

$$\lim_{x\to 0}\frac{1}{x^n}=\infty$$

(2) 若n為正奇數，則

$$\lim_{x\to 0^-}\frac{1}{x^n}=-\infty \ ; \ \lim_{x\to 0^+}\frac{1}{x^n}=\infty$$

例 29

設$f(x)=\frac{1}{(x-4)^3}$，求(1) $\lim\limits_{x\to 4^-}f(x)$ (2) $\lim\limits_{x\to 4^+}f(x)$ (3) $\lim\limits_{x\to 4}f(x)$

令$t=x-4$，則當$x\to 4^-$時，$t\to 0^-$；當$x\to 4^+$時，$t\to 0^+$

(1) $\lim\limits_{x\to 4^-}\dfrac{1}{(x-4)^3}=\lim\limits_{t\to 0^-}\dfrac{1}{t^3}=-\infty$

(2) $\lim\limits_{x\to 4^+}\dfrac{1}{(x-4)^3}=\lim\limits_{t\to 0^+}\dfrac{1}{t^3}=\infty$

(3) 由以上兩小題知左極限≠右極限

故 $\lim\limits_{x\to 4}\dfrac{1}{(x-4)^3}$ 不存在

定理 3-18　∞與實數 L 在極限中之四則運算

若 $\lim\limits_{x\to x_0} f(x)=\infty$，且 $\lim\limits_{x\to x_0} g(x)=L$，則

(1) $\lim\limits_{x\to x_0}[f(x)+g(x)]=\infty$

(2) $\lim\limits_{x\to x_0}[f(x)-g(x)]=\infty$

(3) $\lim\limits_{x\to x_0}[f(x)\cdot g(x)]=\infty$（若 $L>0$）

$\lim\limits_{x\to x_0}[f(x)\cdot g(x)]=-\infty$（若 $L<0$）

(4) $\lim\limits_{x\to x_0}\dfrac{f(x)}{g(x)}=\infty$（若 $L>0$）

$\lim\limits_{x\to x_0}\dfrac{f(x)}{g(x)}=-\infty$（若 $L<0$）

定理 3-18 中 $x\to x_0$ 改成 $x\to x_0^+$ 或 $x\to x_0^-$ 時，仍可成立。對於 $\lim\limits_{x\to x_0}f(x)=-\infty$ 也可得到類似的結果，只要將定理 3-18 所有出現的∞前面之正負號互換即可。

例 30

已知 $f(x)=\dfrac{x^2+x}{x^2+x-2}$，求下列極限：

(1) $\lim\limits_{x\to 1^-} f(x)$

(2) $\lim\limits_{x\to 1^+} f(x)$

(3) $\lim\limits_{x\to 1} f(x)$

(4) $\lim\limits_{x\to -2^-} f(x)$

(5) $\lim\limits_{x\to -2^+} f(x)$

(6) $\lim\limits_{x\to -2} f(x)$

(1) $\lim\limits_{x\to 1^-} f(x)=\lim\limits_{x\to 1^-}\dfrac{x(x+1)}{(x-1)(x+2)}=\lim\limits_{x\to 1^-}\dfrac{1}{x-1}\cdot\lim\limits_{x\to 1^-}\dfrac{x(x+1)}{(x+2)}=(-\infty)\cdot\dfrac{2}{3}=-\infty$

(2) $\lim\limits_{x\to 1^+} f(x)=\lim\limits_{x\to 1^+}\dfrac{x(x+1)}{(x-1)(x+2)}=\lim\limits_{x\to 1^+}\dfrac{1}{x-1}\cdot\lim\limits_{x\to 1^+}\dfrac{x(x+1)}{(x+2)}=\infty\cdot\dfrac{2}{3}=\infty$

(3) 由(1)、(2)知左極限≠右極限，故 $\lim\limits_{x\to 1} f(x)$ 不存在

(4) $\lim\limits_{x\to -2^-} f(x)=\lim\limits_{x\to -2^-}\dfrac{x(x+1)}{(x-1)(x+2)}=\lim\limits_{x\to -2^-}\dfrac{1}{x+2}\cdot\lim\limits_{x\to -2^-}\dfrac{x(x+1)}{x-1}$

$=(-\infty)\cdot(-\dfrac{2}{3})=\infty$

(5) $\lim\limits_{x\to -2^+} f(x)=\lim\limits_{x\to -2^+}\dfrac{x(x+1)}{(x-1)(x+2)}=\lim\limits_{x\to -2^+}\dfrac{1}{x+2}\cdot\lim\limits_{x\to -2^+}\dfrac{x(x+1)}{(x-1)}=\infty\cdot(-\dfrac{2}{3})$

$=-\infty$

(6) 由(4)、(5)知左極限≠右極限

故 $\lim\limits_{x\to -2} f(x)$不存在

第二種無窮極限是描述當x無限制的越來越大（以符號$x\to\infty$表示）或當x無限制的越來越小（以符號$x\to-\infty$表示）時，函數$f(x)$的變化情形。

以例 31 說明如下：

例 31

設函數 $f(x)$ 的圖形如圖 3-14 所示，試求：

(1) $\lim\limits_{x\to\infty} f(x)=$?　　(2) $\lim\limits_{x\to-\infty} f(x)=$?

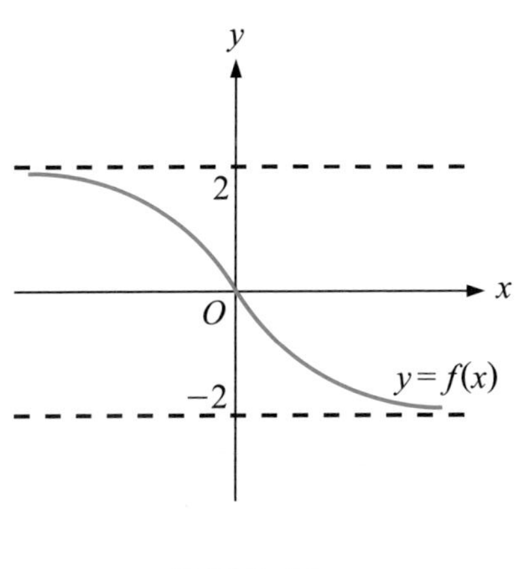

圖 3-14

(1) 當$x\to\infty$時，$f(x)\to-2$，以符號 $\lim\limits_{x\to\infty} f(x)=-2$ 表示，讀作$f(x)$在正無窮遠處的極限是-2。

(2) 當$x\to-\infty$時，$f(x)\to2$，以符號 $\lim\limits_{x\to-\infty} f(x)=2$ 表示，讀作$f(x)$在負無窮遠處的極限是 2。

例 32

函數$f(x)=3^x$的圖形如圖 3-15 所示，試求

(1) $\lim_{x\to\infty} f(x)=$?

(2) $\lim_{x\to-\infty} f(x)=$?

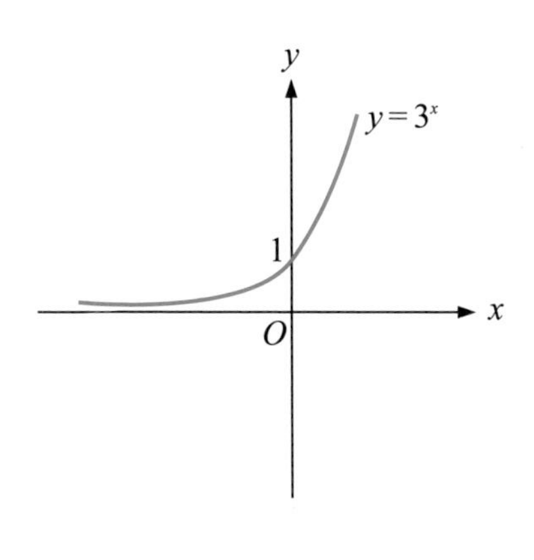

圖 3-15

(1) 當$x\to\infty$時，$=3^x\to\infty$，以符號 $\lim_{x\to\infty} 3^x=\infty$表示（請注意此時極限值其實是不存在的，因∞不是一個固定的實數）。

(2) 當$x\to-\infty$時，$f(x)=3^x\to 0$，以符號 $\lim_{x\to-\infty} 3^x=0$ 表示（此時極限值存在而且為 0，因 0 是一個固定的實數）。

例 33

函數 $f(x)=\cos x$ 的圖形如圖 3-16 所示，試求：

(1) $\lim\limits_{x\to\infty} f(x)=$?

(2) $\lim\limits_{x\to-\infty} f(x)=$?

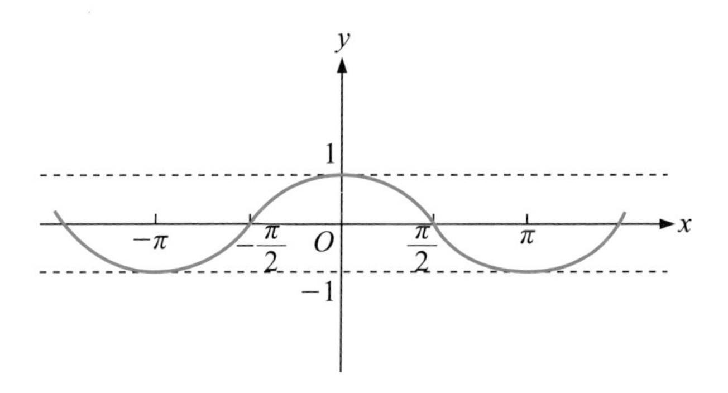

圖 3-16　$f(x)=\cos x$的圖形

(1) $x\to\infty$時，$f(x)$的圖形在 $[-1，1]$ 之間來回震盪，不會趨近於一個固定的實數，因此 $\lim\limits_{x\to\infty}\cos x$ 不存在。

(2) 當 $x\to-\infty$時，$f(x)$ 的圖形也在 $[-1，1]$之間來回震盪，不會趨近於一個固定的實數，因此 $\lim\limits_{x\to-\infty}\cos x$ 不存在。

不見得一定要畫出函數圖形，才能知道無窮極限是多少，以下介紹定理3-19方便我們計算無窮極限。

定理 3-19　當$x \to \pm\infty$時，的無窮極限

若$n \in N$，則$\lim\limits_{x \to \infty} \dfrac{1}{x^n} = 0$ 且 $\lim\limits_{x \to -\infty} \dfrac{1}{x^n} = 0$。

此外無窮極限的運算也同時滿足定理 3-3 常數函數的極限、定理 3-5 係數與極限、定理 3-6 極限的四則運算、定理 3-9 根式的極限的要求，只要將上述定理中的 $x \to x_0$ 改成 $x \to \pm\infty$ 即可，在此就不再一一列出來。

例 34

求下列極限：

(1) $\lim\limits_{x \to \infty} \dfrac{2x^3 - 1}{5x^3 + 4}$　(2) $\lim\limits_{x \to \infty} \dfrac{3^x + 2}{3^x}$　(3) $\lim\limits_{x \to \infty} \dfrac{2x + 6}{\sqrt{8x^2 - 5}}$

(4) $\lim\limits_{x \to \infty} (\sqrt{x^2 + x} - x)$　(5) $\lim\limits_{x \to -\infty} \dfrac{-3x + 2}{\sqrt{9x^2 - 8}}$

(1) $$\lim_{x \to \infty} \frac{2x^3 - 1}{5x^3 + 4} = \lim_{x \to \infty} \frac{2 - \dfrac{1}{x^3}}{5 + \dfrac{4}{x^3}} = \frac{2 - 0}{5 + 0} = \frac{2}{5}$$

(2) $$\lim_{x \to \infty} \frac{3^x + 2}{3^x} = \lim_{x \to \infty} \left(1 + \frac{2}{3^x}\right) = 1 + 0 = 1$$

(3) $\lim\limits_{x\to\infty}\dfrac{2x+6}{\sqrt{8x^2-5}}=\lim\limits_{x\to\infty}\dfrac{2+\dfrac{6}{x}}{\sqrt{8-\dfrac{5}{x^2}}}=\dfrac{2+0}{\sqrt{8-0}}=\dfrac{\sqrt{2}}{2}$

(4) $\lim\limits_{x\to\infty}(\sqrt{x^2+x}-x)=\lim\limits_{x\to\infty}\dfrac{(\sqrt{x^2+x}+x)(\sqrt{x^2+x}-x)}{\sqrt{x^2+x}+x}=\lim\limits_{x\to\infty}\dfrac{(x^2+x)-x^2}{\sqrt{x^2+x}+x}$

$=\lim\limits_{x\to\infty}\dfrac{x}{\sqrt{x^2+x}+x}=\lim\limits_{x\to\infty}\dfrac{1}{\sqrt{1+\dfrac{1}{x}}+1}=\dfrac{1}{\sqrt{1+0}+1}=\dfrac{1}{2}$

(5) $\lim\limits_{x\to-\infty}\dfrac{-3x+2}{\sqrt{9x^2-8}}=\lim\limits_{x\to-\infty}\dfrac{-3+\dfrac{2}{x}}{\sqrt{9-\dfrac{8}{x^2}}}=\dfrac{-3+0}{\sqrt{9-0}}=-1$

接下來我們來討論漸近線的問題，考慮函數$f(x)=\dfrac{x}{x+3}$，其圖形如圖 3-17 所示，當$x\to\infty$或$-\infty$時，f之圖形上的點 $(x,f(x))$ 會越來越接近水平直線 $y=1$，此直線稱為f之圖形的水平漸近線；另外當$x\to-3^+$或-3^-時，f之圖形上的點 $(x,f(x))$ 會越來越接近垂直直線 $x=-3$，此直線稱為f之圖形的垂直漸近線。

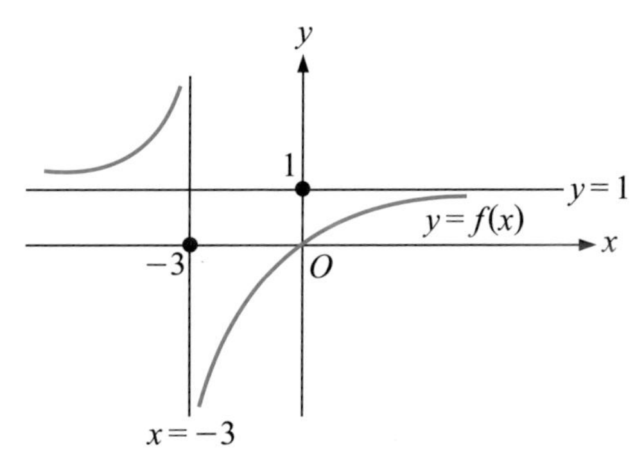

圖 3-17　$f(x)=\dfrac{3}{x+3}$ 的圖形

定義 3-6 水平漸近線

若(1) $\lim_{x\to\infty} f(x)=L$ (2) $\lim_{x\to-\infty} f(x)=L$

兩者中有任一者成立時，則稱直線 $y=L$ 為函數 f 之圖形的水平漸近線。

定義 3-7 垂直漸近線

若(1) $\lim_{x\to a^+} f(x)=\infty$ (2) $\lim_{x\to a^-} f(x)=\infty$

(3) $\lim_{x\to a^+} f(x)=-\infty$ (4) $\lim_{x\to a^-} f(x)=-\infty$

四者中有任一者成立時，則稱直線 $x=a$ 為函數 f 之圖形的垂直漸近線。

例 35

求 $f(x)=\dfrac{6x}{x-3}$ 之圖形的水平漸近線與垂直漸近線。

解

因 $\lim_{x\to\infty} f(x)=\lim_{x\to\infty}\dfrac{6x}{x-3}=\lim_{x\to\infty}\dfrac{6}{1-\dfrac{3}{x}}=\dfrac{6}{1-0}=6$

故 $f(x)$ 之圖形的水平漸近線為 $y=6$

又因 $\lim_{x\to 3^+} f(x)=\lim_{x\to 3^+}\dfrac{6x}{x-3}=\lim_{x\to 3^+} 6x\cdot\lim_{x\to 3^+}\dfrac{1}{x-3}=18\cdot\infty=\infty$

故 $f(x)$ 之圖形的垂直漸近線為 $x=3$

本題 $f(x)=\dfrac{6x}{x-3}$ 之圖形如圖 3-18 所示。

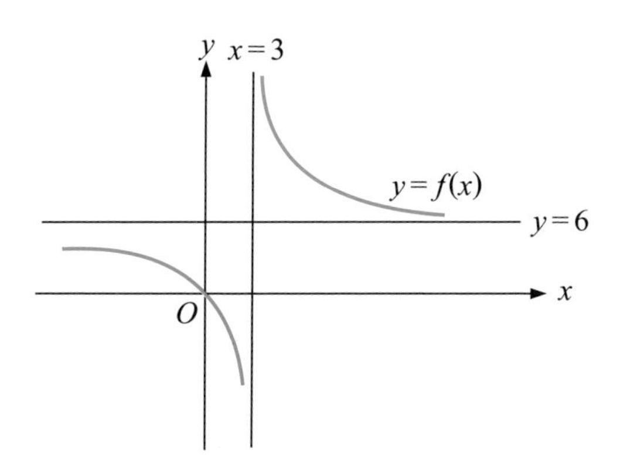

圖 3-18　$f(x)=\dfrac{6x}{x-3}$ 之圖形

例 36

求 $f(x)=\dfrac{x^2}{x^2-16}$之圖形的水平漸近線與垂直漸近線。

因$\lim\limits_{x\to\infty} f(x)=\lim\limits_{x\to\infty}\dfrac{x^2}{x^2-16}=\lim\limits_{x\to\infty}\dfrac{1}{1-\dfrac{16}{x^2}}=\dfrac{1}{1-0}=1$

故$f(x)$ 之圖形的水平漸近線為 $y=1$

又因 $x^2-16=(x+4)(x-4)$

故可考慮下列兩個極限

一為 $\lim\limits_{x\to-4^+} f(x)=\lim\limits_{x\to-4^+}\dfrac{x^2}{x^2-16}=\lim\limits_{x\to-4^+} x^2$，$\dfrac{1}{x^2-16}=16\cdot\infty=\infty$

另一為 $\lim_{x\to4^+} f(x)=\lim_{x\to4^+}\frac{x^2}{x^2-16}=\lim_{x\to4^+} x^2$，$=16\cdot\infty=\infty$

故$f(x)$ 之圖形的垂直漸近線有兩條，一為 $x=-4$，另一為$x=4$。

漸進線當中除了水平漸近線與垂直漸近線以外尚有一種斜漸進線，其幾何意義是指當 $x\to\infty$ 或$x\to-\infty$時，介於圖形上之點 $(x，f(x))$ 與此斜直線上之點的垂直距離越來越近（趨近於零）。以圖 3-19 為例，函數$f(x)=\frac{x^2+1}{x}$ 之圖形有兩條漸進線，一為垂直漸近線 $x=0$（即 y 軸本身），另一為斜漸進線 $y=x$。

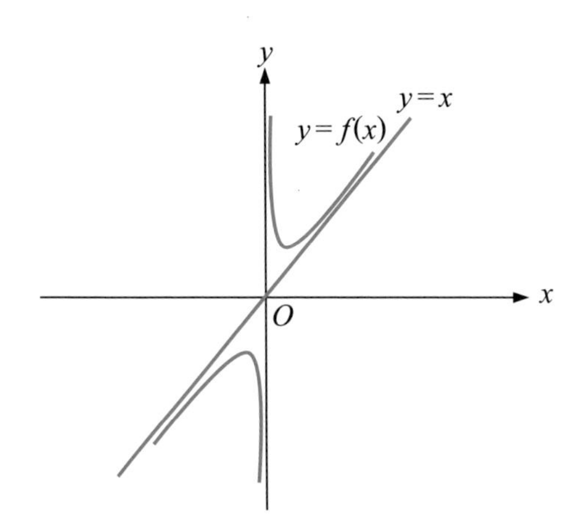

圖 3-19　函數 $f(x)=\frac{x^2+1}{x}$ 之圖形

定義 3-8　斜漸近線

若(1) $\lim_{x\to\infty}[f(x)-(mx+b)]=0$　　(2) $\lim_{x\to-\infty}[f(x)-(mx+b)]=0$

兩者中有任一者成立時，則稱直線 $y=mx+b$ 為函數 f 之圖形的斜漸近線。

在此以有理函數介紹斜漸近線的求法：若$f(x)=\dfrac{Q(x)}{P(x)}$為一有理函數，且$Q(x)$的次數較$P(x)$的次數多一，則 f 之圖形有一條斜漸近線。其理由如下，利用長除法，得到 $f(x)=\dfrac{Q(x)}{P(x)}=mx+b+\dfrac{R(x)}{P(x)}$ （餘式$R(x)$ 的次數小於$P(x)$的次數），又因$\lim\limits_{x\to\infty}\dfrac{R(x)}{P(x)}=0$，$\lim\limits_{x\to-\infty}\dfrac{R(x)}{P(x)}=0$，故當$x\to\infty$或$x\to-\infty$時，$f(x)=\dfrac{Q(x)}{P(x)}$之圖形的斜漸近線為$y=mx+b$。

例 37

求$f(x)=\dfrac{x^2+1}{x+1}$之圖形的斜漸近線。

利用長除法，得到 $f(x)=x-1+\dfrac{2}{x+1}$

因 $\lim\limits_{x\to\infty}[f(x)-(x-1)]=\lim\limits_{x\to\infty}\dfrac{2}{x+1}=0$

故直線 $y=x-1$ 為斜漸近線。

例 38

求 $f(x)=\dfrac{x^2+4}{x-4}$ 之圖形的所有漸近線。

(1) 因 $\lim_{x\to\infty} f(x)=\infty$

故 $f(x)$ 無水平漸近線

(2) 因 $\lim_{x\to 4^+} f(x)=\infty$

故 $f(x)$ 之圖形的垂直漸近線為$x=4$

(3) 因 $f(x)=x+4+\dfrac{20}{x-4}$

則 $\lim_{x\to\infty}[f(x)-(x+4)]=\lim_{x\to\infty}\dfrac{20}{x-4}=0$

故 $f(x)$ 之圖形的斜漸近線為 $y=x+4$

習　題　3-4

第一組

1. 求下列極限值：

(1) $\lim\limits_{x\to 4}\dfrac{x-4}{x^2-16}$

(2) $\lim\limits_{x\to 4}\dfrac{x+4}{x^2-16}$

(3) $\lim\limits_{x\to 9}\dfrac{x^2-10x+9}{\sqrt{x}-3}$

(4) $\lim\limits_{x\to 9}\dfrac{x^2+10x+9}{\sqrt{x}-3}$

(5) $\lim\limits_{x\to 0}\dfrac{x^2-1}{x^2}$

(6) $\lim\limits_{x\to \infty}\dfrac{x^3+10}{x^4+x^2+1}$

(7) $\lim\limits_{x\to \infty}\dfrac{6x^3+7}{5x^3+2x-1}$

(8) $\lim\limits_{x\to \infty}(\sqrt{4x^2+x}-2x)$

(9) $\lim\limits_{x\to -\infty}\dfrac{5^x+4}{5^x}$

(10) $\lim\limits_{x\to -\infty}\dfrac{4x}{\sqrt{8x^2-1}}$

2. 試找出下列函數之圖形的所有漸近線：

(1) $f(x)=\dfrac{3x+1}{2x-1}$

(2) $f(x)=\dfrac{x^2+9}{x^2-9}$

(3) $f(x)=\dfrac{3x^2-1}{x+5}$

(4) $f(x)=1-\dfrac{1}{x}$

(5) $f(x)=\dfrac{x+3}{\sqrt{x^2-16}}$

第二組

1. 求下列極限值：

(1) $\lim_{x\to 1}\dfrac{x^2+x-2}{x^2-3x+2}$

(2) $\lim_{x\to 2}\dfrac{\sqrt{x^2+5}-3}{x^2-4}$

(3) $\lim_{x\to 1}\dfrac{x^3-x^2+2x-2}{x^2+x-2}$

(4) $\lim_{x\to 0}\dfrac{\sqrt{x+a}-\sqrt{a}}{x}$

(5) $\lim_{x\to 2}\dfrac{\sqrt{x+2}-\sqrt{3x-2}}{\sqrt{5x-1}-\sqrt{4x+1}}$

(6) $\lim_{x\to \infty}\dfrac{5x}{x^2-1}$

(7) $\lim_{x\to \infty}\dfrac{\sqrt{x^2+x}-1}{3x-1}$

(8) $\lim_{x\to \infty}(\sqrt{4x^2+2x+1}-2x-1)$

(9) $\lim_{x\to -\infty}\dfrac{\sqrt{x^2+1}-1}{x}$

(10) $\lim_{x\to -\infty}(\sqrt{x^2+1}+x)$

2. 試找出下列函數之圖形的所有漸近線：

(1) $f(x)=\dfrac{3x^2}{x^2+3x+2}$

(2) $f(x)=\dfrac{x^2+x-1}{x-1}$

(3) $f(x)=\dfrac{4x^2+5}{(4x-1)^2}$

(4) $f(x)=2x-1+\dfrac{3}{x}$

(5) $f(x)=\dfrac{\sqrt{x^2-4}}{x-2}$

微積分趣談(三)：極限

史努比與桃樂比在校園中併肩而行，走到距教室門口前一公尺處，史努比突然佇足不前，兩人產生如下對話：

史：「在我眼前的一公尺是人生不可跨越的鴻溝。」

桃：「願聞其詳。」

史：「從現在開始，如果我每次只走到目標的一半距離，即先走 1/2 公尺，再走 1/4 公尺，接著走 1/8 公尺，……，如此走了無限多步的極限才會到達目標，你說這一公尺是不是人生不可跨越的鴻溝呢？」

桃：「何必畫地自限，你瞧！我一大步就跨越了你的鴻溝。」

說罷，桃樂比大笑三聲走進教室，留下的是呆呆的史努比仍站在門前。

memo

CHAPTER 04

微　分

本章大綱

4-1 導　數

談論微分是什麼？首先要知道導數(Derivative)。所謂導數是針對函數$y = f(x)$在$x = x_0$的一種特殊極限$\lim\limits_{\Delta x \to 0}\frac{\Delta y}{\Delta x}$，其意義為當自變量$x$在$x_0$處產生極微小的變化量($\Delta x \to 0$)時，應變量$y$的變化量$\Delta y$對$\Delta x$的比率。這種瞬時變化率$\lim\limits_{\Delta x \to 0}\frac{\Delta y}{\Delta x}$在各學科上的應用非常廣泛，常見的例子如數學上的切線斜率、物理學上的瞬時速度、經濟學上的邊際成本以及電子學上的電流變化等皆屬之。

定義 4-1　導數

設$y = f(x)$在點x_0的某一包含x_0的開區間內有定義，且$x_0 + \Delta x$也在此開區間內，若極限$\lim\limits_{\Delta x \to 0}\frac{\Delta y}{\Delta x} = \lim\limits_{\Delta x \to 0}\frac{f(x_0 + \Delta x) - f(x_0)}{\Delta x}$存在，則稱函數$f(x)$在點$x_0$可微分(Differentiable)，這個極限值稱為$f(x)$在點x_0的導數，可記作$f'(x_0)$。即$f(x)$在點x_0的導數$= f'(x_0) = \lim\limits_{x \to x_0}\frac{f(x) - f(x_0)}{x - x_0} = \lim\limits_{\Delta x \to 0}\frac{f(x_0 + \Delta x) - f(x_0)}{\Delta x}$

根據定義 4-1，我們可進一步擴展：若函數f在區間$(a，b)$內每一點均可微分，則稱f在區間$(a，b)$可微分。

例 1

求$f(x) = x^2$在$x = 3$的導數？

解

$$f'(3)=\lim_{\triangle x\to 0}\frac{f(3+\triangle x)-f(3)}{\triangle x}$$
$$=\lim_{\triangle x\to 0}\frac{(3+\triangle x)^2-3^2}{\triangle x}$$
$$=\lim_{\triangle x\to 0}\frac{[6\triangle x+(\triangle x)^2]}{\triangle x}$$
$$=\lim_{\triangle x\to 0}(6+\triangle x)$$
$$=6+0=6$$

故 $f(x)=x^2$ 在 $x=3$ 的導數為 6

接下來我們應用導數的觀念介紹以下四種常見的例子：切線斜率、瞬時速度、邊際成本以及電流變化。

＜切線斜率＞

我們曾在第三章談過割線的極限位置就是切線，由此可知割線斜率的極限就是切線斜率。至於細節陳述如下：

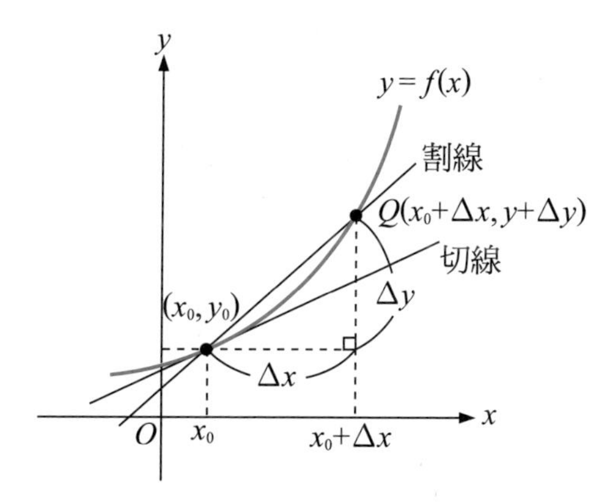

圖 4-1　切線斜率的求法

如圖 4-1 所示，設 $y = f(x)$ 的函數圖形上有兩相異點 $P(x_0，f(x_0))$ 與 $Q(x_0+\triangle x，f(x_0+\triangle x))$，則割線 $\overleftrightarrow{PQ}$ 之斜率為 $\dfrac{\triangle y}{\triangle x}=\dfrac{f(x_0+\triangle x)-f(x_0)}{\triangle x}$，當 Q 點沿著曲線向 P 點靠近，最後割線 $\overleftrightarrow{PQ}$ 的極限位置就是過 P 點之切線，此時因 P、Q 兩點十分靠近（但不重合），故 P、Q 兩點之 x 座標差距趨近於零 $(\triangle x\to 0)$，因此割線 $\overleftrightarrow{PQ}$ 的斜率之極限可表示為 $\lim\limits_{\triangle x\to 0}\dfrac{\triangle y}{\triangle x}=\lim\limits_{\triangle x\to 0}\dfrac{f(x_0+\triangle x)-f(x_0)}{\triangle x}$，此極限同時也是過 $P(x_0，f(x_0))$ 之切線斜率。

根據以上說明，我們得到下列結果：

過函數 $y = f(x)$ 上一點 $(x_0，y_0)$ 的切線斜率

$=$函數 $y = f(x)$ 在 $x = x_0$ 的導數

$=f'(x_0)$

$=\lim\limits_{\triangle x\to 0}\dfrac{f(x_0+\triangle x)-f(x_0)}{\triangle x}$

至於割線斜率與切線斜率的另一層意思，就是割線斜率代表一種平均變化率 $(\dfrac{\triangle y}{\triangle x})$，而切線斜率代表一種瞬時變化率 $(\lim\limits_{\triangle x\to 0}\dfrac{\triangle y}{\triangle x})$。

例 2

求通過曲線 $f(x)= x^3$ 在點 $(2，8)$ 的切線方程式？

先求過點 $(2，8)$ 的切線斜率

$=$ 在 $x = 2$ 的導數

$= f'(2)$

$=\lim\limits_{\triangle x\to 0}\dfrac{f(2+\triangle x)-f(2)}{\triangle x}$

$$= \lim_{\triangle x \to 0} \frac{(2+\triangle x)^3 - 2^3}{\triangle x}$$

$$= \lim_{\triangle x \to 0} \frac{8 + 12\triangle x + 6(\triangle x)^2 + (\triangle x)^3 - 8}{\triangle x}$$

$$= \lim_{\triangle x \to 0} [12 + 6\triangle x + (\triangle x)^2]$$

$$= 12 + 6 \cdot 0 + 0^2$$

$$= 12$$

其次利用點斜式 $y - y_0 = m(x - x_0)$ 求切線

則切線為 $y - 8 = 12(x - 2)$

<瞬時速度>

描述一個物體的運動狀態，最為大家所熟悉的就是速度，速度的意義指的是在一段時間之內物體移動了多少距離，若以S表示位移，t表示時間，則平均速度$=\frac{\text{位移變化量}}{\text{時間變化量}}$，可用符號表示為$\bar{v} = \frac{\triangle S}{\triangle t}$。但在現實生活中，我們更想知道在某一瞬間($t = t_0$)的瞬時速度$v$，所謂的一瞬間就是指時間變化量趨近於零($\triangle t \to 0$)，故瞬時速度$v$可用極限的方式表示為

$$\text{瞬時速度 } v = \lim_{\triangle t \to 0} \frac{\triangle S}{\triangle t} = \lim_{\triangle t \to 0} \frac{S(t_0 + \triangle t) - S(t_0)}{\triangle t}$$

此即意味著位移函數 $S(t)$ 在 $t = t_0$ 的導數 $S'(t_0)$ 就是代表瞬時速度 v。

例 3

設某運動物體之位移函數為 $S(t) = 3t^2 - 1$（公尺）求此運動物體在 $t = 10$（秒）的瞬時速度 $v_{10} = ?$

在 $t = 10$ 的瞬時速度 v_{10}

$$= \text{在 } t = 10 \text{ 的導數 } S'(10) = \lim_{\triangle t \to 0} \frac{S(10 + \triangle t) - S(10)}{\triangle t}$$

$$= \lim_{\triangle t \to 0} \frac{[3(10 + \triangle t)^2 - 1] - (3 \cdot 10^2 - 1)}{\triangle t}$$

$$= \lim_{\triangle t \to 0} \frac{[300 + 60\triangle t + 3(\triangle t)^2 - 1] - (300 - 1)}{\triangle t}$$

$$= \lim_{\triangle t \to 0} \frac{60\triangle t + 3(\triangle t)^2}{\triangle t}$$

$$= \lim_{\triangle t \to 0} (60 + 3\triangle t)$$

$$= 60 + 3 \cdot 0$$

$= 60$（公尺/秒）

＜邊際成本＞

經濟學有所謂的邊際效應的問題，所謂邊際效應指的是最後加上去的單位所產生的效應，俗語「壓死駱駝的最後一根稻草」就是邊際效應的最佳寫照，將此種邊際的觀念用於成本，就產生了邊際成本，指的是再增加 1 單位商品的生產所需的成本；而邊際觀念用於收入，就產生了邊際收入，指的是再增加 1 商品的銷售所得到的收入。邊際的概念代表著單量的變化，此種概念會比總量更具有經濟的意義。

例如有人號稱是個大胃王，一次可以吃下二十碗飯，這二十碗飯就是總量，但另一個重點是我們也想了解吃這二十碗飯的過程中，每一碗所帶來的效果，這就屬於邊際的問題。可想而知，吃第一碗時會有一種從無到有的滿足感，但漸漸的當吃到第二十碗時，其滿足感就與第十九碗相差不大。這種邊際效用遞減的結果，讓人們即使在毫無預算的限制下，也不會永無止盡的消費下去。

廠商生產一種商品的總成本(Total Cost)可分為兩大項，一項是不因產量變動而變動的固定成本(Fixed Cost)，另一項是生產一單位產量所需的成本稱為可變成本(Variable Cost)，故總成本函數$C(x)$＝固定成本＋（平均可變成本）×（產量），而邊際成本(Marginal Cost)指的是當產量為x_0時，再增加1單位商品的生產所需之實際成本，因產量通常很大，故經濟學上常將離散型的函數（如成本、收入）視為連續函數，因而此項邊際成本可藉總成本函數的導數$C'(x_0)$加以估計。

在產量為x_0之邊際成本

＝ 比x_0多生產一個產品所需的成本

$$= \frac{C(x_0+1)-C(x_0)}{(x_0+1)-x_0}$$

$$\simeq \lim_{\triangle x\to 0}\frac{C(x_0+\triangle x)-C(x_0)}{\triangle x}$$

≃ 總成本函數$C(x_0)$在$x=x_0$的導數$C'(x_0)$

導數$C'(x_0)$可用來代表若廠商已在某一生產水準（產量為x_0）下生產，則再增加一單位商品的生產所需之邊際成本，了解邊際成本的概念，會對廠商日後的管理決策將大有幫助。

例 4

設某廠商生產電腦x台的總成本函數為$C(x)=10x^2+10^6$（元），試回答下列問題：

(1) 廠商之固定成本為多少？
(2) 在已製造第100台電腦的生產水準下，求再製造第101台電腦所需之邊際成本？
(3) 總成本函數在$x=100$之導數$C'(100)$？
(4) 比較(2)、(3)之結果。

(1) 固定成本與產量x無關，代表廠商在尚未生產$(x = 0)$時的投資，故固定成本為10^6（元）

(2) 生產第 101 台電腦之總成本減去生產前 100 台電腦之總成本

$= S(101)-S(100)$

$= (10 \cdot 101^2 + 10^6)-(10 \cdot 100^2 + 10^6)$

$= 2010$（元）

(3) 總成本函數$C(x)$在$x=100$之導數$C'(100)$

$$= \lim_{\triangle x \to 0} \frac{C(100 + \triangle x)-C(100)}{\triangle x}$$

$$= \lim_{\triangle x \to 0} \frac{[10(100 + \triangle x)^2 + 10^6]-(10 \cdot 100^2 + 10^6)}{\triangle x}$$

$$= \lim_{\triangle x \to 0} \frac{10[200\triangle x + (\triangle x)^2]}{\triangle x}$$

$$= \lim_{\triangle x \to 0} 10(200 + \triangle x)$$

$= 10(200 + 0)$

$= 2000$（元）

(4) 以本題得到之導數$C'(100) = 2000$（元）來代表生產第 101 台電腦之邊際成本 2010（元），兩者相差甚小，但是此種差異來自何處呢？

原因是在(2)之計算為一種平均變化率，即生產第 101 台電腦所需之邊際成本$=\dfrac{\triangle S}{\Delta x}=\dfrac{S(101)-S(100)}{101-100}$，此時將成本函數視為離散型函數；而在(3)之計算為瞬時變化率，即在$x=100$之導數$C'(100)=\lim\limits_{\triangle x\to 0}\dfrac{\triangle S}{\triangle x}=\lim\limits_{\triangle x\to 0}\dfrac{S(100+\triangle x)-S(100)}{\triangle x}$。一個是平均變化率，另一個是瞬時變化率，當欲以瞬時變化率估計平均變化率時，些微差異就由此產生，但當廠商之生產達一定規模時，產量x就很大，此時以成本函數之導數$C'(x_0)$來代表邊際成本將是較為便利的。

＜電流變化＞

電流的意義是指在一段時間之內通過導線橫截面之電量，一般以I表示電流，Q 表示電量，t 表示時間，因電流為電量對時間的變率，故可得平均電流$\bar{I}=\dfrac{\triangle Q}{\triangle t}$

瞬時電流 $I=\lim\limits_{\triangle t\to 0}\dfrac{\triangle Q}{\triangle t}=\lim\limits_{\triangle t\to 0}\dfrac{Q(t_0+\triangle t)-Q(t_0)}{\triangle t}$

當電量之單位為庫侖，時間之單位為秒，則電流之單位為安培。

因瞬時電流可表為 $\lim\limits_{\triangle t\to 0}\dfrac{\triangle Q}{\triangle t}$，此即意味著電量函數 $Q(t)$ 在 $t=t_0$ 之導數 $Q'(t_0)$ 就是代表瞬時電流。

例 5

設通過某導線之電量函數為 $Q(t)=3t+1$（庫侖），試求下列結果：

(1) 在 $t=10\sim 20$（秒）之時間內的平均電流$\bar{I}$？

(2) 在 $t=10$（秒）時之瞬時電流 I_{10}？

(3) 在 $t=20$（秒）時之瞬時電流 I_{20}？

(1) $\bar{I}=\dfrac{\triangle Q}{\triangle t}$

$=\dfrac{Q(20)-Q(10)}{20-10}$

$=\dfrac{(3\cdot 20+1)-(3\cdot 10+1)}{10}$

$=\dfrac{30}{10}$

$=3$（安培）

(2) $I_{10}=\lim\limits_{\triangle t\to 0}\dfrac{Q(10+\triangle t)-Q(10)}{\triangle t}$

$=\lim\limits_{\triangle t\to 0}\dfrac{[3(10+\triangle t)+1]-(3\cdot 10+1)}{\triangle t}$

$=\lim\limits_{\triangle t\to 0}\dfrac{3\triangle t}{\triangle t}=\lim\limits_{\triangle t\to 0}3$

$=3$（安培）

(3) $I_{20}=\lim\limits_{\triangle t\to 0}\dfrac{Q(20+\triangle t)-Q(20)}{\triangle t}$

$=\lim\limits_{\triangle t\to 0}\dfrac{3(20+\triangle t)+1-(3\cdot 20+1)}{\triangle t}$

$=\lim\limits_{\triangle t\to 0}\dfrac{3\triangle t}{\triangle t}=\lim\limits_{\triangle t\to 0}3$

$=3$（安培）

上述(1)、(2)、(3)等三小題之答案均相同，原因是電量函數 $Q=3t+1$ 恰為線性函數，此時割線斜率（代表平均電流），切線斜率（代表瞬時電流）與函數圖形之直線斜率三者相同。

在第三章曾提過極限可分為左極限與右極限，且

極限存在 ⇔ 左極限＝右極限

因導數本身也是極限的一種，故亦可分為左導數與右導數，且

導數存在 ⇔ 左導數＝右導數

定義 4-2　左導數與右導數

$f(x)$ 在 $x=x_0$ 的左導數為　$f'_-(x_0)=\lim\limits_{x\to x_0^-}\dfrac{f(x)-f(x_0)}{x-x_0}=\lim\limits_{\Delta x\to 0^-}\dfrac{f(x_0+\Delta x)-f(x_0)}{\Delta x}$

$f(x)$ 在 $x=x_0$ 的左導數為　$f'_+(x_0)=\lim\limits_{x\to x_0^-}\dfrac{f(x)-f(x_0)}{x-x_0}=\lim\limits_{\Delta x\to 0^+}\dfrac{f(x_0+\Delta x)-f(x_0)}{\Delta x}$

例 6

$f(x)=|x|$ 在 $x=0$ 的導數是否存在？

解

$$
\begin{aligned}
\text{左導數 } f'_-(0) &= \lim_{\triangle x\to 0^-}\frac{f(0+\triangle x)-f(0)}{\triangle x} \\
&= \lim_{\triangle x\to 0^-}\frac{|0+\triangle x|-|0|}{\triangle x} \\
&= \lim_{\triangle x\to 0^-}\frac{|\triangle x|}{\triangle x}=\lim_{\triangle x\to 0^-}\frac{-\triangle x}{\triangle x} \\
&= \lim_{\triangle x\to 0^-}(-1)=-1
\end{aligned}
$$

$$右導數\ f'_+(0) = \lim_{\triangle x \to 0^+} \frac{f(0+\triangle x)-f(0)}{\triangle x}$$

$$= \lim_{\triangle x \to 0^+} \frac{|\triangle x|}{\triangle x} = \lim_{\triangle x \to 0^+} \frac{\triangle x}{\triangle x} = 1$$

因左導數 $f'_-(0) \neq$ 右導數 $f'_+(0)$

故 $f(x)=|x|$ 在 $x=c$ 的導數 $f'(0)$ 不存在，即 $f(x)$ 在 $x=0$ 不可微分。

另外如果從圖形來觀察函數到底在那些地方有導數（可以微分）或那些地方沒有導數（不可微分），一般而言，函數不可微分的點有三類：(1)角點；(2)具有垂直切線的點；(3)不連續點。

這三類分別以圖形表示如下：

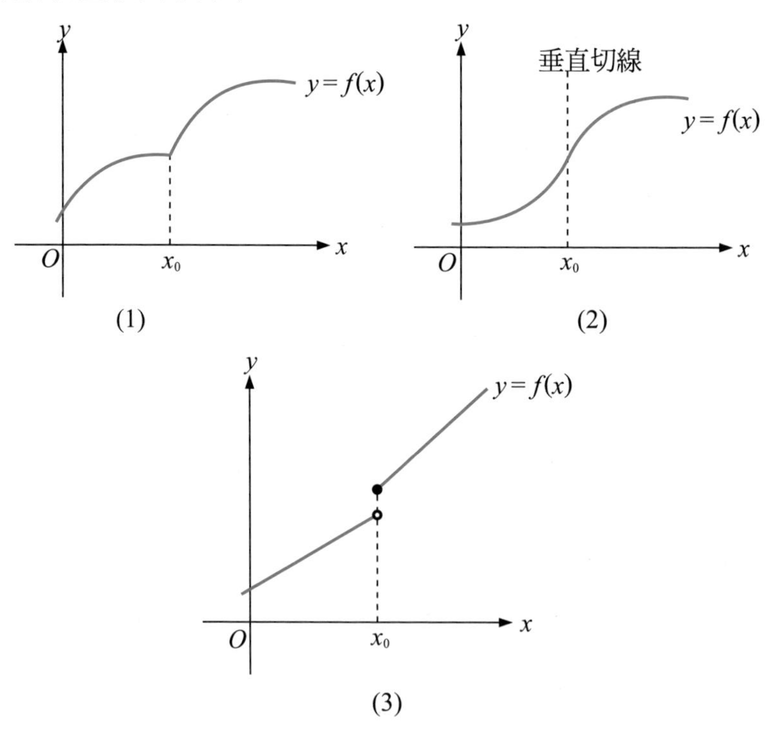

圖 4-2　$y=f(x)$在$x=x_0$不可微分的三種情況

讓我們再來看看例 6 之函數 $f(x)=|x|$ 之圖形，如圖 4-3 所示，此函數圖形恰在 $x=0$ 處產生角點，故 $f(x)=|x|$ 在 $x=0$ 處沒有導數（不可微分）。

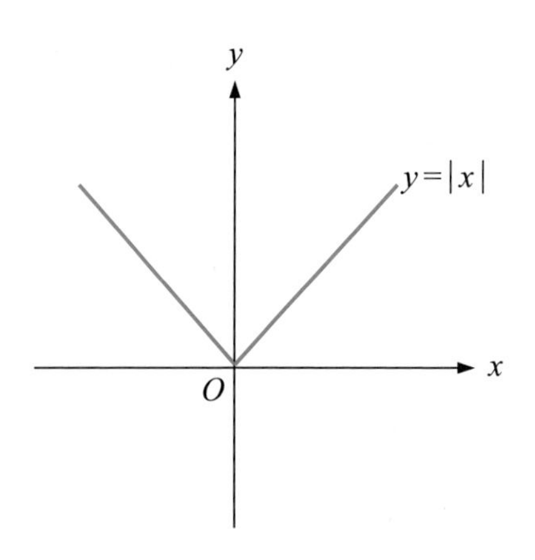

圖 4-3　$f(x)=|x|$之圖形

定義 4-3　導函數

函數 $f(x)$ 的導函數 $f'(x)$ 定義為　$f'(x)=\lim_{\triangle x\to 0}\dfrac{\triangle y}{\triangle x}=\lim_{\triangle x\to 0}\dfrac{f(x+\triangle x)-f(x)}{\triangle x}$

按照導函數之定義可知，導函數其實就是函數 $y=f(x)$ 的所有導數的集合。因導函數本身也是函數的一種，故導函數也存在著定義域與值域的對應關係，只是導函數 $f'(x)$ 的定義域與函數 $f(x)$ 的定義域兩者不一定完全相同，除非函數 $f(x)$ 在其定義域中的每一個點都可微分，此時兩者的定義域才會完全相同。這些定義域與值域的關係以圖 4-4 說明如下：

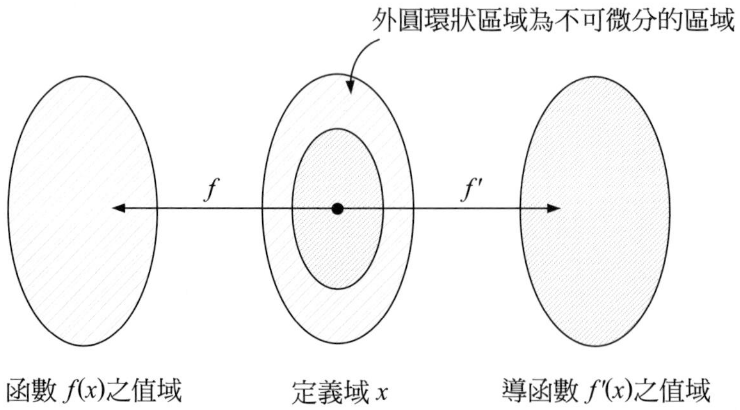

外圓環狀區域為不可微分的區域

f　　f'

函數 $f(x)$之值域　　定義域 x　　導函數 $f'(x)$之值域

圖 4-4　$f(x)$ 與 $f'(x)$ 兩者之定義域與值域之關係圖

例 7

若 $f(x)=\sqrt{x}$，則

(1) 函數 $f(x)$ 之定義域與值域分別為何？

(2) 導函數 $f'(x)$ 為何？

(3) 導函數 $f'(x)$ 之定義域與值域分別為何？

(4) 比較(1)、(3)小題之結果。

(1) $f(x)=\sqrt{x}$ 之定義域為 $\{x \mid x \geq 0\}$，值域為 $\{y \mid y \geq 0\}$

(2) $f'(x)=\lim\limits_{\triangle x \to 0}\dfrac{f(x+\triangle x)-f(x)}{\triangle x}=\lim\limits_{\triangle x \to 0}\dfrac{\sqrt{x+\triangle x}-\sqrt{x}}{\triangle x}$

$$= \lim_{\triangle x \to 0} \frac{(\sqrt{x+\triangle x}+\sqrt{x})(\sqrt{x+\triangle x}-\sqrt{x})}{\triangle x(\sqrt{x+\triangle x}+\sqrt{x})}$$

$$= \lim_{\triangle x \to 0} \frac{(\sqrt{x+\triangle x})^2-(\sqrt{x})^2}{\triangle x(\sqrt{x+\triangle x}+\sqrt{x})}$$

$$= \lim_{\triangle x \to 0} \frac{\triangle x}{\triangle x(\sqrt{x+\triangle x}+\sqrt{x})}$$

$$= \lim_{\triangle x \to 0} \frac{1}{\sqrt{x+\triangle x}+\sqrt{x}} = \frac{1}{\sqrt{x+0}+\sqrt{x}} = \frac{1}{2\sqrt{x}}$$

(3) $f'(x)=\dfrac{1}{2\sqrt{x}}$ 之定義域為 $\{x|x>0\}$，值域為 $\{y'|y>0\}$

(4) 因 $f(x)=\sqrt{x}$ 之定義域為 $\{x|x>0\}$

而 $f'(x)=\dfrac{1}{2\sqrt{x}}$ 之定義域為 $\{x|x>0\}$

顯然兩者之定義域略有差異，此差異處在 $x=0$ 的點，若以 $f(x)=\sqrt{x}$ 之函數圖形觀之（見圖 4-5），在 $x=0$ 處恰為不連續的點（端點），故 $f(x)=\sqrt{x}$ 在 $x=0$ 處不可微分（沒有導數）。

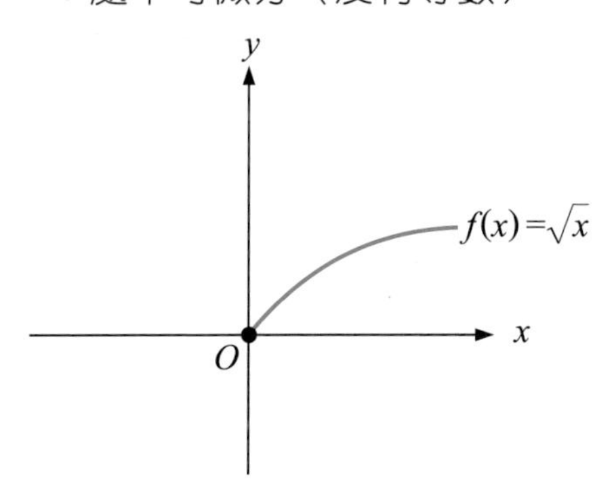

圖 4-5　$f(x)=\sqrt{x}$ 之函數圖形

由函數求出導函數的過程叫微分(Differentiate)，此時將微分視為一種運算，常見的微分運算符號有：' 或 $\frac{d}{dx}$ 或D_x等，不同的符號有其不同的適用情境，當以微分運算符號作用在函數 $y=f(x)$ 時，產生的導函數含有下列表示法：y' 或 $f'(x)$ 或 $\frac{dy}{dx}$ 或 $\frac{d}{dx}f(x)$ 或 D_xy 或 $D_xf(x)$。

運用上述符號，則函數 $y=f(x)$ 在 $x=x_0$ 的導數也會有下列表示法：$y'(x_0)$ 或 $f'(x_0)$ 或 $\left.\frac{dy}{dx}\right|_{x=x_0}$ 或 $\left.\frac{d}{dx}f(x)\right|_{x=x_0}$ 或 $\left.D_xy\right|_{x=x_0}$ 或 $\left.D_xf(x)\right|_{x=x_0}$。

最後我們來討論微分與連續之關係：

若函數 f 在 x_0 可微分，則 f 在 x_0 為連續；

若函數 f 在 x_0 為連續，則 f 在 x_0 不一定可微分。

例 8

試證「若函數 $f(x)$ 在 x_0 可微分，則 $f(x)$ 在 x_0 為連續」。

設 $x\neq x_0$，則 $f(x)=\frac{f(x)-f(x_0)}{x-x_0}(x-x_0)+f(x_0)$

符號兩邊同時取極限，可得

$$\lim_{x\to x_0}f(x)=\left[\lim_{x\to x_0}\frac{f(x)-f(x_0)}{x-x_0}\right]\left[\lim_{x\to x_0}(x-x_0)\right]+\lim_{x\to x_0}f(x_0)$$

$$=f'(x_0)\cdot 0+f(x_0)=f(x_0)$$

故 $f(x)$ 在 x_0 為連續

如果透過圖 4-2 來看微分與連續之關係，我們可看出圖 4-2(1)、(2)之函數 $y = f(x)$ 在 $x = x_0$ 為連續，但卻不可微分。

習 題 4-1

第一組

1. 利用導數的極限定義求下列函數在 $x = 1$ 之導數。

   (1) $f(x) = 4x + 2$

   (2) $f(x) = x^2 + x$

   (3) $f(x) = \dfrac{1}{x}$

   (4) $f(x) = \sqrt{x}$

   (5) $f(x) = |x|$

2. 利用導函數的極限定義求下列函數之導函數。

   (1) $f(x) = -3x + 4$

   (2) $f(x) = x^3$

   (3) $f(x) = \dfrac{1}{x^2}$

   (4) $f(x) = \dfrac{1}{\sqrt{x}}$

   (5) $f(x) = \dfrac{x}{x + 2}$

3. 利用導數的極限定義求 $f(x) = \dfrac{1}{x-2}$ 在點 $(0, -\dfrac{1}{2})$ 的切線。

4. 若 $f'(a) = 6$，求 $\lim\limits_{h \to 0} \dfrac{f(a + 2h) - f(a-2h)}{h}$？

5. 若函數 $y = f(x)$ 的圖形如圖 A 所示，則導函數 $y' = f'(x)$ 的圖形會是圖 B 或圖 C 呢？

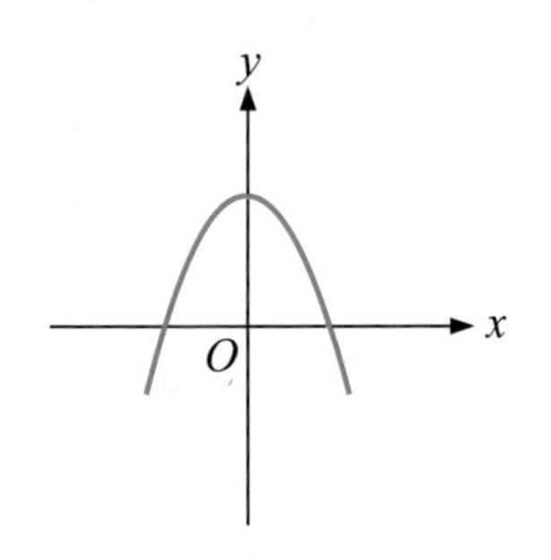

圖 A

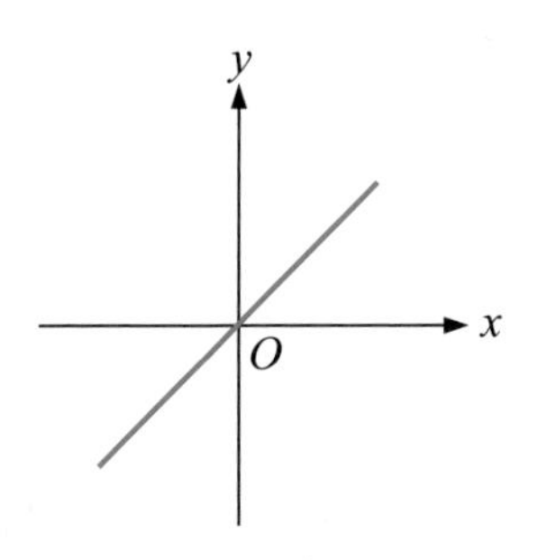

圖 B

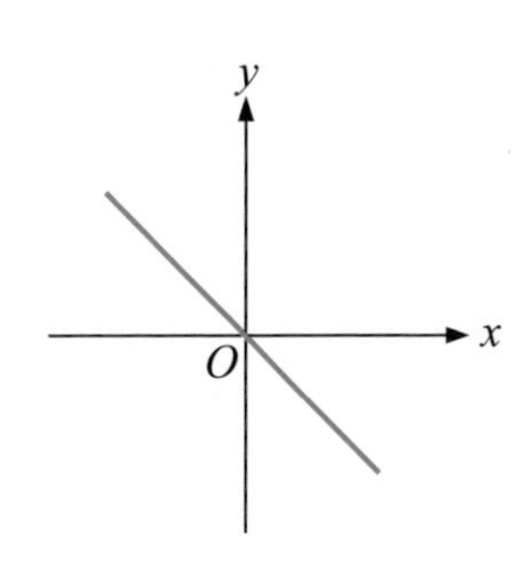

圖 C

6. 判斷函數 $f(x)=\sqrt{x+4}$ 在 $x=-4$ 是否可微分？

第二組

1. 利用導數的極限定義求下列函數在 $x=0$ 之導數。

   (1) $f(x)=10$

   (2) $f(x)=10x$

   (3) $f(x)=10x^2+1$

   (4) $f(x)=\dfrac{1}{x+10}$

   (5) $f(x)=\sqrt{x+10}$

2. 利用導函數的極限定義求下列函數之導函數。

   (1) $f(x)=-1$

   (2) $f(x)=-x+5$

   (3) $f(x)=3x^2-4$

   (4) $f(x)=x^3+x$

   (5) $f(x)=\sqrt{2x-1}$

3. 利用導數的極限定義求 $f(x)=-\sqrt{3x}$ 在點 $(3,-3)$ 的切線。

4. 若 $f'(a)=2$，求 $\lim\limits_{h\to 0}\dfrac{f(a+4h)-f(a-2h)}{3h}$？

5. 若函數 $y = f(x)$ 的圖形如圖 A 所示，則導函數 $y' = f'(x)$ 的圖形會是圖 B 或圖 C 呢？

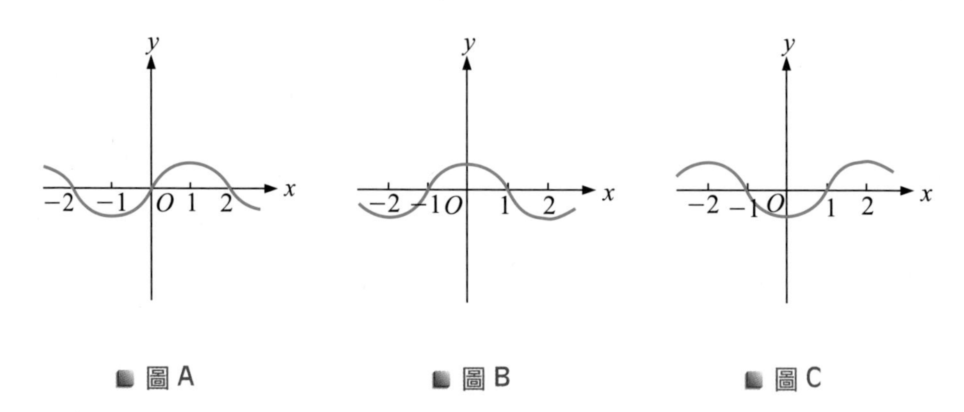

圖 A　　圖 B　　圖 C

6. 判斷函數 $f(x) = |x + 2|$ 在 $x = -2$ 是否可微分？

4-2 微分公式

在上一節中我們介紹導數與導函數的定義，但是這些定義都涉及到極限的計算，在實際解題當中並不具效率，以下我們將介紹一些常見的微分公式，以利我們很快的求出導函數$f'(x)$，更進一步藉由導函數$f'(x)$求出導數$f'(x_0)$。

在此要特別強調下列微分公式的由來，都可以用導函數的定義

$f'(x)=\lim\limits_{\triangle x\to 0}\dfrac{f(x+\triangle x)-f(x)}{\triangle x}$ 加以證明，讀者可自行檢驗看看。

微分公式 1　常數函數的微分法

若 $f(x)=c$（c 為常數），則 $f'(x)=c'=0$

例 9

試微分下列函數 $y=f(x)$，求出導函數y'？

(1) $y=\pi$　　(2) $y=-100$　　(3) $y=100$

因 π，-100，100 皆為常數

故 (1)、(2)、(3)小題之導函數皆為 $y'=0$

微分公式 2 冪次公式

若 $f(x)=x^n(n\in N)$，則 $f'(x)=(x^n)'=nx^{n-1}$

在冪次公式中，當n推廣為任意實數時，結果仍可成立。

故 $(x^n)'=nx^{n-1}(n\in R)$

例 10

試微分下列函數 $y=f(x)$，求出導函數 y'？

(1) $y=x$ (2) $y=x^2$ (3) $y=x^3$ (4) $y=\dfrac{1}{x}$ (5) $y=\sqrt{x}$

(1) 因 $y=x=x^1$ 故 $y'=(x^1)'=1\cdot x^{1-1}=1\cdot x^0=1$

(2) $y'=(x^2)==2\cdot x^{2-1}=2x$

(3) $y'=(x^3)'=3\cdot x^{3-1}=3x^2$

(4) 因 $y=\dfrac{1}{x}=x^{-1}$ 故 $y'=(x^{-1})'=(-1)\cdot x^{-1-1}=-x^{-2}=-\dfrac{1}{x^2}$

(5) 因 $y=\sqrt{x}=x^{\frac{1}{2}}$

故 $y'=(x^{\frac{1}{2}})'=\dfrac{1}{2}\cdot x^{\frac{1}{2}-1}=\dfrac{1}{2}\cdot x^{-\frac{1}{2}}=\dfrac{1}{2}\cdot\dfrac{1}{x^{\frac{1}{2}}}=\dfrac{1}{2}\cdot\dfrac{1}{\sqrt{x}}=\dfrac{1}{2\sqrt{x}}$

微分公式 3　常數積的微分法

若 f 是可微分函數，則 cf 也是可微分函數（c 為常數），且 $[cf(x)]' = cf'(x)$

例 11

試微分下列函數 $y = f(x)$，求出導函數 y'？

(1) $y = 5x^2$　　　　(2) $y = \frac{1}{10}x^{10}$

(1) $y' = (5x^2)' = 5(x^2)' = 5 \cdot 2x = 10x$

(2) $y' = (\frac{1}{10}x^{10})' = \frac{1}{10}(x^{10})' = \frac{1}{10} \cdot 10x^9 = x^9$

微分公式 4　加、減、乘、除四則運算的微分法

若 f 與 g 皆為可微分函數，則 $f + g$，$f-g$，$f \cdot g$，$\frac{f}{g}(g \neq 0)$ 也皆為可微分函數，且 $[f(x) + g(x)]' = f'(x) + g'(x)$

$[f(x)-g(x)]' = f'(x)-g'(x)$

$[f(x)g(x)]' = f'(x)g(x) + f(x)g'(x)$

$[\frac{f(x)}{g(x)}]' = \frac{f'(x)g(x)-f(x)g'(x)}{g^2(x)}(g(x) \neq 0)$

例 12

試微分下列函數 $y = f(x)$，求出導函數 y'？

(1) $y = 6x^2 + 3x - 4$

(2) $y = (3x^4 + 1)(2x^2 - 5x)$

(3) $y = \frac{x+2}{x+1}$

(4) $y = (x+1) + (x+1)(x-1) + (x+1) \div (x-1)$

(1) $y' = (6x^2)' + (3x)' - (4)' = 12x + 3$

(2) 解 1：將乘法化成加減法

則 $y = 6x^6 - 15x^5 + 2x^2 - 5x$

故 $y' = 36x^5 - 75x^4 + 4x - 5$

解 2：利用乘法的微分公式

$y' = (3x^4 + 1)'(2x^2 - 5x) + (3x^4 + 1)(2x^2 - 5x)'$

$= 12x^3(2x^2 - 5x) + (3x^4 + 1)(4x - 5)$

$= 24x^5 - 60x^4 + 12x^5 - 15x^4 + 4x - 5$

$= 36x^5 - 75x^4 + 4x - 5$

(3) 解 1：將除法化成乘法

則 $y=(x+2)(x+1)^{-1}$

故 $y'=(x+2)'(x+1)^{-1}+(x+2)[(x+1)^{-1}]'$

$=(1+0)(x+1)^{-1}+(x-2)(-1)(x+1)^{-2}$

$=\frac{1}{x+1}-\frac{x+2}{(x+1)^2}$

$=\frac{-1}{(x+1)^2}$

解 2：利用除法的微分公式

$y'=\frac{(x+2)'(x-1)-(x+2)(x+1)'}{(x+1)^2}$

$=\frac{(1+0)(x+1)-(x+2)(1+0)}{(x+1)^2}$

$=\frac{-1}{(x+1)^2}$

(4) $y'=(x+1)'+[(x+1)(x-1)]'+(\frac{x+1}{x-1})'$

$=1+0+(x+1)'(x-1)+(x+1)(x-1)'+\frac{(x+1)(x-1)'-(x+1)(x-1)'}{(x-1)^2}$

$=1+0+(1+0)(x-1)+(x+1)(1-0)+\frac{(1+0)(x-1)-(x+1)(1-0)}{(x-1)^2}$

$=1+x-1+x+1+\frac{x-1-x-1}{(x-1)^2}$

$=2x+1-\frac{2}{(x-1)^2}$

利用微分法則求出導函數 $f'(x)$ 後，可進一步利用導函數 $f'(x)$ 求出在 x_0 的導數 $f'(x_0)$，方法是將 $x = x_0$ 代入 $f(x)$ 即可，可是一但出現無意義的情況（如分母為 0，偶次方根之內的數為負等情況），此時導數 $f'(x_0)$ 不存在。

例 13

試微分下列各函數 $y = f(x)$，求出導函數 $f'(x)$？並利用導函數 $f'(x)$ 求出在 $x = 1$ 的導數 $f'(1)$？

(1) $f(x) = x^5 + x^4 + x^3 + x^2 + x + 1$　　(2) $f(x) = \sqrt{x+3}$

(1) $f'(x) = 5x^4 + 4x^3 + 3x^2 + 2x + 1$

故 $f'(1) = 5 \cdot 1^4 + 4 \cdot 1^3 + 3 \cdot 1^2 + 2 \cdot 1 + 1 = 15$

(2) 因 $f(x) = \sqrt{x+3} = (x+3)^{\frac{1}{2}}$

故 $f'(x) = \dfrac{1}{2}(x+3)^{-\frac{1}{2}} = \dfrac{1}{2\sqrt{x+3}}$

則 $f'(1) = \dfrac{1}{2\sqrt{1+3}} = \dfrac{1}{4}$

習 題 4-2

第一組

1. 求下列函數 $y=f(x)$ 之導函數與在 $x=1$ 之導數。

   (1) $y=4x^2-5x+1$

   (2) $y=5x^3+\dfrac{6}{x^3}$

   (3) $y=(x+1)(x+2)(x+3)$

   (4) $y=\dfrac{3x+5}{x^2-4x+2}$

   (5) $y=\sqrt[3]{x^4}$

2. 求 $f(x)=\dfrac{4x}{x^2+1}$ 在點 $(1，2)$ 的切線方程式？

3. 某運動物體之位移函數為 $S=-t^2+10t$（公尺），求該物體在 $t=3$（秒）之速度 v_3？

4. 若 $f(1)=-1$，$f'(1)=3$，且 $g(x)=(x^2+1)f(x)$，求 $g'(1)$？

5. 已知甲公司生產某商品 x 台的總成本函數為 $C_{甲}(x)=10x^2+5x+6000$（元），而乙公司生產相同商品 x 台的總成本函數為 $C_{乙}(x)=5x^2+600x+6000$（元），試求當生產水準為 100 台時，再增加 1 台商品所需之邊際成本以哪家公司較多？

6. 某導線之電量函數為 $Q=3t^2-10t+5$（庫侖），求在 $t=10$（秒）時之電流 I_{10}？

第二組

1. 求下列函數 $y = f(x)$ 之導函數與在 $x = -1$ 之導數。

   (1) $y = 50x^4 - 40x^3 + 30x^2 - 20x + 10$

   (2) $y = x^2 + x + 1 + \frac{1}{x} + \frac{1}{x^2}$

   (3) $y = (x+1)(x+2)(x+3)(x+4)$

   (4) $y = \frac{-x^2 + 3x}{4x - 1}$

   (5) $y = \sqrt[4]{(x+1)^5}$

2. 求 $f(x) = x^3 - x$ 在點 (0，0) 的切線方程式？

3. 某運動物體之位移函數為 $S = -2t^3 + 6t^2 + 3t + 1$（公尺），求該物體在時間一開始的速度 v_0？

4. 若 $g(2) = 4$，$g'(2) = 1$，且 $f(x) = \frac{g(x)}{x^2}$，求 $f'(2)$？

5. 已知甲公司生產某商品 x 台的總成本函數為 $C_{甲}(x) = 0.01x^3 - 20x + 10000$（元），而乙公司生產相同商品 x 台的總成本函數為 $C_{乙}(x) = 0.02x^3 - 100x + 5000$（元），試求當生產水準為 100 台時，再增加 1 台商品所需之邊際成本以哪一家公司較多？

6. 某導線之電量函數為 $Q = -t^2 + 16t + 10$（庫侖），求在 $t = 5$（秒）時之電流 I_5？

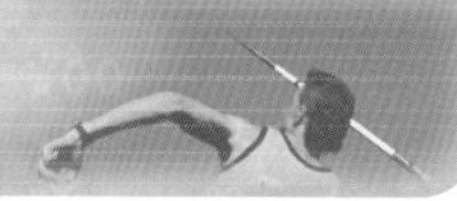

4-3 連鎖法則

連鎖法則(Chain Rule)是用來求合成函數的導函數。比如欲求函數 $f(x)=(3x+1)^{10}$ 之導函數，最直接的想法便是將 $(3x+1)$ 自乘 10 次，化成多項式函數 $a_nx^n+a_{n-1}x^{n-1}+\cdots\cdots+a_0$，最後再逐項微分，即可求得導函數，但是這樣的做法顯然太過麻煩。另一種想法是令 $u=3x+1$，則函數 $f(x)=(3x+1)^{10}$ 可看成 $f(u)=u^{10}$，如此一來可利用微分公式快速求出 $f'(u)=10u^9$，但是 $f'(x)$ 與 $f'(u)$ 兩者有何關係呢？還記得在 4-1 節提過導函數有多種表示法，即 $f'(x)=\dfrac{dy}{dx}$ 且 $f'(u)=\dfrac{dy}{du}$，因 $\dfrac{dy}{dx}$ 代表 y 對 x 的變化率，$\dfrac{dy}{du}$ 代表 y 對 u 的變化率，兩者的關係為 y 對 x 的變化率＝（y 對 u 的變化率）（u 對 x 的變化率）

即 $\dfrac{dy}{dx}=\dfrac{dy}{du}\cdot\dfrac{du}{dx}$

利用此種連鎖關係，可求得 $f(x)=(3x+1)^{10}$ 的導函數

$$f'(x)=\frac{dy}{dx}=\frac{dy}{du}\cdot\frac{du}{dx}=(10u^9)(3x+1)'=10(3x+1)^9(3)=30(3x+1)^9$$

定理 4-1　連鎖法則

若 $y=f(u)$ 與 $u=g(x)$ 皆為可微分函數，則合成函數 $f(g(x))$ 亦為可微分函數，則 $\dfrac{dy}{dx}=\dfrac{dy}{du}\cdot\dfrac{du}{dx}$

連鎖法則可以推廣如下：

$$\frac{dy}{dx}=\frac{dy}{du}\cdot\frac{du}{dx}=\frac{dy}{du}\cdot\frac{du}{dv}\cdot\frac{dv}{dx}=\frac{dy}{du}\cdot\frac{du}{dv}\cdot\frac{dv}{dw}\cdot\frac{dw}{dx}=\cdots\cdots$$

例 14

若 $y=(10x^2+1)^5$，求 $\dfrac{dy}{dx}$？

令 $u=10x^2+1$

則 $y=u^5$

故 $\dfrac{dy}{dx}=\dfrac{dy}{du}\cdot\dfrac{du}{dx}=(5u^4)(20x)=5(10x^2+1)^4(20x)$

$=100x(10x^2+1)^4$

由例 14 之結果再加以推廣，可得到 f^n 的微分公式：

定理 4-2　一般乘冪法則

若 $f(x)$ 為可微分函數，則 $y=f^n(x)$ 亦為可微分函數，且

$[f^n(x)]'=nf^{n-1}(x)\cdot f'(x)$（$n$ 為實數）

事實上 4-2 節微分公式 $(x^n)'=nx^{n-1}$ 就是一般乘冪法則中的一個特殊情況。

例 15

若 $y=(6x-1)^4(2x+1)^5$，求 $y'=$？

解

$$
\begin{aligned}
y' &= [(6x-1)^4]'(2x+1)^5+(6x-1)^4[(2x+1)^5]' \\
&= 4(6x-1)^3(6x-1)'(2x+1)^5+(6x-1)^4\cdot 5(2x+1)^4+(2x+1)' \\
&= 4(6x-1)^3(6)(2x+1)^5+(6x-1)^4(5)(2x+1)^4(2) \\
&= 24(6x-1)^3(2x+1)^5+10(6x-1)^4(2x+1)^4 \\
&= 2(6x-1)^3(2x+1)^4[12(2x+1)+5(6x-1)] \\
&= 2(54x+7)(6x-1)^3(2x+1)^4
\end{aligned}
$$

例 16

若 $y=\dfrac{(4x-1)^2}{3x+1}$，求 $y'=$？

$$
\begin{aligned}
y' &= \frac{[(4x-1)^2]'(3x+1)-(4x-1)^2(3x+1)'}{(3x+1)^2} \\
&= \frac{2(4x-1)(4x-1)'(3x+1)-(4x-1)^2(3)}{(3x+1)^2} \\
&= \frac{2(4x-1)(4)(3x+1)-3(4x-1)^2}{(3x+1)^2} \\
&= \frac{(4x-1)(24x+8-12x+3)}{(3x+1)^2} \\
&= \frac{(4x-1)(12x+11)}{(3x+1)^2}
\end{aligned}
$$

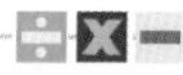

例 17

若 $y = 4u^2 + 1$，$u = 3v^5 + 2$，$v = 6w + 4$，則 $\frac{dy}{dw} = ?$

$$\frac{dy}{dw} = \frac{dy}{du} \cdot \frac{du}{dv} \cdot \frac{dv}{dw} = (8u) \cdot (15v^4) \cdot (6) = 720uv^4 = 720(3v^5 + 2)v^4$$

$$= 720(6w + 4)^4 [3(6w + 4)^5 + 2]$$

例 18

若 $f'(x) = 5x + 1$，$y = f(x^2)$，求 $\frac{dy}{dx}$？

令 $u = x^2$

則 $y = f(x^2) = f(u)$

故 $\frac{dy}{dx} = \frac{dy}{du} \cdot \frac{du}{dx} = f'(u) \cdot (x^2)' = (5u + 1) \cdot (2x)$

$= (5x^2 + 1) \cdot (2x)$

$= 2x(5x^2 + 1)$

例 19

若 $y=\sqrt[5]{(3x+4)^2}$，求 $\dfrac{dy}{dx}$？

因 $y=\sqrt[5]{(3x+4)^2}=(3x+4)^{\frac{2}{5}}$

故 $\dfrac{dy}{dx}=\dfrac{2}{5}(3x+4)^{-\frac{3}{5}}(3x-4)'$

$=\dfrac{2}{5}\cdot\dfrac{1}{(3x+4)^{\frac{3}{5}}}\cdot 3=\dfrac{6}{5\sqrt[5]{(3x+4)^3}}$

習 題 4-3

第一組

1. 求下列函數 $y = f(x)$ 之導函數。

(1) $y = (5x^2 + 4x - 3)^4$

(2) $y = \dfrac{2x}{(-x+1)^3}$

(3) $y = (3x-1)^2(4x+5)^3$

(4) $y = (x + \dfrac{1}{x})^{10}$

(5) $y = \sqrt[3]{(x^2 + x + 1)^4}$

2. 若 $y = 3u$，$u = (-v+1)^2$，$v = (2x-1)^3$，則 $\dfrac{dy}{dx} = ?$

3. 若 $f'(x) = 3x + 1$，$y = f(-x-1)$，求 $\dfrac{dy}{dx}$？

4. 若 $g(x) = (x^2-5)^4 f(x)$，$f(0) = 6$，$f'(0) = 1$，求 $g'(0)$？

5. 若 f 為可微分函數，且 $f(\dfrac{x+1}{x-1}) = x$，求 $f'(0)$？

第二組

1. 求下列函數 $y = f(x)$ 之導函數。

(1) $y = (6x^3 - 17)^{10}$

(2) $y = \dfrac{x^2-1}{(2x+1)^4}$

(3) $y = (3x-1)^4 + (3x-1)^2 + 3x - 1$

(4) $y=[\frac{1}{x^2}+\frac{1}{(5x-4)^2}]^3$

(5) $y=\sqrt[6]{(3x-1)^5}$

2. 若 $y=4u^2-1$，$u=3v+1$，$v=5w+2$，$w=\frac{1}{x}$，則 $\frac{dy}{dx}$？

3. 若 $f'(x)=4x-1$，$y=f(2x+1)$，求 $\frac{dy}{dx}=$？

4. 若 $g(x)=\frac{f(x)}{(3x-1)^2}$，$f(1)=4$，$f'(1)=0$，求 $g'(1)$？

5. 若 f 為可微分函數且 $f(x^3)=2x+3$，求 $f'(8)$？

4-4 隱微分法

所謂的隱微分法(Implicit differentiation)指的是對隱函數的微分法。什麼是隱函數呢？對一個含有 x，y 兩個變數的方程式 $f(x，y)=0$ 所定義出來的函數 $y=g(x)$ 就叫做隱函數。例如方程式 $xy-x+y+1=0$ 經過推演可以改寫成 $y=\dfrac{x-1}{x+1}$，也就是方程式 $xy-x+y+1=0$ 的隱函數為 $y=\dfrac{x-1}{x+1}$，因此 $\dfrac{dy}{dx}=\dfrac{(x-1)'(x+1)-(x-1)(x+1)'}{(x+1)^2}=\dfrac{(1-0)(x+1)-(x-1)(1+0)}{(x+1)^2}=\dfrac{2}{(x+1)^2}$

但是往往欲從方程式 $f(x，y)=0$ 當中找出隱函數 $y=g(x)$ 並不容易，此時如何能求得 $\dfrac{dy}{dx}$ 呢？這時隱微分法就派上用場了，其程序包含兩個步驟：

步驟 1：先將方程式 $f(x，y)=0$ 的變數 y 看成是自變數為 x 的可微分函數。

步驟 2：再從方程式 $f(x，y)=0$ 兩邊同時對 x 微分，進一步化簡，即可求出 $\dfrac{dy}{dx}$。

現在我們按照隱微分法的兩步驟從方程式 $xy-x+y+1=0$ 當中求出 $\dfrac{dy}{dx}$：

$$\frac{d}{dx}(xy-x+y+1)=\frac{d}{dx}(0)$$

$$(1\cdot y+x\cdot\frac{dy}{dx})-1+\frac{dy}{dx}+0=0$$

$$(x+1)\frac{dy}{dx}+y-1=0$$

故 $\dfrac{dy}{dx}=\dfrac{1-y}{x+1}$

這樣的答案似乎與 $\dfrac{dy}{dx}=\dfrac{2}{(x-1)^2}$ 不同，但只要將 $y=\dfrac{x-1}{x+1}$，代入 $\dfrac{1-y}{x+1}$，

則 $\dfrac{dy}{dx}=\dfrac{1-y}{x+1}=\dfrac{1-\frac{x-1}{x+1}}{x+1}=\dfrac{2}{(x+1)^2}$，兩者就相同了。

例 20

若$x^2+y^2=1$，求 $\frac{dy}{dx}$？

$$\frac{d}{dx}(x^2+y^2)=\frac{d}{dx}(1)$$

$$2x+2y\frac{dy}{dx}=0$$

$$\frac{dy}{dx}=-\frac{x}{y}$$

例 21

若 $x^2y+xy^2=0$，求 $\frac{dy}{dx}$？

$$\frac{d}{dx}(x^2y+xy^2)=\frac{d}{dx}(0)$$

$$(\frac{d}{dx}x^2)y+x^2\cdot\frac{dy}{dx}+(\frac{dx}{dx})y^2+x\cdot\frac{d}{dx}y^2=0$$

$$2xy+x^2\frac{dy}{dx}+y^2+x\cdot 2y\frac{dy}{dx}=0$$

$$\frac{dy}{dx}=\frac{-y^2-2xy}{x^2+2xy}$$

例 22

試求雙曲線 $xy = 1$ 在點(1，1)的切線？

$$\frac{d}{dx}(xy) = \frac{d}{dx}(1)$$

$$(\frac{dx}{dx})y + x\frac{dy}{dx} = 0$$

$$y + x\frac{dy}{dx} = 0$$

$$\frac{dy}{dx} = -\frac{y}{x}$$

故通過點 (1，1) 的切線斜率為 $m = \left.\frac{dy}{dx}\right|_{(1,1)} = -\left.\frac{y}{x}\right|_{(1,1)} = -\frac{1}{1} = -1$

所以利用點斜式得切線為 $y-1 = (-1)(x-1)$

即切線為 $x + y - 2 = 0$

例 23

某廠商生產電腦x台所需之成本為 $C(x) = 10x^2 + 10^6$（元）當生產水準為 1000 台電腦時，每月以 100 台之速度增加生產，試求所對應之每月成本的變化率？

設 t 代表時間（以月為單位）

因生產速度為 100 台/月（此時 $x = 1000$）

故 $\left.\dfrac{dx}{dt}\right|_{x=1000} = 100$

題目欲求每月成本的變化率，即 $\left.\dfrac{dc}{dt}\right|_{x=1000}$ 可利用隱微分法之觀念同時從 $C = 10x^2 + 10^6$ 的兩邊對 t 微分，可得

$$\frac{dc}{dt} = \frac{d}{dt}(10x^2 + 10^6) = 20x\frac{dx}{dt} + 0 = 20x\frac{dx}{dt}$$

則 $\left.\dfrac{dc}{dt}\right|_{x=1000} = 20 \times 1000 \times 100 = 2 \times 10^6$（元/月）

故生產成本每月以 2×10^6 元之變化率增加

習題 4-4

第一組

1. 根據下列方程式，求 $\frac{dy}{dx}$？

 (1) $x^2y+4x-3y=6$

 (2) $(4x+1)(3y-1)=0$

 (3) $y^2-4y+2x=3$

 (4) $\frac{\sqrt{y}+1}{\sqrt{x}-1}=x$

 (5) $y^2=-6x+5$

2. 求單位圓 $x^2+y^2=1$ 在點 $(\frac{1}{2}，\frac{\sqrt{3}}{2})$ 的切線？

3. 根據方程式 $x^2+4xy+4y^2=25x$，可定義出兩個隱函數 $f_1(x)$ 與 $f_2(x)$，試求

 (1) $f_1(x)$ 與 $f_2(x)$

 (2) $f_1'(x)$ 與 $f'_2(x)$

 (3) $\frac{dy}{dx}$

 (4) 比較(2)、(3)之結果，為何 $\frac{dy}{dx}$ 只有一個答案，就可以代表 $f'_1(x)$ 與 $f'_2(x)$ 呢？

4. 某廠商生產電腦 x 台所需之成本為 $C=x^2-40x+10^5$（元），當生產水準為 1000 台電腦時，每月成本的變化率 $\left.\frac{dc}{dt}\right|_{x=1000}$ 為 98000（元/月），求此時每月以多少台的生產速度增加生產？

第二組

1. 根據下列方程式，求 $\frac{dy}{dx}$？

 (1) $xy^2 + 6y + 3 = 0$

 (2) $(xy + 1)(x + y) = 0$

 (3) $4y^2 + 3xy - x = 0$

 (4) $\frac{x-y}{x+y} = x$

 (5) $\sqrt{x} - \sqrt{y} = 2$

2. 求橢圓 $\frac{(x-1)^2}{4} + \frac{(y + 1)^2}{2} = 1$ 在點 $(2，\frac{\sqrt{6}-2}{2})$ 的切線？

3. 根據方程式 $x^2 - 6xy + 9y^2 = 4x$，可定義出兩個隱函數 $f_1(x)$ 與 $f_2(x)$，試求

 (1) $f_1(x)$ 與 $f_2(x)$

 (2) $f_1'(x)$ 與 $f_2'(x)$

 (3) $\frac{dy}{dx}$

 (4) 比較(2)、(3)之結果，為何 $\frac{dy}{dx}$ 只有一個答案，就可以代表 $f_1'(x)$ 與 $f_2'(x)$ 呢？

4. 某廠商生產電腦 x 台所需之成本為 $C = 0.1x^2 + 100x + 10^6$（元），當生產水準為 x_0 台時，每月以 10 台生產速度增加生產，且此時每月成本的變化率為 11000（元/月），求此生產水準 x_0？

4-5 高階導函數

對函數 $y = f(x)$ 微分求得的導函數 $f'(x) = \frac{dy}{dx}$ 稱為一階導函數，若 $f(x)$ 仍是可微分函數，則可繼續微分下去，所得的導函數分別叫做二階、三階……等高階導函數，其符號如下：

f 的二階導函數

$$f''(x) = (f'(x))' = D_x(D_x f(x)) = D_x^2 f(x) = \frac{d}{dx}\left(\frac{d}{dx}f(x)\right) = \frac{d^2}{dx^2}f(x)$$

f 的三階導函數

$$f'''(x) = (f''(x))' = D_x(D_x^2 f(x)) = D_x^3 f(x) = \frac{d}{dx}\left(\frac{d^2}{dx^2}f(x)\right) = \frac{d^3}{dx^3}f(x)$$

$$\vdots \qquad\qquad \vdots$$

f 的 n 階導函數

$$f^{(n)}(x) = (f^{(n-1)})' = D_x(D_x^{n-1} f(x)) = D_x^n f(x) = \frac{d}{dx}\left(\frac{d^{n-1}}{dx^{n-1}}f(x)\right) = \frac{d^n}{dx^n}f(x)$$

例 24

若 $f(x) = x^3 + x^2 + x + 1$，求 f'，f''，f'''，$f^{(4)}$？

$f' = 3x^2 + 2x + 1$　　　$f'' = 6x + 2$

$f''' = 6$　　　$f^{(4)} = 0$

例 25

若 $f(x)=\dfrac{1}{x}$，求 $f^{(n)}(x)$？

因 $f(x)=\dfrac{1}{x}=x^{-1}$

故 $f'(x)=(-1)x^{-2}$

$f''(x)=(-1)(-2)x^{-3}$

$f'''(x)=(-1)(-2)(-3)x^{-4}$

$\quad\vdots \qquad\qquad \vdots$

$f^{(n)}(x)=(-1)(-2)(-3)\cdot s(-n)x^{-(n+1)}=(-1)^n\cdot n!\cdot x^{-(n+1)}$

例 26

若 $xy+x+y=1$，則 $\dfrac{d^2y}{dx^2}$？

利用隱微分法，可得

$\dfrac{d}{dx}(xy+x+y)=\dfrac{d}{dx}(1)$

$1\cdot y+x\cdot\dfrac{dy}{dx}+1+\dfrac{dy}{dx}=0$

$$\frac{dy}{dx}=\frac{-y-1}{x+1}$$

對上式兩邊再微分，可得

$$\frac{d}{dx}(\frac{dy}{dx})=\frac{d}{dx}(\frac{-y-1}{x+1})$$

$$=\frac{[\frac{d}{dx}(-y-1)](x+1)-(-y-1)[\frac{d}{dx}(x+1)]}{(x+1)^2}$$

$$=\frac{(-\frac{dy}{dx})(x+1)+(y+1)(1+0)}{(x+1)^2}=\frac{(\frac{y+1}{x+1})(x+1)+y+1}{(x+1)^2}=\frac{2(y+1)}{(x+1)^2}$$

例 27

已知 $f(0)=1$，$f'(0)=0$，$f''(0)=2$，求 $\left.\frac{d^2}{dx^2}f^3(x)\right|_{x=0}$？

先求 $\frac{d}{dx}f^3(x)=3f^2(x)f'(x)$

次求 $\frac{d^2}{dx^2}f^3(x)=\frac{d}{dx}(\frac{d}{dx}f^3(x))=\frac{d}{dx}(3f^2(x)f'(x))$

$$=3[(\frac{d}{dx}f^2(x))f'(x)+f^2(x)\frac{d}{dx}f'(x)]$$

$$=3[(2f(x)f'(x))f'(x)+f^2(x)f''(x)]=3[2f(x)(f'(x))^2+f^2(x)f''(x)]$$

故 $\left.\frac{d^2}{dx^2}f^3(x)\right|_{x=0}=3[2f(0)(f'(0))^2+f^2(0)f''(0)]=3(2\cdot 1\cdot 0^2+1^2\cdot 2)=6$

在物理學上有所謂的瞬時速度與瞬時加速度，瞬時速度是指位移對時間的變化率，瞬時加速度是指速度對時間的變化率，兩者對導函數而言，瞬時速度就是一階導函數，瞬時加速度就是二階導函數。

若以 t 代表時間，S 代表位移，v 代表速度，a 代表加速度，則

瞬時速度　$v=\frac{ds}{dt}$

瞬時加速度　$a=\frac{dv}{dt}=\frac{d}{dt}(\frac{ds}{dt})=\frac{d^2s}{dt^2}$

例 28

某運動物體之位移函數為 $S(t)=3t^2-1$（公尺），試求：

(1) 速度函數 $v(t)$？

(2) 在$t=10$（秒）之速度v_{10}？

(3) 加速度函數 $a(t)$？

(4) 在$t=10$（秒）之加速度 a_{10}？

(1) $v=\frac{ds}{dt}=\frac{d}{dt}(3t^2-1)=6t$（公尺/秒）

(2) $v_{10}=\frac{ds}{dt}\Big|_{t=10}=6\times10=60$（公尺/秒）

(3) $a=\frac{dv}{dt}=\frac{d}{dt}(6t)=6$（公尺/秒^2）

(4) $a_{10}=\frac{dv}{dt}\Big|_{t=10}=6$（公尺/秒^2）

習題 4-5

第一組

1. 求 $y = x^6 - 4x^3 + 8x + 5$ 的二階導函數y''？

2. 若 $xy - 3x + 2y + 1 = 0$，則 $\frac{d^2y}{dx^2}$？

3. 已知$f(1) = 2$，$f'(1) = -1$，$f''(1) = 10$，求 $\frac{d^2}{dx^2}(3f^2(x))\Big|_{x=1}$？

4. 若 $y = \sqrt{x^2 + k}$（k為常數），求 y''？

5. 若 $y = \frac{x-2}{x+2}$，求 $y^{(4)}$？

6. 已知速率 v 為位移 S 對時間 t 的變化率，加速度 a 為速度 v 對時間 t 的變化率，若某運動物體之位移函數為 $S = 4t^2 + 3t + 2$（公尺），試求
   (1) 速度函數 v？
   (2) 時間 $t = 10$（秒）的速度 v_{10}？
   (3) 加速度函數 a？
   (4) 時間 $t = 10$（秒）的加速度 a_{10}？

第二組

1. 求 $y = 4x^5 - 3x^4 + 6x^2 + x - 8$ 的四階導函數 $y^{(4)}$？

2. 若 $4x^2y + 3x = 2$，求 $\frac{d^2y}{dx^2}$？

3. 已知 $f(-1)=9$，$f'(-1)=12$，$f''(-1)=2$，求 $\left.\dfrac{d^2}{dx^2}\sqrt{f(x)}\right|_{x=-1}$？

4. 若 $y=\sqrt[3]{3x+5}$，求 y'''？

5. 若 $y=\dfrac{x}{x^2+1}$，求 y''？

6. 已知速度 v 為位移 S 對時間 t 的變化率，加速度 a 為速度 v 對時間 t 的變化率，若某運動物體之位移函數為 $S=2t^3-5t^2+6$（公尺），試求

 (1) 時間 $t=4$（秒）之位移 S_4？

 (2) 速度函數 v？

 (3) 時間 $t=4$（秒）之速度 v_4？

 (4) 加速度函數 a？

 (5) 時間 $t=4$（秒）之加速度 a_4？

4-6 三角函數的導函數

sin、cos、tan、cot、sec、csc等六個三角函數微分後得到的導函數會是什麼？須知導數的幾何意義就是切線斜率，利用這個觀點讓我們來看看 sin 函數在不同點的導數：

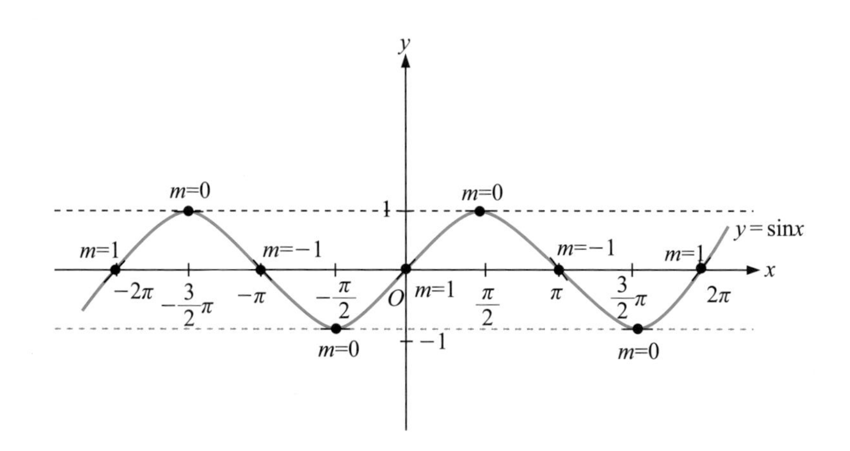

圖 4-6 $y = \sin x$ 在不同點的切線斜率

利用圖 4-6 所得之 sin 函數的導數列表如下：

x	-2π	$-\frac{3}{2}\pi$	$-\pi$	$-\frac{\pi}{2}$	0	$\frac{\pi}{2}$	π	$\frac{3}{2}\pi$	2π
$\sin' x$	1	0	−1	0	1	0	−1	0	1

若將上表之對應關係在坐標平面上標示出來，並將這些點以平滑的曲線連接出來，其結果如圖 4-7 所示，這似乎是一個 cos 函數的圖形，沒錯，sin 函數微分後得到的導函數就是 cos 函數，但以上分析只是提供一個想法，不能算是證明，要證明三角函數的導函數還是必須依靠導函數的極限定義。

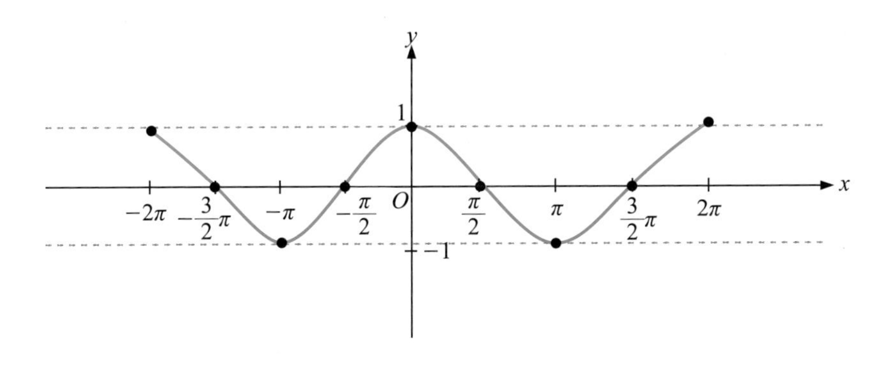

圖 4-7 $y = \sin' x$ 的圖形

定理 4-3 三角函數的極限

(1) $\lim\limits_{x \to 0} \sin x = 0$

(2) $\lim\limits_{x \to 0} \cos x = 1$

(3) $\lim\limits_{x \to 0} \dfrac{\sin x}{x} = 1$

(4) $\lim\limits_{x \to 0} \dfrac{1-\cos x}{x} = 0$

上述定理可利用夾擠定理的方法求之，請參閱定理 3-10 與例 16（第三章）。

接下來我們要證明 $\sin x$ 的導函數為 $\cos x$ 的過程如下：

$$
\begin{aligned}
\sin' x &= \lim_{\triangle x \to 0} \frac{\sin(x + \triangle x) - \sin x}{\triangle x} \\
&= \lim_{\triangle x \to 0} \frac{\sin x \cdot \cos \triangle x + \cos x \cdot \sin \triangle x - \sin x}{\triangle x} \\
&= \lim_{\triangle x \to 0} \frac{\sin x(\cos \triangle x - 1) + \cos x \cdot \sin \triangle x}{\triangle x} \\
&= \sin x \cdot \lim_{\triangle x \to 0} \frac{\cos \triangle x - 1}{\triangle x} + \cos x \cdot \lim_{\triangle x \to 0} \frac{\sin \triangle x}{\triangle x} \\
&= \sin x \cdot 0 + \cos x \cdot 1 = \cos x
\end{aligned}
$$

至於其餘的三角函數的導函數亦可比照上例的方式，利用導數的極限定義一一證明出來，在此就不多加介紹，最後我們可得定理 4-4。

定理 4-4 三角函數的導函數

(1) $(\sin x)' = \cos x$

(2) $(\cos x)' = -\sin x$

(3) $(\tan x)' = \sec^2 x$

(4) $(\cot x)' = -\csc^2 x$

(5) $(\sec x)' = \sec x \tan x$

(6) $(\csc x)' = -\csc x \cot x$

例 29

設 $f(x) = \sin x$，求 f'，f''，f'''？

$f' = \cos x$，$f'' = -\sin x$，$f''' = -\cos x$

例 30

設 $f(x) = x\csc x$，求 $f' = $？

$$f' = x'\csc x + x\csc' x$$
$$= 1 \cdot \csc x + x(-\csc x\cot x)$$
$$= \csc x - x\csc x\cot x$$

若將連鎖律用於三角函數的導函數，則可得到更一般化的三角函數的導函數公式：

定理 4-5　一般化的三角函數的導函數

(1) $(\sin u)' = \cos u \cdot u'$

(2) $(\cos u)' = -\sin u \cdot u'$

(3) $(\tan u)' = \sec^2 u \cdot u'$

(4) $(\cot u)' = -\csc^2 u \cdot u'$

(5) $(\sec u)' = \sec u \cdot \tan u \cdot u'$

(6) $(\csc u)' = -\csc u \cdot \cot u \cdot u'$

例 31

設 $y = \dfrac{\tan 5x}{\sin 3x}$，求 $y' = ?$

$$y' = \frac{(\tan 5x)'\sin 3x - (\tan 5x)(\sin 3x)'}{(\sin 3x)^2}$$
$$= \frac{\sec^2 5x \cdot (5x)' \cdot \sin 3x - \tan 5x \cdot \cos 3x \cdot (3x)'}{\sin^2 3x}$$

$$= \frac{5\sin 3x\sec^2 5x - 3\cos 3x\tan 5x}{\sin^2 3x}$$

例 32

設 $y = \cos^5(x^2 + 4)$，求 $y' = ?$

$$y' = 5\cos^4(x^2 + 4)\cdot[\cos(x^2 + 4)]'$$
$$= 5\cos^4(x^2 + 4)\cdot[-\sin(x^2 + 4)\cdot(x^2 + 4)']$$
$$= 5\cos^4(x^2 + 4)\cdot[-\sin(x^2 + 4)\cdot 2x]$$
$$= -10x\sin(x^2 + 4)\cos^4(x^2 + 4)$$

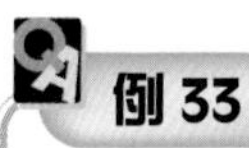

例 33

若 $\sin x + \cos y = x$，求 $y' = ?$

$$(\sin x + \cos y)' = x'$$
$$\cos x - \sin y\cdot y' = 1$$
$$y' = \frac{\cos x - 1}{\sin y}$$

習　題　4-6

第一組

1. 設$f(x)=\sin x$，求$f^{(100)}(x)=$？

2. 求下列函數之導函數：

   (1) $y=\dfrac{1}{\sin x+1}$

   (2) $y=\cot(6x^2+4)$

   (3) $y=\sec^2(4x-1)$

   (4) $y=\tan^2 3x-\cos^2 5x$

   (5) $y=\sqrt[4]{\sin x+\cos x}$

3. 若$x\sin y+y\cos x=1$，求$y'=$？

4. 若$x^2+\cos 2y=4$，求$y''=$？

5. 求曲線$y\cos 2x-x\sin 2y=0$在$(\dfrac{\pi}{4},\dfrac{\pi}{2})$處的切線方程式？

第二組

1. 設$f(x)=\cos x$，求$f^{(50)}(x)=$？

2. 求下列函數之導函數：

   (1) $y=\dfrac{1}{\cos x-1}$

   (2) $y=\tan(3x^4-5)$

   (3) $y=\csc^2(6x+3)$

(4) $y = \sin^3 2x - \cot^3 4x$

(5) $y = \sqrt{\sin x - \cos x}$

3. 若$y\sin x + x\cos y = 1$，求$y' =$？

4. 若$x + y = \sin y$，$y'' =$？

5. 求曲線$\sin^2 x + \cos^2 y = 1$在$(\frac{\pi}{4}, \frac{\pi}{4})$處的切線方程式？

4-7 對數函數與指數函數的導函數

在第二章我們已介紹了對數函數與指數函數的定義與相關公式，至於導函數的部分則再次強調常數 e 的重要，常數 e 是一個不循環的無限小數，其定義如下：

$$\text{常數 } e = \lim_{x \to 0}(1 + x)^{\frac{1}{x}} = \lim_{t \to \infty}(1 + \frac{1}{t})^{t} = 2.71828\cdots\cdots$$

定理 4-6　$\ln x$ 的導函數

$$(\ln x)' = \frac{1}{x}$$

證明

$$(\ln x)' = \lim_{\triangle x \to 0} \frac{\ln(x + \triangle x) - \ln x}{\triangle x} = \lim_{\triangle x \to 0} \frac{1}{\triangle x} \cdot \ln \frac{x + \triangle x}{x}$$

$$= \lim_{\triangle x \to 0} \frac{x}{\triangle x} \cdot \frac{1}{x} \ln \frac{x + \triangle x}{x} = \frac{1}{x} \lim_{\triangle x \to 0} \ln (\frac{x + \triangle x}{x})^{\frac{x}{\triangle x}}$$

$$= \frac{1}{x} \ln [\lim_{\triangle x \to 0} (1 + \frac{\triangle x}{x})^{\frac{x}{\triangle x}}]$$

$$= \frac{1}{x} \ln e = \frac{1}{x}$$

若將連鎖律用於定理 4-6，則可得到：

$$(\ln u)' = \frac{1}{u} \cdot u'$$

例 34

$y = \ln(x^2 + 4x + 3)$，求 $y' =$？

$$y' = \frac{1}{x^2 + 4x + 3} \cdot (x^2 + 4x + 3)' = \frac{2x + 4}{x^2 + 4x + 3}$$

例 35

$y = x\ln x$，求 $y' =$？

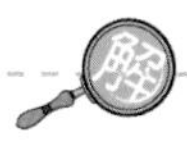

$$\begin{aligned} y' &= x'\ln x + x(\ln x)' \\ &= 1 \cdot \ln x + x \cdot \frac{1}{x} \\ &= \ln x + 1 \end{aligned}$$

定理 4-7 $\log_a x$ 的導函數

$$(\log_a x)' = \frac{1}{x \cdot \ln a}$$

證明

$$(\log_a x)' = (\frac{\log_e x}{\log_e a})' = (\frac{\ln x}{\ln a})' = \frac{1}{\ln a} \cdot (\ln x)' = \frac{1}{\ln a} \cdot \frac{1}{x} = \frac{1}{x \cdot \ln a}$$

若將連鎖律用於定理 4-7，則可得到：

$$(\log_a u)' = \frac{1}{u \cdot \ln a} \cdot u'$$

例 36

$y = \ln g_5(2x^4 + 6)$，求 $y' =$？

$$y' = \frac{1}{(2x^4 + 6) \cdot \ln 5} \cdot (2x^4 + 6)'$$

$$= \frac{8x^3}{(2x^4 + 6) \cdot \ln 5}$$

例 37

$y = \log_3 \sqrt{x^2 + x}$，求 $y' =$？

$$y' = \frac{1}{\sqrt{x^2+x}\cdot \ln 3}\cdot(\sqrt{x^2+x})'$$

$$= \frac{1}{\sqrt{x^2+x}\cdot \ln 3}\cdot[(x^2+x)^{\frac{1}{2}}]'$$

$$= \frac{1}{\sqrt{x^2+x}\cdot \ln 3}\cdot\frac{1}{2}(x^2+x)^{-\frac{1}{2}}(x^2+x)'$$

$$= \frac{1}{\sqrt{x^2+x}\cdot \ln 3}\cdot\frac{2x+1}{2\sqrt{x^2+x}}$$

$$= \frac{2x+1}{2(x^2+x)\cdot \ln 3}$$

另解：

$$y = \log_3\sqrt{x^2+x} = \log_3(x^2+x)^{\frac{1}{2}} = \frac{1}{2}\log_3(x^2+x)$$

則 $y' = [\frac{1}{2}\log_3(x^2+x)]'$

$$= \frac{1}{2}\cdot\frac{1}{(x^2+x)\cdot \ln 3}\cdot(x^2+x)'$$

$$= \frac{2x+1}{2(x^2+x)\cdot \ln 3}$$

定理 4-8　e^x 的導函數

$(e^x)' = e^x$

證明

設 $y = e^x$

則 $\ln y = \ln e^x = x$

等號兩邊同時對 x 微分

得 $(\ln y)' = x'$

$$\frac{1}{y} \cdot y' = 1 \qquad y' = y$$

即 $(e^x)' = e^x$

若將連鎖律用於定理 4-8，則可得到

$$(e^u)' = e^u \cdot u'$$

例 38

$y = e^{(3x^4 - 8x^2 + 5)}$，求 $y' = ?$

$$y' = e^{(3x^4 - 8x^2 + 5)} \cdot (3x^4 - 8x^2 + 5)'$$

$$= e^{(3x^4 - 8x^2 + 5)} \cdot (12x^3 - 16x)$$

例 39

$y = e^x + e^{-x}$，求 $y' = ?$

$$y' = (e^x)' + (e^{-x})'$$

$$= e^x + e^{-x} \cdot (-x)'$$

$$= e^x - e^{-x}$$

定理 4-9 a^x 的導函數

$$(a^x)' = a^x \cdot \ln a$$

證明

設 $y = a^x$

則 $\ln y = \ln a^x = x\ln a$

故 $(\ln y)' = (x\ln a)'$

$$\frac{1}{y} \cdot y' = \ln a$$

$$y' = y \cdot \ln a$$

即 $(a^x)' = a^x \cdot \ln a$

若將連鎖律用於定理 4-9，則可得到：

$$(a^u)' = a^u \cdot \ln a \cdot u'$$

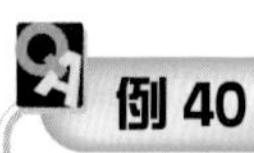

例 40

$y = 8^x$，求 $y' = ?$

$y' = 8^x \cdot \ln 8$

例 41

$y = 5^{x^4+6}$，求 $y' = ?$

$y' = 5^{x^4+6} \cdot \ln 5 \cdot (x^4+6)'$

$\quad = 5^{x^4+6} \cdot \ln 5 \cdot (4x^3)$

例 42

$y = x^x$，求 $y' = ?$

由 $\ln y = \ln x^x = x \ln x$

得 $(\ln y)' = (x \ln x)'$

$\frac{1}{y} \cdot y' = x' \cdot \ln x + x \cdot (\ln x)' = 1 \cdot \ln x + x \cdot \frac{1}{x} = \ln x + 1$

$y' = (\ln x + 1)y = (\ln x + 1)x^x = x^x(1 + \ln x)$

習 題 4-7

第一組

1. 求導函數y'

   (1) $y = \ln(3x^2 + 4x - 1)$

   (2) $y = \log_3(8x^5 + 6)$

   (3) $y = x^2 \ln x$

   (4) $y = \ln(\sqrt{x^2 + 6x})$

   (5) $y = (\ln x)^3$

   (6) $y = e^{x^{10} + x^5 + 1}$

   (7) $y = 10^{x^2 - 4x + 2}$

   (8) $y = \dfrac{e^{x^2}}{x^2}$

   (9) $y = \sqrt[3]{6^x}$

   (10) $y = (x^2 + x + 1)^{3x - 2}$

2. 設$f(x) = \dfrac{e^x}{\sin x}$，求$f'(x) = ?$

3. 設$e^{xy} + 2y = 0$，求$\dfrac{dy}{dx} = ?$

4. 設$y = \log_x \sin x$，求$y' = ?$（註：$\log_a b = \dfrac{\ln b}{\ln a}$）

5. 設$y = x^2 + 2^x + \log_2 x + \log_x 2$，求$y' = ?$

第二組

1. 求導函數y'

 (1) $y=\ln(x^2+1)^2$

 (2) $y=\log_5(3x^4-2x)$

 (3) $y=\dfrac{\ln x}{x}$

 (4) $y=\ln(\sqrt[3]{x^4+2})$

 (5) $y=(\ln x)^2$

 (6) $y=e^{6x^4-3x^2+2}$

 (7) $y=4^{x^3+6x^2-4}$

 (8) $y=x^3e^{x^3}$

 (9) $y=\sqrt{5^x}$

 (10) $y=(3x-2)^{x^2+x+1}$

2. 設$f(x)=e^x\sin x$，求$f'(x)=$？

3. 設$e^x-xy=0$，求$\dfrac{dy}{dx}=$？

4. 設$y=x^{\sin x}$，求$y'=$？

5. 設$y=x^e+e^x+\log_e x+\log_x e$

微積分趣談(四)：微分

史努比教了桃樂比一些微分的技巧，桃樂比學會之後，顯得非常興奮，見人就微個不停，使得班上其他同學都不勝其擾，只見史努比安然自在，絲毫不受桃樂比微來微去的影響，大家很好奇的問史努比原因，史努比回答：「因為我是自然指數 e^x，所以不怕桃樂比的微分啊」。

CHAPTER 05

微分的應用

本章大綱

5-1 切線斜率與切線

如 4-1 節所述，函數 $y = f(x)$ 在 $x = x_0$ 的導數 $f'(x_0)$ 其幾何意義為過點 $(x_0，f(x_0))$ 之切線斜率，一但求得切線斜率後，可進一步利用點斜式求得切線為 $y-f(x_0)= f'(x_0)(x-x_0)$，又因當兩直線互相垂直時，其斜率相乘為 -1，故利用此種觀念可再求與切線互相垂直的法線 $y-f(x_0)=-\dfrac{1}{f'(x_0)}(x-x_0)$。茲將上述求切線與法線的觀念以圖 5-1 與圖 5-2 說明如下：

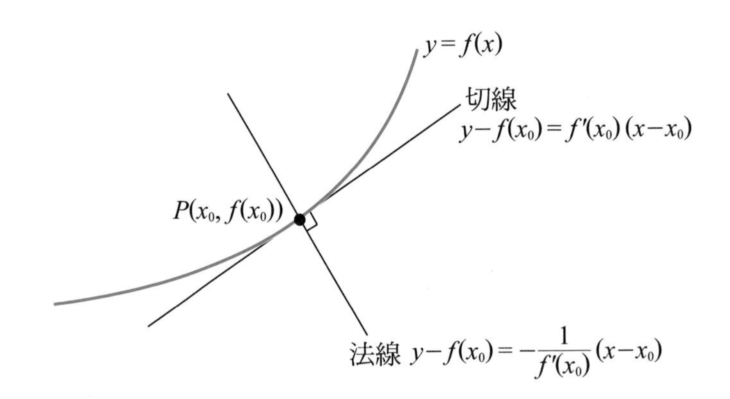

圖 5-1　函數 $y = f(x)$、切線與法線三者之幾何關係

$$\text{函數 } y = f(x) \xrightarrow{\text{利用微分法求出}} \text{過點}(x_0，f(x_0))\text{之切線斜率} f'(x_0)$$

$$\xrightarrow{\text{利用點斜式求出}} \text{切線 } y-f(x_0)= f'(x_0)(x-x_0)$$

$$\xrightarrow[\text{斜率乘積為}-1\text{ 可求出}]{\text{利用兩互相垂直之直線}} \text{法線 } y-f(x_0) = -\frac{1}{f'(x_0)}(x-x_0)$$

圖 5-2　利用微分求切線斜率、切線與法線之流程

例 1

求過函數 $y = x^4 + x^2 + 1$ 上某點 $(1，3)$ 之切線方程式與法線方程式。

利用微分公式可得　$y' = 4x^3 + 2x$

故切線斜率為　$y'|_{x=1} = 4(1)^3 + 2(1) = 6$

得切線為　$y-3 = 6(x-1)$

而法線為　$y-3 = -\frac{1}{6}(x-1)$

例 2

求過函數 $f(x) = \frac{2x+1}{x^2+1}$ 上某點 $(0，1)$ 之切線方程式與法線方程式。

導函數 $f'(x) = \frac{(2x+1)'(x^2+1)-(2x+1)(x^2+1)'}{(x^2+1)^2}$

$= \frac{(2)(x^2+1)-(2x+1)(2x)}{(x^2+1)^2} = \frac{-2x^2-2x+2}{(x^2+1)^2}$

故切線斜率為　$f'(0) = 2$

得切線為　$y-1 = 2(x-0)$

而法線為　$y-1 = -\frac{1}{2}(x-0)$

例 3

曲線 $x^2+y^2=4x$ 在點 (2，−2) 的切線方程式與法線方程式為何？

利用隱微分法可得如下過程：

$$\frac{d}{dx}(x^2+y^2)=\frac{d}{dx}(4x)$$

$$2x+2y\frac{dy}{dx}=4$$

故 $\frac{dy}{dx}=\frac{2-x}{y}$

而切線斜率為 $\left.\frac{dy}{dx}\right|_{(2,-2)}=\frac{2-2}{-2}=0$

得切線為 $y-(-2)=0(x-2)$，即 $y=-2$，此為一條水平切線

故法線為一條通過點(2，−2)的垂直線，即 $x=2$

例 4

求曲線 $x^3-y^2=\frac{-1}{2}x^2y$ 在點 (2，4) 的切線方程式與法線方程式？

利用隱微分法可得如下過程：

$$\frac{d}{dx}(x^3-y^2)=\frac{d}{dx}(-\frac{1}{2}x^2y)$$

$$3x^2-2y\frac{dy}{dx}=-\frac{1}{2}[(\frac{d}{dx}x^2)y+x^2\frac{dy}{dx}]$$

$$3x^2-2y\frac{dy}{dx}=-xy-\frac{1}{2}x^2\frac{dy}{dx}$$

故 $\frac{dy}{dx}=\frac{3x^2+xy}{-\frac{1}{2}x^2+2y}$

而切線斜率為 $\left.\frac{dy}{dx}\right|_{(2,\ 4)}=\frac{3(2)^2+(2)(4)}{-\frac{1}{2}(2)^2+2(4)}=\frac{10}{3}$

得切線為　$y-4=\frac{10}{3}(x-2)$

而法線為　$y-4=-\frac{3}{10}(x-2)$

習題 5-1

第一組

1. 求過函數$y = 2x^3 - 4$上某點$(2，12)$之切線方程式與法線方程式？
2. 求函數$y = \dfrac{x+1}{x-1}$在$x = 3$之切線方程式與法線方程式？
3. 曲線$x^2 - y^2 = 6y$在點$(4，2)$之切線方程式與法線方程式？
4. 曲線$x^2 + y = xy$在$x = 2$之切線方程式與法線方程式？
5. 在曲線$y = 2x^3 - 6x + 1$上，何處的切線為水平切線？
6. 曲線$y = x^3 - x^2 - 2$的切線中有些平行於直線$x - y + 8 = 0$，求所有這些切點的x坐標？

第二組

1. 求過函數$y = x^5 - 5$上某點$(1，-4)$之切線方程式與法線方程式？
2. 求函數$y = \dfrac{1-x}{1+x}$在$x = 0$之切線方程式與法線方程式？
3. 曲線$xy^2 + x^2y = 0$在點$(3，-3)$之切線方程式與法線方程式？
4. 曲線$x = y^2 + 2y + 1$在點$(4，1)$之切線方程式與法線方程式？
5. 在曲線$y = x^4 - 3x^2 + 4$上，何處的切線為水平切線？
6. 曲線$y = 3x^2 - x$的切線中有些平行於直線$4x - 2y + 5 = 0$，求所有這些切點的x坐標？

5-2 函數的遞增、遞減與極值

在談論到函數的遞增、遞減與極值等問題之前，有必要先了解兩個相關的定理，分別是洛爾定理(Rolle's Theorem)與均值定理(Mean-value Theorem)：

定理 5-1　洛爾定理

設$f(x)$在$[a，b]$為連續函數，在$(a，b)$為可微分，且$f(a)=f(b)$，則至少存在一個數c介於a，b之間，使得$f'(c)=0$

洛爾定理的幾何意義為：當函數$f(x)$滿足洛爾定理的條件時，$f(x)$之圖形在a，b之間至少存在一條水平切線。如圖 5-3 所示：

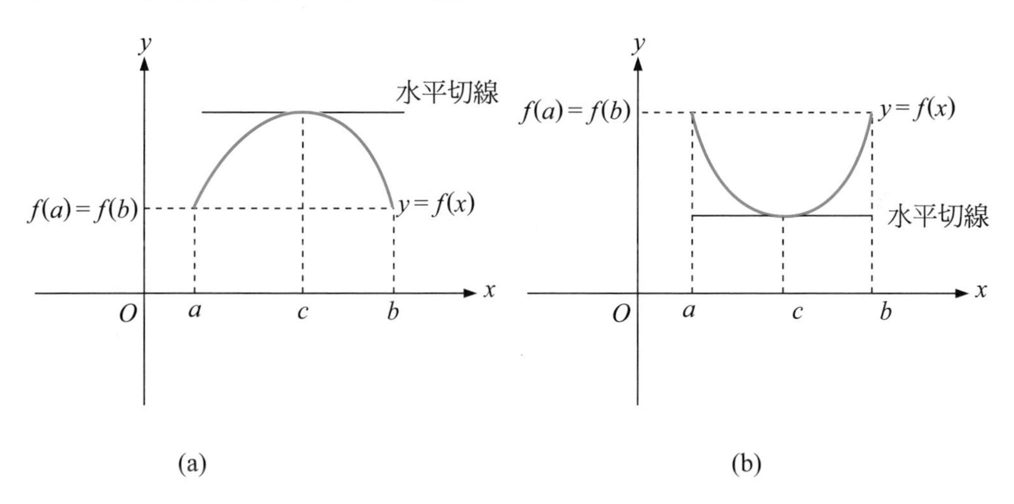

圖 5-3　滿足洛爾定理之函數$y = f(x)$之幾何意義

藉由洛爾定理，我們可推導出另外一個重要的均值定理：

定理 5-2 均值定理

設$f(x)$在$[a，b]$為連續函數，且在$(a，b)$為可微分，則至少存在一個數c介於a，b之間，使得$f'(c)=\dfrac{f(b)-f(a)}{b-a}$

在均值定理中的式子$f'(c)=\dfrac{f(b)-f(a)}{b-a}$，其中$\dfrac{f(b)-f(a)}{b-a}$代表函數圖形上頭尾兩點連線的斜率，而$f'(c)$代表函數圖形上點$(c，f(c))$的切線斜率，此兩者必須相等。因此均值定理的幾何意義是說一個平滑的連續曲線，其頭尾兩點的連線一定會和其圖形上至少某一點的切線平行。如圖 5-4 所示：

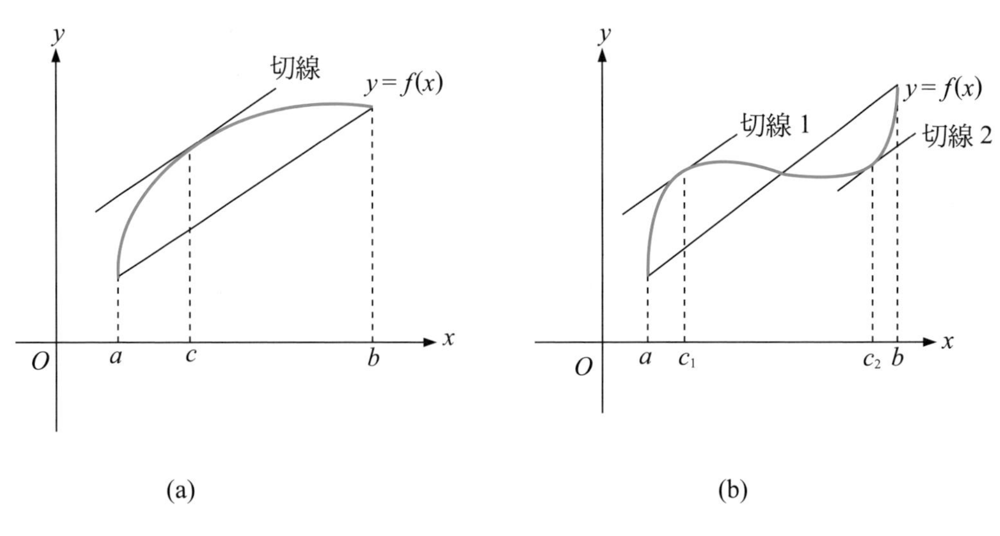

圖 5-4　滿足均值定理之函數$y = f(x)$之幾何意義

例 5

設 $f(x)= 3x^2-4x + 2$，求點$C\in(0，5)$使其滿足均值定理。

因 $f(x)$ 為多項式函數

故　$f(x)$在[0，5]為連續且在(0，5)為可微分

利用均值定理知至少存在一個數$C\in(0,5)$使得　$f'(c)=\dfrac{f(5)-f(0)}{5-0}$

但 $f(0)=2$，$f(5)=57$且 $f'(x)=6x-4$

故　$6C-4=\dfrac{57-2}{5-0}$

得　$C=\dfrac{5}{2}\in(0，5)$即為所求

例 6

設 $f(x)=\dfrac{x-1}{x+1}$，$x\in[1，2]$，求滿足均值定理之C值？

因 $f(x)$為有理函數且分母為 $x+1$

故　除$x=-1$外，餘皆連續可微分

利用均值定理知至少存在一個數$C\in(1,2)$使得$f'(c)=\dfrac{f(2)-f(1)}{2-1}$

因　$f(1)=0$，$f(2)=\dfrac{1}{3}$，$f'(x)=\dfrac{2}{(x+1)^2}$

故　$\dfrac{2}{(C+1)^2}=\dfrac{\frac{1}{3}-0}{2-1}$

得　$C=-1\pm\sqrt{6}$，但$C\in(1，2)$，故$-1-\sqrt{6}$不合

得　$C=-1+\sqrt{6}$ 即為所求

接下來我們來討論函數的遞增、遞減等情形：

定義 5-1　函數的遞增與遞減

設 $f(x)$ 定義於區間 I。x_1，x_2 為區間 I 內任意兩點且 $x_1 < x_2$

(1) 若$f(x_1)\leq f(x_2)$，則稱 f 在 I 上為遞增函數。

(2) 若$f(x_1)<f(x_2)$，則稱 f 在 I 上為嚴格遞增函數。

(3) 若$f(x_1)\geq f(x_2)$，則稱 f 在 I 上為遞減函數。

(4) 若$f(x_1)>f(x_2)$，則稱 f 在 I 上為嚴格遞減函數。

圖 5-5 乃是藉由函數 $y=f(x)$ 的圖形讓讀者認識函數的遞增與遞減。

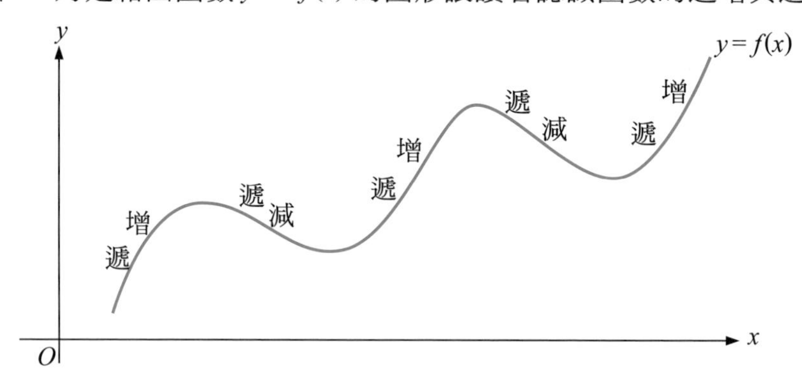

圖 5-5　函數 $y=f(x)$ 的遞增與遞減

當函數圖形處在嚴格遞增的區間時，圖形上每一點的切線斜率皆為正，如圖 5-6 所示；當函數圖形處在嚴格遞減的區間時，圖形上每一點的切線斜率皆為負，如圖 5-7 所示。根據以上說明，我們可得定理 5-3。

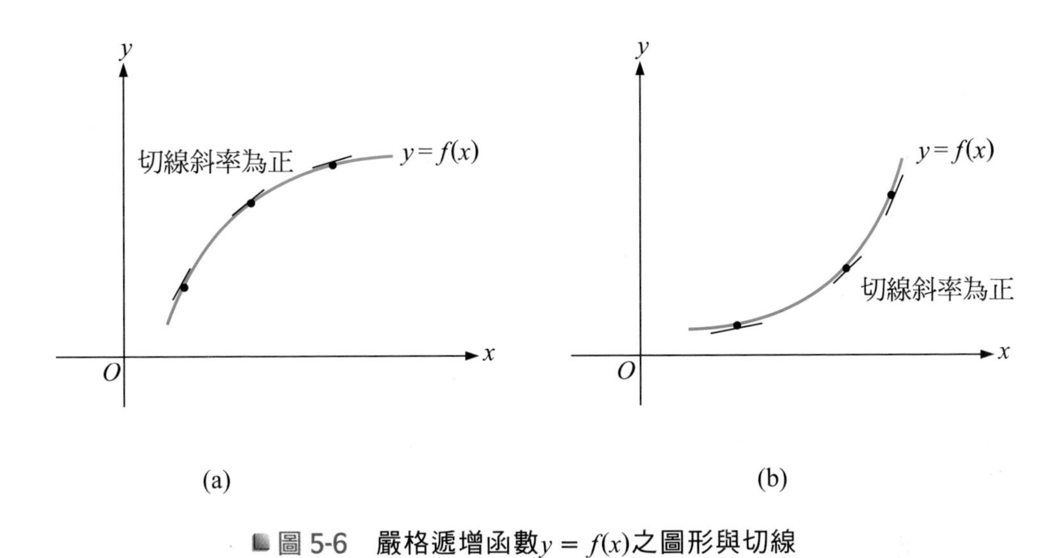

圖 5-6　嚴格遞增函數$y = f(x)$之圖形與切線

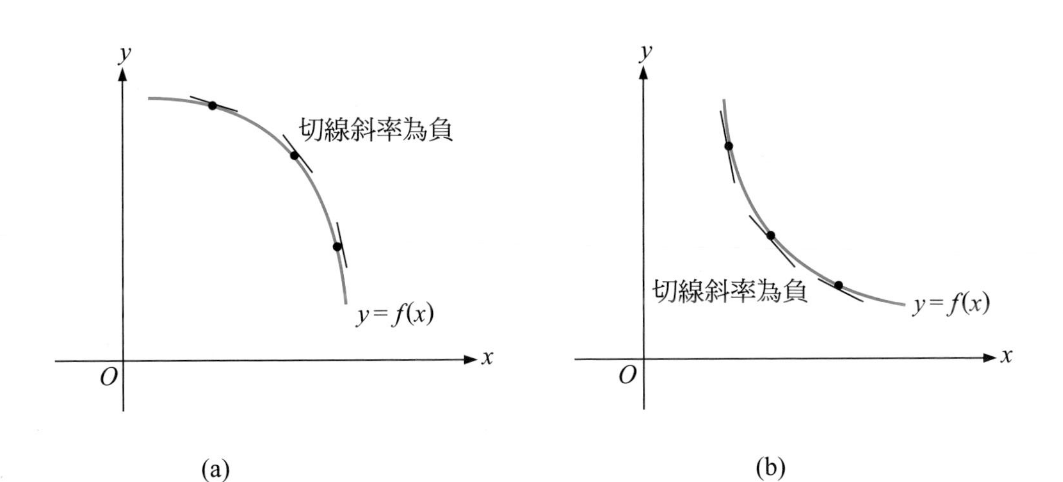

圖 5-7　嚴格遞減函數$y = f(x)$之圖形與切線

定理 5-3 函數的增減性與導數之關係

設$f(x)$在$(a，b)$可微分，且對每一$x \in (a，b)$而言，$f'(x)$ 存在下列情況：

(1) 若$f'(x) > 0$，則 f 在$(a，b)$ 為嚴格遞增函數

(2) 若$f'(x) < 0$，則 f 在$(a，b)$ 為嚴格遞減函數

(3) 若$f'(x) = 0$，則 f 在$(a，b)$ 為常數函數

例 7

設 $f(x) = x^2-1$，求 f 的嚴格遞增、遞減的區間？

先求$f'(x) = 2x$

次令$f'(x) = 0$，解得$x = 0$

最後以表格討論$f(x)$的增減性

x	0	
$f'(x)$	$-$	$+$
$f(x)$	↘	↗

得 $f(x)$ 在區間$(-\infty，0)$是嚴格遞減

$f(x)$ 在區間$(0，\infty)$是嚴格遞增

例 8

設 $f(x)=2x^3-3x^2-12x+5$，求 f 的嚴格遞增、遞減的區間？

先求 $f'(x)=6x^2-6x-12$

次令 $f'(x)=0$，即 $6x^2-6x-12=0 \Rightarrow 6(x+1)(x-2)=0 \Rightarrow x=-1,2$

最後以表格討論 $f(x)$ 的增減性

x		-1		2	
$f'(x)$	+		−		+
$f(x)$	↗		↘		↗

得 $f(x)$ 在區間 $(-\infty, -1)$ 與 $(2, \infty)$ 是嚴格遞增

$f(x)$ 在區間 $(-1, 2)$ 是嚴格遞減

利用導數了解了函數的增減性之後，可進一步探求極值的問題，例如像最大利潤、最小成本等經濟學上常見的例子皆屬之。首先讓我們透過某函數 $y=f(x)$ 之圖形（圖 5-8）來了解何謂極值。

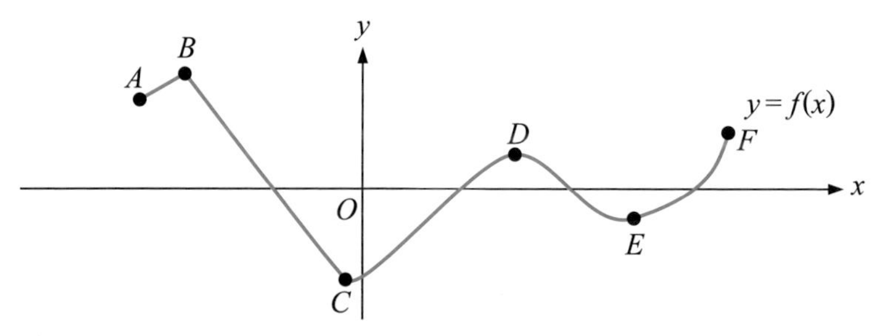

圖 5-8　函數 $y=f(x)$ 之圖形與極值

根據圖 5-8 中各點產生的極值之說明如下：

A點：相對極小值

B點：相對極大值（同時也是絕對極大值）

C點：相對極小值（同時也是絕對極小值）

D點：相對極大值

E點：相對極小值

F點：相對極大值

定義 5-2 絕對極值

設f是一函數，x_0 是其定義域 D 中一點

(1) 若對任意 $x \in D$，恆有 $f(x) \leq f(x_0)$，則稱 $f(x_0)$ 是 f 在 D 中的絕對極大值（又稱最大值）(Absolute maximum)。

(2) 若對任意 $x \in D$，恆有 $f(x) \geq f(x_0)$，則稱 $f(x_0)$ 是 f 在 D 中的絕對極小值（又稱最小值）(Absolute minimum)。

(3) 絕對極大值與絕對極小值合稱為絕對極值(Absolute extrema)。

定義 5-3 相對極值

設 f 是一函數，x_0 是其定義域 D 中一點，區間 A 為一個包含 x_0 的小區間 $(x_0-\delta，x_0+\delta)$且 $A \subset D$

(1) 若對任意 $x \in A$，恆有 $f(x) \leq f(x_0)$，則稱 $f(x_0)$ 是 f 在 D 中的相對極大值（又稱極大值）(Relative maximum)。

(2) 若對任意 $x \in A$，恆有 $f(x) \geq f(x_0)$，則稱 $f(x_0)$ 是 f 在 D 中的相對極小值（又稱極小值）(Relative minimum)。

(3) 相對極大值與相對極小值合稱為相對極值(Relative extrema)。

按照定義，可知絕對極值與相對極值具有下列性質：

1. 絕對極值是針對函數的所有定義域而產生的，而相對極值是針對函數的定義域之局部範圍而產生的。
2. 最大值若存在將只有一個（如圖 5-8 之B點）。
   最小值若存在將只有一個（如圖 5-8 之C點）。
   極大值若存在可能不只一個（如圖 5-8 之B、D、F點）。
   極小值若存在可能不只一個（如圖 5-8 之A、C、E點）。
3. 最大值是極大值當中最大的一個（如圖 5-8 之B、D、F，以B為最大）。
   最小值是極小值當中最小的一個（如圖 5-8 之A、C、E，以C為最小）。
4. 最大值必大於最小值（如圖 5-8 之B大於C）。
   極大值未必大於極小值（如圖 5-8 之D小於A）。

明瞭了極值的定義與性質後，我們要探討極值會發生在何處，以圖 5-8 為例，極值發生在以下三個地方：

1. $f'(x_0)=0$（即圖 5-8 之D、E）
2. $f'(x_0)$不存在（即圖 5-8 之B、C）
3. 端點（即圖 5-8 之A、F）

定義 5-4　臨界點

設 x_0 為函數 $f(x)$ 之定義域內一數，若 $f'(x_0)=0$ 或 $f'(x_0)$ 不存在，則稱 x_0 為 $f(x)$ 之臨界點

綜合以上討論，可知：函數f的極值只可能發生在臨界點或端點上。只是一但找到極值所在的位置，接下來我們要如何判斷此極值究竟為極大值或極小值呢？先讓我們研究一下圖 5-9：

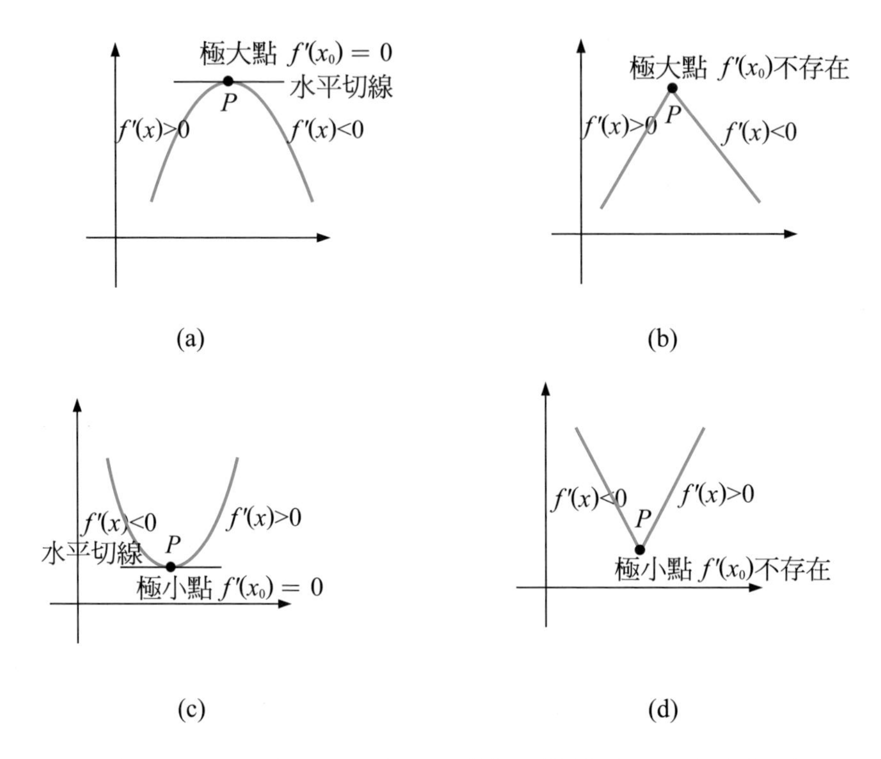

圖 5-9　函數 $y = f(x)$ 之極值與一階導函數 $f'(x)$ 之關係

圖 5-9(a)、(b)均顯示函數之極大點左側 $f'(x) > 0$，右側 $f'(x) < 0$，且極大點 x_0 若可微分，則必有 $f'(x_0) = 0$（代表過此極大點之切線為水平切線）。

圖 5-9(c)、(d)均顯示函數之極小點左側 $f'(x) > 0$，右側 $f'(x) > 0$，且極小點 x_0 若可微分，則必有 $f'(x_0) = 0$（代表過此極小點之切線為水平切線）。

定理 5-4　極大與極小

設 x_0 是臨界點，(a, b)為包含 x_0 之任一開區間，若函數 f 在(a, b)上除 x_0 外均可微分，且 f 在(a, b)連續。

(1) 若 $f'(x) > 0$，$\forall x \in (a, x_0)$ 且 $f'(x) < 0$，$\forall x \in (x_0, b)$，則 $f(x_0)$ 是相對極大值。

(2) 若 $f'(x) < 0$，$\forall x \in (a, x_0)$ 且 $f'(x) > 0$，$\forall x \in (x_0, b)$，則 $f(x_0)$ 是相對極小值。

例 9

求 $f(x) = x^3 - 3x + 5$ 的極值？

本題無端點，只需考慮臨界點的極值

先求 $f'(x) = 3x^2 - 3$

次令 $f'(x) = 0 \Rightarrow 3x^2 - 3 = 0$，得臨界點為 1，-1

最後將函數增、減區間列表如下：

x		-1		1	
$f'(x)$	$+$		$-$		$+$
$f(x)$	↗	極大	↘	極小	↗

根據上表，得極大值為 $f(-1) = 7$，極小值為 $f(1) = 3$。

例 10

求 $f(x) = -x^4 + 2x^2 + 1$ 的極值？

本題無端點，只需考慮臨界點的極值

先求 $f'(x) = -4x^3 + 4x$

次令 $f'(x) = 0 \Rightarrow -4x^3 + 4x = -4x(x^2 - 1) = 0$

得臨界點為 -1，0，1

最後將函數增、減區間列表如下：

x		-1		0		1	
$f'(x)$	$+$		$-$		$+$		$-$
$f(x)$	↗	極大	↘	極小	↗	極大	↘

得極大值為 $f(-1)=2$ 與 $f(1)=2$

極小值為 $f(0)=1$

例 11

求 $f(x)=(x-4)^{\frac{2}{3}}$ 的極值？

本題無端點，只需考慮臨界點的極值

先求 $f'(x)=\dfrac{2}{3}(x-4)^{-\frac{1}{3}}=\dfrac{2}{3(x-4)^{\frac{1}{3}}}$

因 $x=4$ 時，$f'(x)$ 不存在

故臨界點為 4（本題不必令 $f'(x)=0$ 求臨界點，因 $f'(x)=0$ 為無解）

最後將函數增、減區間列表如下：

x		4	
$f'(x)$	$-$		$+$
$f(x)$	↘	極小	↗

得極小值為 $f(4)=0$

例 12

求 $f(x)=x^3-10$ 的極值？

本題無端點，只需考慮臨界點的極值

先求 $f'(x)=3x^2$

次令 $f'(x)=0 \Rightarrow 3x^2=0$

得臨界點為 0

最後將函數增減區間列表如下：

x		0	
$f'(x)$	+		+
$f(x)$	↗	無極值	↗

故本題無極值。

例 13

求 $f(x)=x^3-9x^2+24x+2$ 在區間 $[0，6]$ 的極值？

本題求極值，除臨界點外，尚需考慮端點

因 $f'(x)=3x^2-18x+24$

令 $f'(x)=0 \Rightarrow 3x^2-18x+24=3(x^2-6x+8)=3(x-2)(x-4)=0$

得臨界點為 2，4

又端點為 0，6

最後將函數增減區間列表如下：

x	0		2		4		6
$f'(x)$		+		−		+	
$f(x)$	極小	↗	極大	↘	極小	↗	極大

得極大值為 $f(2)=22$ 與 $f(6)=38$

其中 $f(6)=38$　又為最大值

另得極小值為 $f(0)=2$，$f(4)=18$

其中 $f(0)=2$　又為最小值

例 14

求 $f(x)=-2x^3+9x^2-6x-12$ 在區間 $[-4，4]$ 的極值？

本題求極值，除臨界點外，尚需考慮端點

因 $f'(x)=-6x^2+18x-6$

令 $f'(x)=0 \Rightarrow -6x^2+18x-6=-6(x^2-2x+1)=-6(x-1)^2=0$

得臨界點為 1

又端點為 −4，4

最後列表得：

x	-4		1		4
$f'(x)$		$-$		$-$	
$f(x)$		↘		↘	

得極大值為 $f(-4)=284$

此外 $f(-4)=284$　同時也為最大值

另得極小值為 $f(4)=-20$

此外 $f(4)=-20$　同時也為最小值

經濟學中除了「邊際」問題與微分有關外，另一項與微分有關的課題就是「彈性(Elasticity)」問題，所謂「彈性」指的是當產品價格改變時，供需數量的反應程度，在此我們以「需求彈性(The Elasticity of Demand)」來說明。

一般而言，當產品價格越高時，消費者需求量就會減少；當產品價格越低時，消費者需求量就會增加。但此需求量減少或增加的幅度如何，則有賴需求彈性來界定，需求彈性指的是需求量對價格變動的反應程度。換言之，一個商品在某價格時的需求彈性大，代表當價格產生些微變化時，就會引起需求量的大量變動，比如珠寶等奢侈品就是屬於需求彈性大的商品；相對地，一個商品在某價格時的需求彈性小，代表當價格即使有很大變化時，需求量的變動也不會大，比如汽油等必需品就是屬於需求彈性小的商品。

今若某商品的價格由 p 元變動到 $p+\Delta p$ 元時，需求量由 $q(p)$ 單位變化為 $q(p+\triangle p)$ 單位，則

$$\text{需求彈性 } E(p) = \left|\frac{\text{需求量變動的百分比}}{\text{價格變動的百分比}}\right|$$

$$= \left|\frac{\dfrac{q(p+\triangle p)-q(p)}{q(p)}}{\dfrac{(p+\triangle p)-p}{p}}\right|$$

$$= \frac{p}{q(p)} \cdot \left|\frac{q(p+\triangle p)-q(p)}{\triangle p}\right|$$

$$= \frac{p}{q(p)} \cdot |q'(p)| \text{（當 } \triangle p \to 0 \text{ 時）}$$

$$= -\frac{p \cdot q'(p)}{q(p)} \text{（} q'(p) \text{ 一般為負）}$$

由需求彈性的定義 $E = \frac{p}{q(p)} \cdot |q'(p)|$ 可知需求彈性的值介於 $0\sim\infty$ 之間。

因為收入＝價格・需求量，即 $R(p) = p \cdot q(p)$

故收入的導函數

$$R'(p) = [p \cdot q(p)]'$$

$$= q(p) + p \cdot q'(p)$$

$$= q(p)\left[1 + \frac{p \cdot q'(p)}{q(p)}\right]$$

$$= q(p)[1 - E(p)]$$

使用一階導數討論收入 $R(p)$ 與需求彈性 $E(p)$ 之關係如下：

$E(p)$	<1	$=1$	>1
$R'(p)$	$+$	0	$-$
$R(p)$	遞增	極大值	遞減

故價格、收入及需求彈性有下列情況：

(1) 需求彈性 $E(p) < 1$ 時，稱需求為無彈性，此時收入 $R(p)$ 為增函數，即價格上漲，收入增加；價格下跌，收入減少。

(2) 需求彈性 $E(p)=1$ 時，稱需求為單位彈性，此時收入 $R(p)$ 有極大值。

(3) 需求彈性 $E(p)>1$ 時，稱需求為有彈性，此時收入 $R(p)$ 為減函數，即價格上漲，收入減少；價格下跌，收入增加。

例 15

當芭樂一斤價格為 10 元時，市場需求量 100 斤；若價格上升為一斤 30 元時，需求量降為 60 斤，則需求彈性為多少？

$$\text{價格變動百分比}=\frac{\text{價差}}{\text{平均價格}}\times 100\%=\frac{30-10}{\frac{10+30}{2}}\times 100\%=100\%$$

$$\text{需求量變動百分比}=\frac{\text{需求量差}}{\text{平均需求量}}\times 100\%=\frac{|60-100|}{\frac{100+60}{2}}\times 100\%=50\%$$

$$\text{故需求彈性}=\frac{\text{需求量變動百分比}}{\text{價格變動百分比}}=\frac{50\%}{100\%}=0.5$$

例 16

某商品的單價為 p 元時，需求函數為 $q = 180 - 2p$（$0 \le p \le 90$），試求下列各項：

(1) 需求彈性函數 $E(p) = ?$

(2) 價格 $p = 30$ 元時之需求彈性，並解釋其意義。

(3) 當價格 $p = 30$ 元時，欲增加收入，則該漲價還是降價？

(1) 需求彈性 $E(p) = -\dfrac{p \cdot q'(p)}{q(p)}$

$$= -\frac{p \cdot (180 - 2p)'}{180 - 2p}$$

$$= -\frac{p \cdot (-2)}{180 - 2p}$$

$$= \frac{2p}{180 - 2p}$$

(2) 價格 $p = 30$ 元時之需求彈性 $E(30)$

$$= \frac{2 \times 30}{180 - 2 \times 30} = 0.5$$

其意義是價格為 30 元時，若價格上漲 1%，則需求量會減少 0.5%

(3) 因 $E(30) = 0.5 < 1$，此時需求為無彈性，欲增加收入，應調漲售價。

習題 5-2

第一組

1. 設 $f(x)=x^3+1$，求點 $C\in(1,5)$ 使其滿足均值定理。

2. 求下列函數的增、減區間？

   (1) $y=2x-1$

   (2) $y=3x^2+12x$

   (3) $y=\dfrac{1}{x-4}$

   (4) $y=(x+1)^{\frac{1}{2}}$

   (5) $y=(x+1)(x+2)(x+3)$

3. 求下列函數的極值？

   (1) $y=x^2-2x-5$

   (2) $y=-x^3+x$

   (3) $y=x^4-4x^3$

   (4) $y=x+\dfrac{1}{x}$（但 $\dfrac{1}{2}\le x\le 4$）

   (5) $y=6x^{\frac{2}{3}}-4x$（但 $0\le x\le 27$）

4. 點 $(3,0)$ 到拋物線 $y=x^2$ 的最近距離為多少？

5. 設兩正數 m、n 的乘積為 9，則 m、n 應分別為多少方能使 $3m+n$ 為最小。

6. 大雨影響西瓜收成，結果每顆大西瓜售價由 100 元上漲至 150 元，需求量由每天 1000 顆減少為 600 顆，求需求彈性？

7. 某商品的單價為 p 元時，需求函數為 $q=120-3p$（$0\le p\le 40$），求下列各項：

   (1) 需求彈性函數 $E(p)=$？

   (2) 價格 $p=30$ 元時之需求彈性，並解釋其意義。

   (3) 當價格 $p=30$ 元時，欲增加收入，則該漲價還是降價？

第二組

1. 設$f(x)=x^2$，求點$C\in(-1，2)$使其滿足均值定理。

2. 求下列函數的增、減區間？

   (1) $y=-x+6$
   (2) $y=-x^2+2x+4$
   (3) $y=\dfrac{x-1}{x+1}$
   (4) $y=(1-x)^{\frac{1}{3}}$
   (5) $y=(x+1)(x-1)(x+2)(x-2)$

3. 求下列函數的極值？

   (1) $y=-x^2+x+1$
   (2) $y=2x^3+x^2-4x+3$
   (3) $y=x^4+32x+6$
   (4) $y=x-\dfrac{1}{x}$（但$1\leq x\leq 2$）
   (5) $y=\sqrt[3]{x^2-4x+3}$（但$1\leq x\leq 3$）

4. 點$(1，2)$到直線$y=2x-1$的最近距離是多少？

5. 兩正數m、n的和為 9，則m、n應分別為多少方能使m^2n為最大？

6. 良好氣候增加蓮霧收成，結果售價自每斤 30 元下跌至 20 元，需求量由每天 200 斤上升至 400 斤，求需求彈性？

7. 某商品的單價為p元時，需求函數為$q=100-2p$（$0\leq p\leq 50$），求下列各項：

   (1) 需求彈性函數$E(p)=$？
   (2) 價格$p=10$元時之需求彈性，並解釋其意義。
   (3) 當價格$p=10$元時，欲增加收入，則該漲價還是降價？

5-3 函數的凹口與反曲點

函數在遞增的過程中，曲線弧可能向上凹（如圖 5-10(a)）或向下凹（如圖 5-10(b)）；同樣的，當函數在遞減的過程中，曲線弧也可能向上凹（如圖 5-11(a)）或向下凹（如圖 5-11(b)）。這種函數圖形的凹向該如何判斷呢？此時需藉助二階導數$f''(x)$加以判斷。

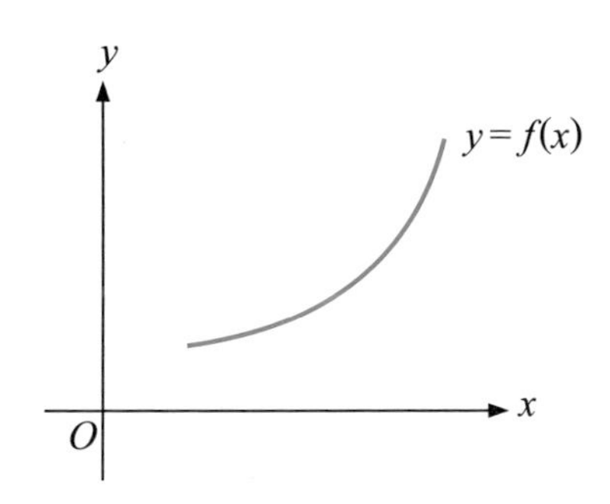

(a)凹口朝上

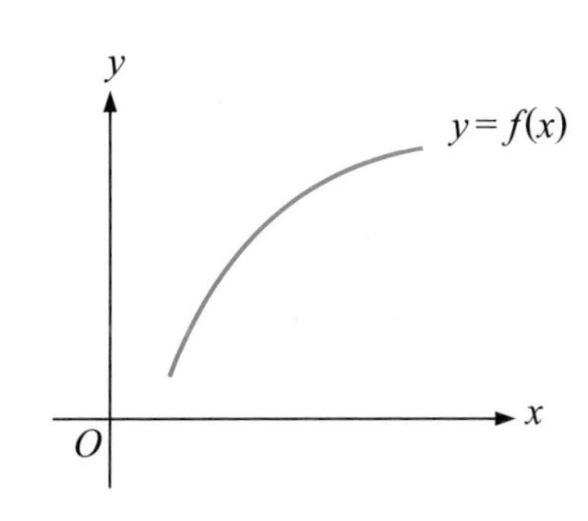

(b)凹口朝下

圖 5-10　函數 $y = f(x)$ 在遞增區間中的凹性

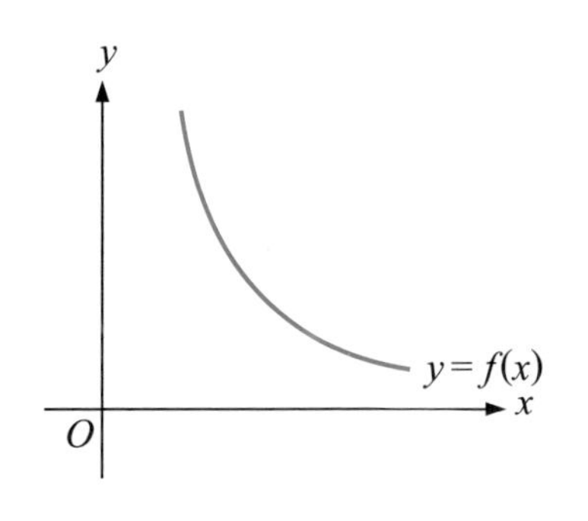

(a)凹口朝上

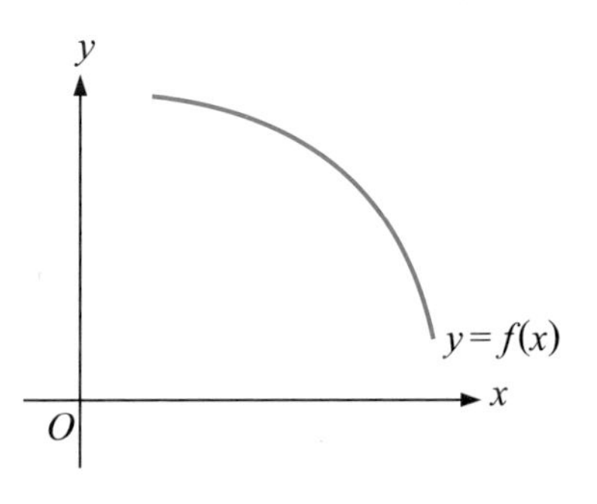

(b)凹口朝下

圖 5-11　函數 $y = f(x)$ 在遞減區間中的凹性

定義 5-5　函數圖形的凹性

(1) 若曲線弧上的每一點的切線都在曲線弧的下方時，則稱此曲線弧是上凹的（或稱凹口朝上），如圖 5-12(a)所示。

(2) 若曲線弧上的每一點的切線都在曲線弧的上方時，則稱此曲線弧是下凹的（或稱凹口朝下），如圖 5-12(b)所示。

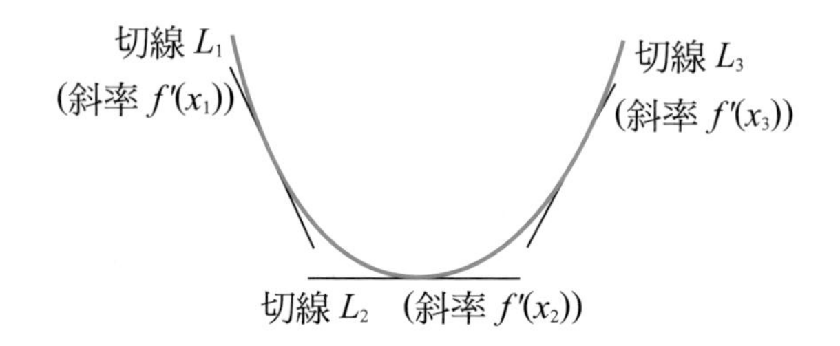

(a)上凹曲線：切線皆在下方

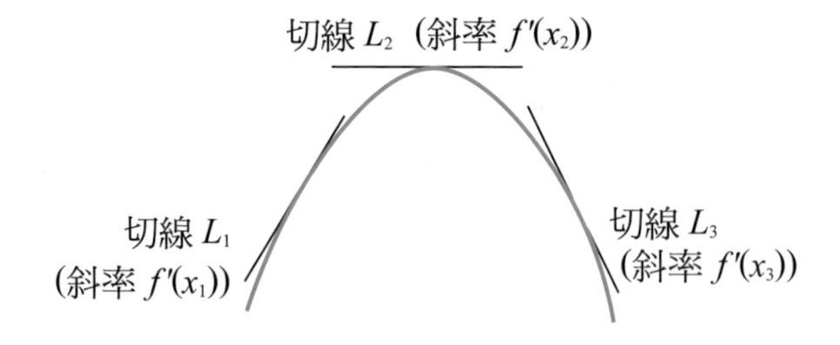

(b)下凹曲線：切線皆在上方

圖 5-12　曲線之凹性與切線之關係

由圖 5-12(a)可看出當曲線凹口朝上時，若 x 越往右，則切線斜率的值越大（即 $f'(x_1) < f'(x_2) < f'(x_3)$），因此其切線斜率 $f'(x)$ 形成一個嚴格遞增函數，根據定理 5-3 可得 $[f'(x)]' = f''(x) > 0$；同理，由圖 5-12(b)可看出當曲線凹口朝下時，若 x 越往右，則切線斜率的值越小（即 $f'(x_1) > f'(x_2) > f'(x_3)$），因此其切線斜率 $f'(x)$ 形成一個嚴格遞減函數，故可得 $[f'(x)]' = f''(x) < 0$。於是我們產生以下定理：

定理 5-5　以二階導數判別函數圖形的凹性

設函數 $y = f(x)$ 在 (a, b) 內連續且具有二階導數 $f''(x)$，

(1) 若在 (a, b) 內 $f''(x) > 0$，則函數圖形 $y = f(x)$ 向上凹。

(2) 若在 (a, b) 內 $f''(x) < 0$，則函數圖形 $y = f(x)$ 向下凹。

例 17

討論下列函數的凹性：

(1) $f(x) = 3x^2 - 4x + 1$

(2) $f(x) = -x^2 + 6x + 5$

(3) $f(x) = x^3$

(1) $f'(x) = 6x - 4$，$f''(x) = 6 > 0$

故 f 在定義域 $(-\infty, \infty)$ 皆向上凹。

(2) $f'(x) = -2x + 6$，$f''(x) = -2 < 0$

故 f 在定義域 $(-\infty, \infty)$ 皆向下凹。

(3) $f'(x) = 3x^2$，$f''(x) = 6x$

故在 $(-\infty, 0)$ 內，$f''(x) < 0$，因此 f 是向下凹。

在 $(0, \infty)$ 內，$f''(x) > 0$，因此 f 是向上凹。

定義 5-6 反曲點

若函數 $f(x)$ 在點 $P(x_0, f(x_0))$ 的一側向上凹，在另一側向下凹，則稱點 $P(x_0, f(x_0))$ 是 f 的反曲點。如圖 5-13 所示。

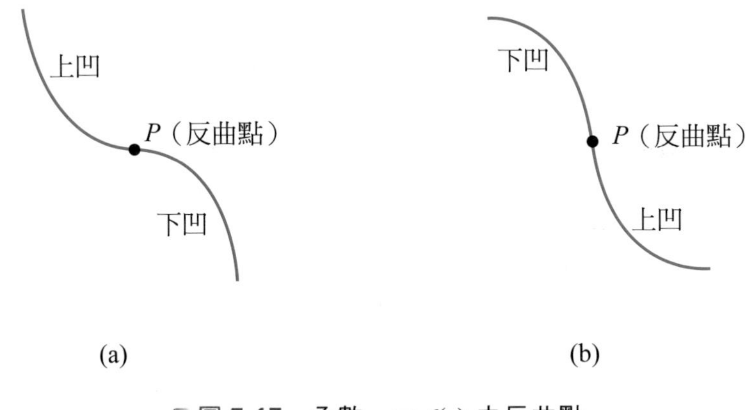

圖 5-13 函數 $y = f(x)$ 之反曲點

例 18

求函數 $f(x) = 2x^3 - 3x^2 + 4x + 1$ 的反曲點？

(1) 先求一階導函數：$f'(x)=6x^2-6x+4$

(2) 次求二階導函數：$f''(x)=12x-6$

(3) 找出二階導數為 0 的地方：令 $f''=12x-6=0$，得 $x=\frac{1}{2}$

(4) 將二階導數的正負區間列表：

x		$\frac{1}{2}$	
f''	$-$		$+$
f	下凹	$\frac{5}{2}$	上凹

(5) 由(4)知 $f(x)$ 在 $(-\infty，\frac{1}{2})$ 向下凹；在 $(\frac{1}{2}，\infty)$ 向上凹

故 $(\frac{1}{2}，\frac{5}{2})$ 是 $f(x)$ 的反曲點

例 19

求 $f(x)=x^4+4x^3-18x^2+4x-5$ 的反曲點？

(1) $f'=4x^3+12x^2-36x+4$

(2) $f''= 12x^2 + 24x - 36 = 12(x^2 + 2x - 3) = 12(x + 3)(x - 1)$

(3) 令 $f''= 12(x + 3)(x - 1) = 0$，得 $x = -3, 1$

(4) 列表：

x		-3		1	
f''	$+$		$-$		$+$
f	上凹	-206	下凹	-14	上凹

(5) 由(4)得反曲點為$(-3，-206)$與$(1，-14)$

例 18，19 兩題的求解過程中均利用了二階導數 f'' 為 0 的觀念去找尋反曲點，一個函數 $y = f(x)$ 之反曲點 $(x_0，f(x_0))$與二階導數 $f''(x_0) = 0$ 兩者之關係究竟如何，結論是反曲點之二階導數必為 0，但二階導數為 0 之點不一定是反曲點。故在例 18、19 當中雖利用 $f''= 0$ 找尋反曲點可能的值，但同時需配合函數的凹性，才能確定反曲點的存在。以上說明，如圖 5-14 所示：

反曲點 $(x_0，f(x_0))$ —一定成立→ 二階導數為 0，即 $f''(x_0) = 0$

二階導數為 0，即 $f''(x_0) = 0$ —不一定成立→ 反曲點 $(x_0，f(x_0))$

圖 5-14　函數 $y = f(x)$ 之反曲點與二階導數為 0 之關係

例 20

求 $f(x) = x^4 + 6x - 2$ 的反曲點？

(1) $f' = 4x^3 + 6$

(2) $f'' = 12x^2$

(3) 令 $f'' = 12x^2 = 0$，得 $x = 0$（重根）

(4) 列表：

x		0	
f''	+		+
f	上凹	-2	上凹

(5) 由(4)得f在$(-\infty, 0)$上凹，在$(0, \infty)$上凹

故 f 無反曲點

習　題　5-3

第一組

1. 討論下列函數的凹性與反曲點：

(1) $y = x^2$

(2) $y = x|x|$

(3) $y = x^4 + 4x^3$

(4) $y = \dfrac{1}{x^2 + 1}$

(5) $y = \dfrac{x - 1}{x^3}$

2. 設函數 $f(x) = x^3 + ax^2 - 4x + b$ 之反曲點為 $(2，1)$，求 a、b 各多少？

3. 設函數 $f(x) = x^4 - 4x^3 + 6ax^2 + 3$ 之圖形有反曲點時，求 a 的範圍？

第二組

1. 討論下列函數的凹性與反曲點：

(1) $y = x^3 + x^2 + x + 1$

(2) $y = x^2|x|$

(3) $y = \sqrt[3]{x}$

(4) $y = \dfrac{1}{x + 1}$

(5) $y = \dfrac{x}{x + 1}$

2. 設函數 $f(x) = -2x^3 + ax^2 + bx + 1$ 之反曲點為 $(-1，1)$，求 a、b 各多少？

3. 設函數 $f(x) = ax^4 + 4x^2 + 8$ 之圖形有反曲點時，求 a 的範圍？

5-4 函數圖形的描繪

當一個畫家在畫一幅人像畫時，通常都是用簡簡單單的幾個筆畫描繪出輪廓，再進行細部的寫真；同樣地，想要描繪出函數圖形的全貌，單靠傳統的描點法很容易失真，若能透過前面幾節所學的遞增、遞減、極值、凹性等觀念，必能快速掌握函數圖形的全貌。

函數圖形描繪的步驟如下：

(1) 先求$f'(x)$與$f''(x)$。

(2) 利用$f'(x)$的正負判斷遞增（減）區間與臨界點。

(3) 利用$f''(x)$的正負判斷凹性與反曲點。

(4) 在坐標平面上標出極大（小）點與反曲點。

(5) 利用步驟(2)、(3)連接各點。

例 21

畫出函數 $f(x)=-x^3+6x^2-3x+4$ 的圖形。

(1) $f'(x)=-3x^2+12x-3$

$f''(x)=-6x+12$

(2) 令 $f'(x)=-3x^2+12x-3=0$，得 $x=2\pm\sqrt{3}$

令 $f''(x)=-6x+12=0$，得 $x=2$

(3) 根據(1)、(2)列表如下：

x		$2-\sqrt{3}$		2		$2+\sqrt{3}$	
f'	$-$		$+$		$+$		$-$
f''	$+$		$+$		$-$		$-$
f	↘	極小	↗	反曲點	↗	極大	↘

(4) 由(3)得極小點為 $(2-\sqrt{3}，f(2-\sqrt{3}))=(2-\sqrt{3}，14-6\sqrt{3})$

極大點為 $(2+\sqrt{3}，f(2+\sqrt{3}))=(2+\sqrt{3}，14+6\sqrt{3})$

反曲點為 $(2，f(2))=(2，14)$

(5) 由(3)、(4)得函數圖形如下：

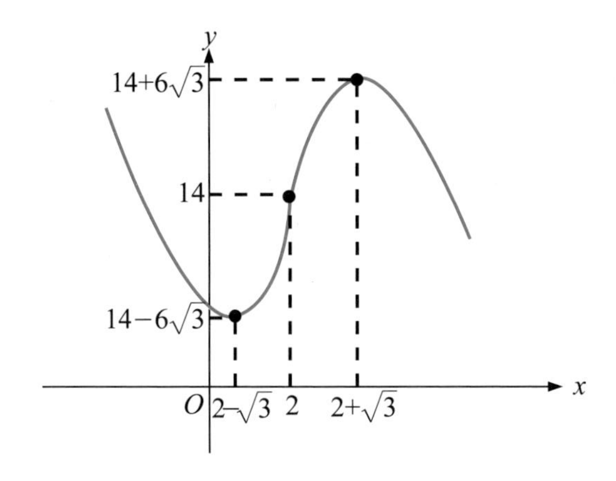

例 22

畫出 $f(x)=x^4-2x^2+1$ 的圖形。

(1) $f'(x)=4x^3-4x=4x(x^2-1)=4x(x+1)(x-1)$

$f''(x)=12x^2-4=4(3x^2-1)=4(\sqrt{3}x+1)(\sqrt{3}x-1)$

(2) 令 $f'(x)=4x(x+1)(x-1)=0$，得 $x=0$，± 1

令 $f''(x)=4(\sqrt{3}x+1)(\sqrt{3}x-1)=0$，得 $x=\pm\frac{1}{\sqrt{3}}$

(3) 根據(1)、(2)列表如下：

x		-1		$-\frac{1}{\sqrt{3}}$		0		$\frac{1}{\sqrt{3}}$		1	
f'	$-$		$+$		$+$		$-$		$-$		$+$
f''	$+$		$+$		$-$		$-$		$+$		$+$
f	↘	極小	↗	反曲點	↗	極大	↘	反曲點	↘	極小	↗

(4) 由(3)得極小點為 $(-1，f(-1))=(-1，0)$ 與 $(1，f(1))=(1，0)$

極大點為 $(0，f(0))=(0，1)$

反曲點為 $(-\frac{1}{\sqrt{3}}，f(-\frac{1}{\sqrt{3}}))=(-\frac{1}{\sqrt{3}}，\frac{4}{9})$ 與

$(\frac{1}{\sqrt{3}}，f(\frac{1}{\sqrt{3}}))=(\frac{1}{\sqrt{3}}，\frac{4}{9})$

(5) 由(3)、(4)得函數圖形如下：

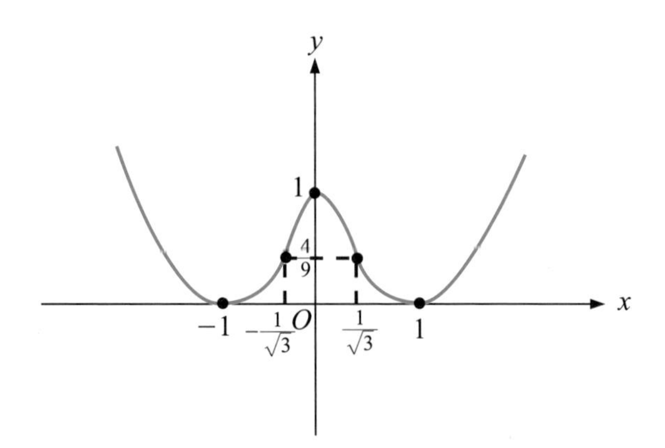

例 23

畫出 $f(x)=\dfrac{x^2+1}{x+1}$ 的圖形。

解

(1) $f'(x)=\dfrac{(x^2+1)'(x+1)-(x^2+1)(x+1)'}{(x+1)^2}=\dfrac{(2x)(x+1)-(x^2+1)(1)}{(x+1)^2}$

$=\dfrac{x^2+2x-1}{(x+1)^2}$

$f''(x)=\dfrac{(x^2+2x-1)'(x+1)^2-(x^2+2x-1)[(x+1)^2]'}{(x+1)^4}$

$=\dfrac{(2x+2)(x+1)^2-(x^2+2x-1)(2x+2)}{(x+1)^4}$

$=\dfrac{4(x+1)}{(x+1)^4}=\dfrac{4}{(x+1)^3}$

(2) 令 $f'(x)=0$，得 $x^2+2x-1=0$（因 $(x+1)^2\neq 0$），故 $x=-1\pm\sqrt{2}$

再觀察 $f(x)=\dfrac{x^2+1}{x+1}$，得臨界點為 -1，$-1\pm\sqrt{2}$

(3) 根據(1)、(2)列表如下：

x		$-1-\sqrt{2}$		-1		$1+\sqrt{2}$	
f'	$+$		$-$		$-$		$+$
f''	$-$		$-$		$+$		$+$
f	↗	極大	↘		↘	極小	↗

(4) 由(3)得極大點為 $(-1-\sqrt{2}，f(-1-\sqrt{2}))=(-1-\sqrt{2}，-2-2\sqrt{2})$

極小點為 $(-1+\sqrt{2}，f(-1+\sqrt{2}))=(-1+\sqrt{2}，-2+2\sqrt{2})$

且本題無反曲點，因 $f(-1)$ 無意義

(5) 在繪圖之前，本題尚需留意漸近線的問題

因　$f(x)=\dfrac{x^2+1}{x+1}=(x-1)+\dfrac{2}{x+1}$

且　$\lim\limits_{x\to\infty}[f(x)-(x-1)]=\lim\limits_{x\to\infty}\dfrac{2}{x+1}=0$

故　$y=x-1$ 為斜漸近線

又　$\lim\limits_{x\to-1}f(x)=\lim\limits_{x\to-1}[(x-1)+\dfrac{2}{x+1}]=\pm\infty$

故　$x=-1$ 為垂直漸近線

由(3)、(4)與上述漸近線之觀念可得函數圖形如下：

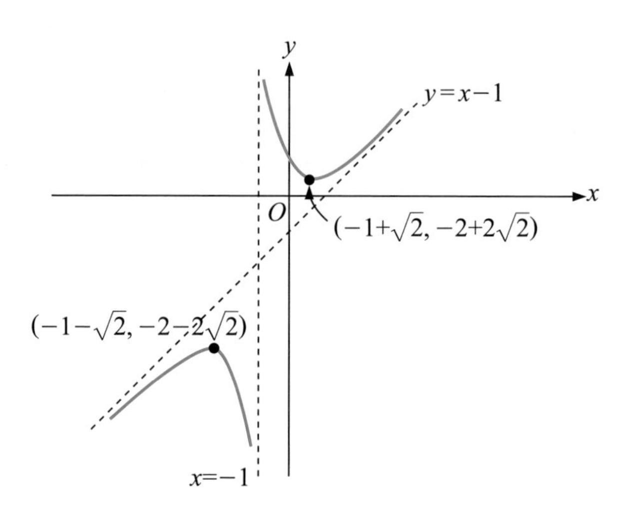
y
y=x−1
x
O
(−1+√2, −2+2√2)
(−1−√2, −2−2√2)
x=−1

習題 5-4

第一組

請根據遞增、遞減、極大、極小、凹性與反曲點等特徵畫出下列函數之圖形：

1. $y = 2x - 1$
2. $y = 3x^2 + 12x$
3. $y = \dfrac{1}{x - 4}$
4. $y = (x + 1)^{\frac{1}{2}}$
5. $y = (x + 1)(x + 2)(x + 3)$
6. $y = x^2$
7. $y = x|x|$
8. $y = x^4 + 4x^3$
9. $y = \dfrac{1}{x^2 + 1}$
10. $y = \dfrac{x - 1}{x^3}$

第二組

請根據遞增、遞減、極大、極小、凹性與反曲點等特徵畫出下列函數之圖形：

1. $y = -x + 6$
2. $y = -x^2 + 2x + 4$
3. $y = \dfrac{x - 1}{x + 1}$
4. $y = (1 - x)^{\frac{1}{3}}$
5. $y = (x + 1)(x - 1)(x + 2)(x - 2)$
6. $y = x^3 + x^2 + x + 1$
7. $y = x^2|x|$
8. $y = \sqrt[3]{x}$
9. $y = \dfrac{1}{x + 1}$
10. $y = \dfrac{x}{x + 1}$

5-5 不定型極限與羅必達法則

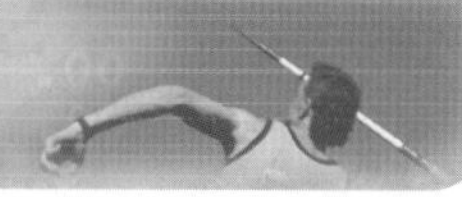

在第三章曾經提過極限 $\lim\limits_{x\to x_0}\dfrac{f(x)}{g(x)}$的求法：

(1) 若 $\lim\limits_{x\to x_0}g(x)=L\neq 0$，$\lim\limits_{x\to x_0}f(x)=M$，則 $\lim\limits_{x\to x_0}\dfrac{f(x)}{g(x)}=\dfrac{M}{L}$

(2) 若 $\lim\limits_{x\to x_0}g(x)=0$，$\lim\limits_{x\to x_0}f(x)=M\neq 0$，則 $\lim\limits_{x\to x_0}\dfrac{f(x)}{g(x)}$不存在

(3) 若 $\lim\limits_{x\to x_0}g(x)=0$，$\lim\limits_{x\to x_0}f(x)=0$，則 $\lim\limits_{x\to x_0}\dfrac{f(x)}{g(x)}$ 叫做 $\dfrac{0}{0}$ 的不定型極限，此極限一般可以透過代數技巧（如約分公因式或有理化）求解，但最後的極限值可能存在，也可能不存在。

常見的不定型極限類型除了 $\dfrac{0}{0}$ 的型式以外，尚有$\dfrac{\infty}{\infty}$的型式，對於這兩類的不定型極限的求解，如果只依賴代數技巧求解往往過於繁瑣，而羅必達法則（L'Hospital's rule）就提供了一個較為簡便的方法來處理這些不定型極限的問題。

定理 5-6 羅必達法則

(1) 若 $\lim\limits_{x\to x_0}f(x)=\lim\limits_{x\to x_0}g(x)=0$ 且 $\lim\limits_{x\to x_0}\dfrac{f'(x)}{g'(x)}$ 存在（或等於$\pm\infty$）

則 $\lim\limits_{x\to x_0}\dfrac{f(x)}{g(x)}=\lim\limits_{x\to x_0}\dfrac{f'(x)}{g'(x)}$

(2) 若 $\lim\limits_{x\to x_0}f(x)=\lim\limits_{x\to x_0}g(x)=\pm\infty$ 且 $\lim\limits_{x\to x_0}\dfrac{f'(x)}{g'(x)}$ 存在（或等於$\pm\infty$）

則 $\lim\limits_{x\to x_0}\dfrac{f(x)}{g(x)}=\lim\limits_{x\to x_0}\dfrac{f'(x)}{g'(x)}$

當使用羅必達法則，必須注意以下事項：

1. 將 $x \to x_0$ 改成 $x \to x_0^-$，$x \to x_0^+$，$x \to \infty$，$x \to -\infty$時，羅必達法則仍然適用。
2. 要符合條件 $\lim\limits_{x \to x_0} \frac{f'(x)}{g'(x)}$ 存在或 $\lim\limits_{x \to x_0} \frac{f'(x)}{g'(x)} = \pm\infty$ 時，才適用羅必達法則。當 $\lim\limits_{x \to x_0} \frac{f'(x)}{g'(x)}$不存在（$\pm\infty$ 除外）時，不適用羅必達法則，此時 $\lim\limits_{x \to x_0} \frac{f(x)}{g(x)}$ 的求解需另尋其他方法。
3. 若 $\lim\limits_{x \to x_0} \frac{f'(x)}{g'(x)}$ 仍為不定型極限，且 $\lim\limits_{x \to x_0} \frac{f''(x)}{g''(x)}$ 存在（或等於$\pm\infty$），則可再使用羅必達法則。

例 24

$\lim\limits_{x \to 1} \frac{x^2-1}{x-1} = ?$

本題判斷為 $\frac{0}{0}$ 的不定型極限

解 1：運用約分公因式

$$\lim_{x \to 1} \frac{x^2-1}{x-1} = \lim_{x \to 1} \frac{(x+1)(x-1)}{x-1} = \lim_{x \to 1}(x+1) = 1+1 = 2$$

解 2：運用羅必達法則

$$\lim_{x \to 1} \frac{x^2-1}{x-1} = \lim_{x \to 1} \frac{(x^2-1)'}{(x-1)'} = \lim_{x \to 1} \frac{2x}{1} = 2$$

例 25

$$\lim_{x\to 2}\frac{3x-6}{\sqrt{x}-\sqrt{2}}=?$$

本題判斷為 $\frac{0}{0}$ 的不定型極限

解 1：運用分母有理化

$$\lim_{x\to 2}\frac{3x-6}{\sqrt{x}-\sqrt{2}}=\lim_{x\to 2}\frac{(\sqrt{x}+\sqrt{2})(3x-6)}{(\sqrt{x}+\sqrt{2})(\sqrt{x}-\sqrt{2})}$$

$$=\lim_{x\to 2}\frac{3(\sqrt{x}+\sqrt{2})(x-2)}{x-2}=\lim_{x\to 2}3(\sqrt{x}+\sqrt{2})=6\sqrt{2}$$

解 2：運用羅必達法則

$$\lim_{x\to 2}\frac{3x-6}{\sqrt{x}-\sqrt{2}}=\lim_{x\to 2}\frac{(3x-6)'}{(\sqrt{x}-\sqrt{2})'}=\lim_{x\to 2}\frac{3-0}{\frac{1}{2\sqrt{x}}-0}=\frac{3}{\frac{1}{2\sqrt{2}}}=6\sqrt{2}$$

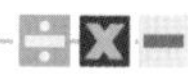

例 26

$$\lim_{x\to\infty}\frac{6x^2-x+1}{2x^2+4x+7}=?$$

本題判斷為 $\frac{\infty}{\infty}$ 的不定型極限，運用羅必達法則可得

$$\lim_{x\to\infty}\frac{6x^2-x+1}{2x^2+4x+7}=\lim_{x\to\infty}\frac{(6x^2-x+1)'}{(2x^2+4x+7)'}$$（使用羅必達法則）

$$=\lim_{x\to\infty}\frac{12x-1}{4x+4}$$（仍屬 $\frac{\infty}{\infty}$ 的不定型極限）

$$=\lim_{x\to\infty}\frac{(12x-1)'}{(4x+4)'}$$（再使用羅必達法則）

$$=\lim_{x\to\infty}\frac{12}{4}$$

$$=3$$

例 27

$$\lim_{x\to\infty}\frac{x^3+x^2+x+1}{x^2+x+1}=?$$

$$\lim_{x\to\infty}\frac{x^3+x^2+x+1}{x^2+x+1}$$（屬 $\frac{\infty}{\infty}$ 不定型極限）

$$=\lim_{x\to\infty}\frac{(x^3+x^2+x+1)'}{(x^2+x+1)'}$$（使用羅必達法則）

$$=\lim_{x\to\infty}\frac{3x^2+2x+1}{2x+1}$$（屬 $\frac{\infty}{\infty}$ 不定型極限）

$$=\lim_{x\to\infty}\frac{(3x^2+2x+1)'}{(2x+1)'}$$（使用羅必達法則）

$$=\lim_{x\to\infty}\frac{6x+2}{2}$$

$$=\lim_{x\to\infty}(3x+1)$$

$$=\infty$$（或稱不存在）

$\lim_{x \to 0} \frac{\sin x}{x} = ?$

本題屬 $\frac{0}{0}$ 的不定型極限

故 $\lim_{x \to 0} \frac{\sin x}{x} = \lim_{x \to 0} \frac{(\sin x)'}{x'} = \lim_{x \to 0} \frac{\cos x}{1} = \cos 0 = 1$

不定型極限除了 $\frac{0}{0}$ 與 $\frac{\infty}{\infty}$ 兩種類型以外，尚有 $0 \cdot (\pm\infty)$，$\infty - \infty$，0°，$(\pm\infty)^{\circ}$，$1^{\pm\infty}$ 等類型，對於這些不定型極限若欲求解，必須要先轉換成 $\frac{0}{0}$ 或 $\frac{\infty}{\infty}$ 的形式，方可使用羅必達法則。

$\lim_{x \to 0^{+}} (x \cdot \ln x) = ?$

本題為 $0 \cdot (-\infty)$ 的不定型極限，須先轉換為 $\frac{0}{0}$ 或 $\frac{\infty}{\infty}$ 的形式後，方可使用羅必達法則求解。

$$\lim_{x\to 0^+}(x \cdot \ln x) = \lim_{x\to 0^+}\frac{\ln x}{\frac{1}{x}} \quad (\frac{-\infty}{\infty}\text{ 不定型極限})$$

$$= \lim_{x\to 0^+}\frac{(\ln x)'}{(\frac{1}{x})'} \quad (\text{羅必達法則})$$

$$= \lim_{x\to 0^+}\frac{\frac{1}{x}}{-\frac{1}{x^2}}$$

$$= \lim_{x\to 0^+}(-x)$$

$$= 0$$

例 30

$\lim_{x\to\infty}(x \cdot e^{-x}) = ?$

本題為∞・0 的不定型極限，須先轉換為 $\frac{0}{0}$ 或 $\frac{\infty}{\infty}$ 的型式後，方可使用羅必達法則求解。

$$\lim_{x\to\infty}(x \cdot e^{-x}) = \lim_{x\to\infty}\frac{x}{e^x} \quad (\frac{\infty}{\infty}\text{ 不定型極限})$$

$$= \lim_{x\to\infty}\frac{x'}{(e^x)'} \quad (\text{羅必達法則})$$

$$= \lim_{x\to\infty}\frac{1}{e^x} = 0$$

例 31

$\lim\limits_{x\to\frac{\pi}{2}}(\sec x-\tan x)=$ ？

$\lim\limits_{x\to\frac{\pi}{2}}(\sec x-\tan x)$ （∞－∞ 不定型極限）

$=\lim\limits_{x\to\frac{\pi}{2}}(\frac{1}{\cos x}-\frac{\sin x}{\cos x})$

$=\lim\limits_{x\to\frac{\pi}{2}}\frac{1-\sin x}{\cos x}$ （$\frac{0}{0}$ 不定型極限）

$=\lim\limits_{x\to\frac{\pi}{2}}\frac{(1-\sin x)'}{(\cos x)'}$ （羅必達法則）

$=\lim\limits_{x\to\frac{\pi}{2}}\frac{0-\cos x}{-\sin x}$ （三角函數微分：$(\sin x)'=\cos x$，$(\cos x)'=-\sin x$）

$=\lim\limits_{x\to\frac{\pi}{2}}\frac{\cos x}{\sin x}$

$=\frac{\cos\frac{\pi}{2}}{\sin\frac{\pi}{2}}$

$=\frac{0}{1}$

$=0$

例 32

$\lim_{x\to\infty}(1+\frac{1}{x^2})^x=?$

$\lim_{x\to\infty}(1+\frac{1}{x^2})^x$為$1^\infty$的不定型極限，欲化成$\frac{0}{0}$或$\frac{\infty}{\infty}$的型式，需借助對數的觀念：

(1) $\ln a^x=x\cdot\ln a$

(2) $e^{\ln a}=a$

令 $y=\ln(1+\frac{1}{x^2})^x=x\ln(1+\frac{1}{x^2})$

則 $\lim_{x\to\infty}y=\lim_{x\to\infty}x\ln(1+\frac{1}{x^2})$　（$\infty\cdot 0$不定型極限）

$=\lim_{x\to\infty}\frac{\ln(1+\frac{1}{x^2})}{\frac{1}{x}}$　（$\frac{0}{0}$不定型極限）

$=\lim_{x\to\infty}\frac{[\ln(1+\frac{1}{x^2})]'}{(\frac{1}{x})'}$　（羅必達法則）

$=\lim_{x\to\infty}\frac{\frac{\frac{-2}{x^3}}{1+\frac{1}{x^2}}}{-\frac{1}{x^2}}$　（利用$(\ln f)'=\frac{f'}{f}$）

$$= \lim_{x\to\infty}\frac{2x}{x^2+1} \quad （\frac{\infty}{\infty}\text{ 不定型極限}）$$

$$= \lim_{x\to\infty}\frac{(2x)'}{(x^2+1)'}$$

$$= \lim_{x\to\infty}\frac{2}{2x} = 0$$

因 $a = e^{\ln a}$，故 $\lim\limits_{x\to\infty}(1+\frac{1}{x^2})^x = \lim\limits_{x\to\infty} e^{\ln(1+\frac{1}{x^2})^x} = \lim\limits_{x\to\infty} e^y = e^0 = 1$

例 33

$$\lim_{x\to\infty}\frac{x-\sin x}{x} = ?$$

因 $\lim\limits_{x\to\infty}\frac{x-\sin x}{x}$ 為 $\frac{\infty}{\infty}$ 不定型極限，

故以羅必達法則嚐試解出：

試解：$\lim\limits_{x\to\infty}\frac{x-\sin x}{x} = \lim\limits_{x\to\infty}\frac{(x-\sin x)'}{x'} = \lim\limits_{x\to\infty}\frac{1-\cos x}{1}$ 不存在

但因結果為不存在（非 $\pm\infty$），故羅必達法則對於本題並不適用，需另尋其他方法加以解答：

$$\lim_{x\to\infty}\frac{x-\sin x}{x} = \lim_{x\to\infty}(1-\frac{\sin x}{x}) = 1-0 = 1$$

故本題極限值為 1。

習　題　5-5

第一組

求下列極限：

1. $\lim\limits_{x\to 2}\dfrac{x^2+x-6}{3x^2-7x+2}$

2. $\lim\limits_{x\to \infty}\dfrac{-x^3+100}{4x^3+3x^2-x+6}$

3. $\lim\limits_{x\to 0}\dfrac{\sin 2x}{4x}$

4. $\lim\limits_{x\to 0}\dfrac{\cos^4 x-1}{x^2}$

5. $\lim\limits_{x\to \infty}x^2e^x$

6. $\lim\limits_{x\to 1^+}\left(\dfrac{x}{x-1}-\dfrac{\sqrt{x}+1}{x^2-1}\right)$

7. $\lim\limits_{x\to 0^+}x^x$（提示：$x^x=e^{\ln x^x}=e^{x\ln x}$）

8. $\lim\limits_{x\to \infty}\left(1+\dfrac{3}{x}\right)^x$

9. $\lim\limits_{x\to 0}\left(\dfrac{1}{\sin x}-\dfrac{1}{x}\right)$

10. $\lim\limits_{x\to 1}\dfrac{e^x-e}{x-1}$

第二組

求下列極限：

1. $\lim\limits_{x\to-1}\dfrac{x^2-3x-4}{x^2+3x+2}$

2. $\lim\limits_{x\to-\infty}\dfrac{1-2x}{3x+1}$

3. $\lim\limits_{x\to0}\dfrac{e^{5x}}{2x}$

4. $\lim\limits_{x\to0}\dfrac{1-\cos x}{x^2}$

5. $\lim\limits_{x\to\infty}\dfrac{\ln 2x}{\sqrt{x}}$

6. $\lim\limits_{x\to\infty}(x-\sqrt{x^2+x})$

7. $\lim\limits_{x\to\infty}x^{\frac{1}{x}}$（提示：$x^{\frac{1}{x}}=e^{\ln x^{\frac{1}{x}}}=e^{\frac{\ln x}{x}}$）

8. $\lim\limits_{x\to0}(1-\cos x)^x$

9. $\lim\limits_{x\to0}(1+3x)^{\frac{1}{2x}}$

10. $\lim\limits_{x\to\infty}\dfrac{x^{10}}{e^x}$

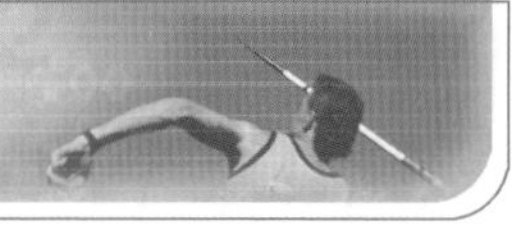

5-6 變化率

對於函數 $y = f(x)$ 而言，x 為自變量，y 為應變量。而所謂的變化率(Rate of change)指的就是兩個量彼此之間變化的比率，一般可分為平均變化率 $\frac{\Delta y}{\Delta x}$(Average rate of change) 與瞬時變化率 $\lim_{\Delta x \to 0}\frac{\Delta y}{\Delta x}$(Instantaneous rate of change) 兩種，當提到變化率時，若未特別指明平均變化率，則一般皆把變化率當成瞬時變化率來處理。這些觀念如圖 5-15 所示：

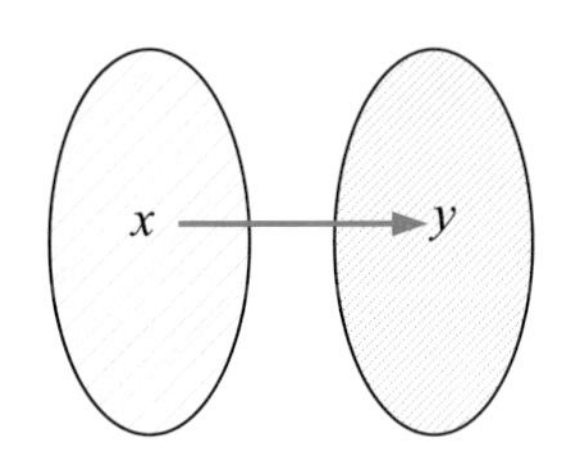

(1)函數 $y = f(x)$

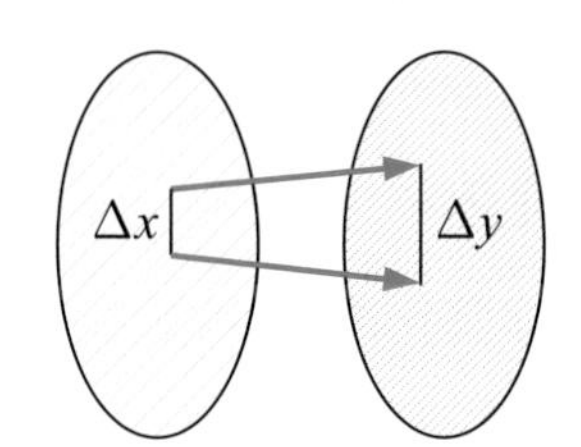

(2)平均變化率 $\frac{\Delta y}{\Delta x}$

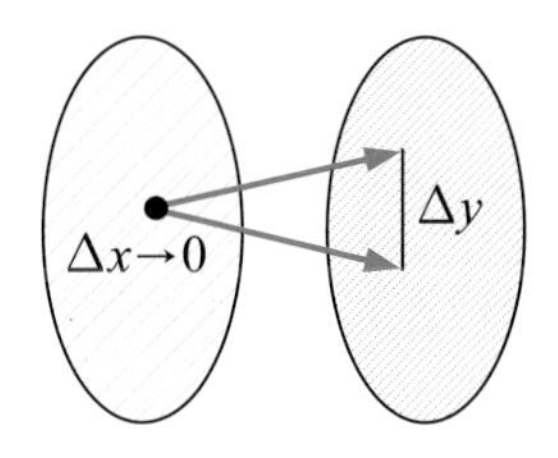

(3)瞬時變化率 $\lim_{\Delta x \to 0}\frac{\Delta y}{\Delta x}$

圖 5-15　變化率的意義

如果從因果關係來看函數，自變量 x 好比是因，應變量 y 好比是果。此時變化率指的就是因、果彼此之間變化的比率，如此一來，平均變化率可看成是果變化量對因變化量的比率，瞬時變化率可看成是果變化量對因微小變化量的比率。古語有云「差之毫釐，失之千里」，「差之毫釐」代表「因微小變化量」，「失之千里」代表「果變化量」，而「千里對毫釐的比值」代表一種「瞬時變化率」。這些觀念如圖 5-16 所示：

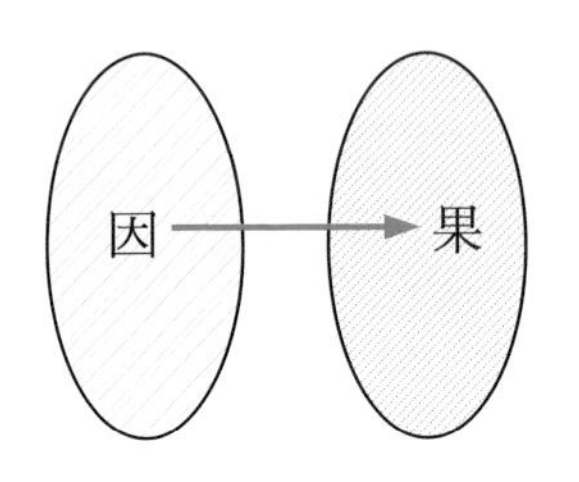

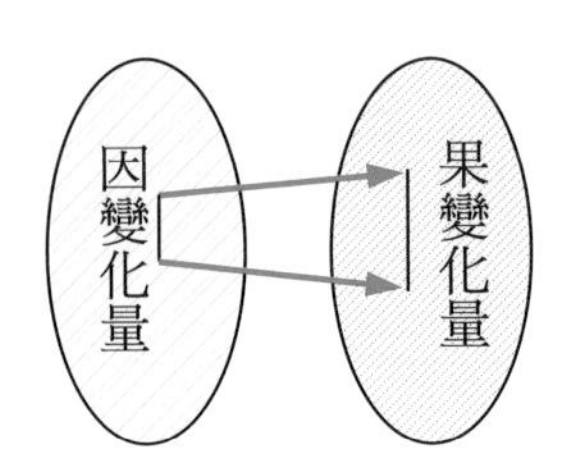

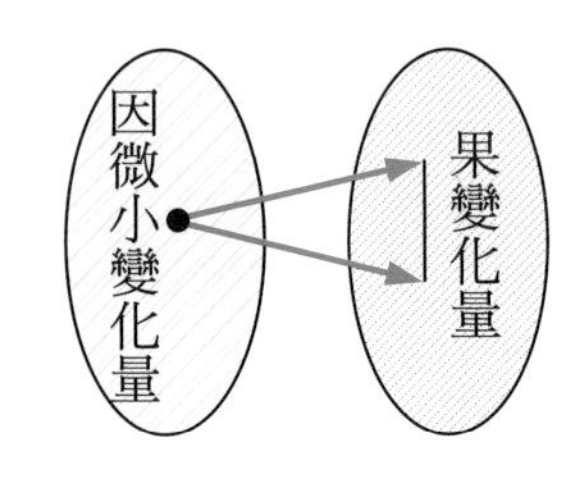

(1) 函數　果 $= f$（因）　(2) 平均變化率 $= \dfrac{\text{果變化量}}{\text{因變化量}}$　(3) 瞬時變化率 $= \dfrac{\text{果變化量}}{\text{因微小變化量}}$

■ 圖 5-16　從因果關係來看變化率

現實生活中平均變化率 $\dfrac{\triangle y}{\triangle x}$ 較易求得，但瞬時變化率 $\lim\limits_{\triangle x \to 0} \dfrac{\triangle y}{\triangle x}$ 因涉及到極限問題較難求得，還好導數的原意就是瞬時變化率，而微分為求導數的過程，故可利用微分來求瞬時變化率。

以下介紹一些有關於瞬時變化率的例子：

1. 瞬時速度 v 為位移 S 對時間 t 的瞬時變化率，以符號表示為 $v = \lim\limits_{\Delta t \to 0} \dfrac{\Delta S}{\Delta t} = S'$
2. 瞬時加速度 a 為速度 v 對時間 t 的瞬時變化率，以符號表示為 $a = \lim\limits_{\Delta t \to 0} \dfrac{\Delta v}{\Delta t} = v'$
3. 邊際成本函數 MC 為成本 C 對產量 q 的瞬時變化率，以符號表示為
   $MC = \lim\limits_{\Delta q \to 0} \dfrac{\Delta C}{\Delta q} = C'$
4. 邊際收入函數 MR 為收入 R 對消費量 q 的瞬時變化率，以符號表示為
   $MR = \lim\limits_{\Delta q \to 0} \dfrac{\Delta R}{\Delta q} = R'$
5. 邊際利潤函數 MP 為利潤 P 對產銷量 q 的瞬時變化率，以符號表示為
   $MP = \lim\limits_{\Delta q \to 0} \dfrac{\Delta P}{\Delta q} = P'$
6. 電流 I 為電量 Q 對時間 t 的瞬時變化率，以符號表示為
   $I = \lim\limits_{\Delta t \to 0} \dfrac{\Delta Q}{\Delta t} = Q'$

例 34

某人高 1.5(m)以0.5(m/s)的速率走向一個高4.5(m)的街燈，求他的影子頂端的移動速率？

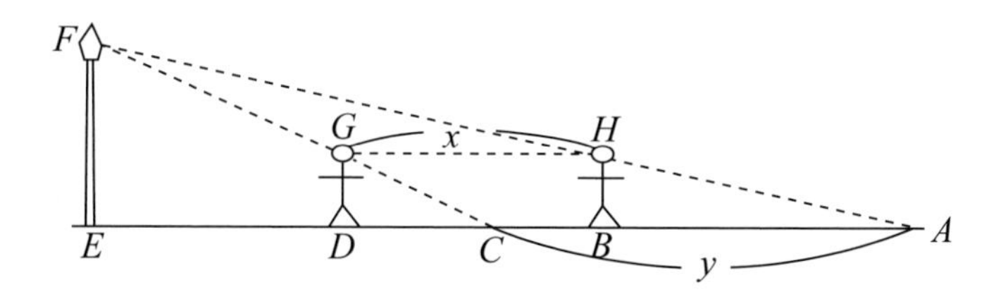

圖 5-17

設人位於 B 處，則影子頂端在 A 處

當人走到 D 處，則影子頂端在 C 處

此時人的位移為 $\overline{GH}$（設為 x），影子頂端的位移為$\overline{AC}$（設為 y）

觀察 ΔAEF，因 $\overline{BH}//\overline{EF}$，可得 $\dfrac{\overline{BH}}{\overline{EF}}=\dfrac{\overline{AH}}{\overline{AF}}$，故 $\overline{AH}:\overline{AF}=1.5:4.5=1:3$

觀察 ΔACF，因 $\overline{GH}//\overline{AC}$，可得 $\dfrac{\overline{GH}}{\overline{AC}}=\dfrac{\overline{FH}}{\overline{AF}}$，故 $\overline{GH}:\overline{AC}=x:y=2:3$

由 $x:y=2:3$，可得 $y=\dfrac{3}{2}x$，上式兩邊同時對 t 微分得 $\dfrac{dy}{dt}=\dfrac{3}{2}\dfrac{dx}{dt}$，

因 $\dfrac{dy}{dt}$ 為影之位移對時間變率，$\dfrac{dx}{dt}$ 為人之位移對時間變率，故 $\dfrac{dy}{dt}$ 即是影之速率 $v_{影}$，$\dfrac{dx}{dt}$ 即是人之速率 $v_{人}$，故 $v_{影}=\dfrac{3}{2}v_{人}=\dfrac{3}{2}\times 0.5=0.75\text{(m/s)}$

例 35

一個立方體受熱膨脹，若各邊長的膨脹速率均為 $v_{邊長} = 2t + 1(cm/s)$（t為時間），且已知在 $t = 1(s)$ 時，邊長 $S = 10(cm)$，試求在 $t = 1(s)$ 時此立方體之體積的膨脹速率 $v_{體積}$ 與膨脹加速率 $a_{體積}$？

由立方體的體積等於邊長之立方，

可得　$V = S^3$

上式兩邊同時對 t 微分

可得體積膨脹速率　$v_{體積} = V' = 3 \cdot S^2 \cdot S' = 3 \cdot S^2 \cdot v_{邊長} = 3 \cdot S^2 \cdot (2t + 1)$

再對 t 微分

可得體積膨脹加速率

$$
\begin{aligned}
a_{體積} &= [3 \cdot S^2 \cdot (2t + 1)]' \\
&= 3[(S^2)'(2t + 1) + S^2(2t + 1)'] \\
&= 3[(2SS')(2t + 1) + 2S^2] \\
&= 3[2S(2t + 1)^2 + 2S^2]
\end{aligned}
$$

故在 $t = 1(s)$ 之 $v_{體積} = 3 \cdot 10^2 \cdot (2 \cdot 1 + 1) = 900(cm^3/s)$

在 $t = 1(s)$ 之 $a_{體積} = 3[2 \cdot 10 \cdot 3^2 + 2 \cdot 10^2] = 1140(cm^3/s^2)$

例 36

試證明：「廠商獲得的最大利潤發生在邊際成本等於邊際收入之時」。

利潤＝收入減成本

即　$P = R - C$

將上式同時對產量q微分

得　$P' = R' - C'$

因 P 的最大值發生在 $P' = 0$ 之處

即最大利潤發生在 $R' - C' = 0$ 之處

此時 $R' = C'$，即邊際成本等於邊際收入

例 37

某導線在時刻 t 之電量 $Q = 5\sin(2t-1)$，則電流最大會是多少？

電流 $I = \dfrac{dQ}{dt} = [5\sin(2t-1)]' = 5(2t-1)'\cos(2t-1) = 10\cos(2t-1)$

因 cos 函數的最大值為 1

故電流最大值 $I_{max} = 10 \times 1 = 10$（單位）

（註：$(\sin f)' = f'\cos f$）

習 題 5-6

第一組

1. 某人吹一氣球，若每秒吹入 100 立方公分的氣體，則當氣球半徑為 5 公分時，氣球表面積增加的速率。

2. 某種細菌一開始的數量是 1000 隻，經過 t 小時之後，細菌總數變成 $P(t)$ 的數量，且 $P(t) = 1000(1 + 0.2t + t^2)$，則
   (1) 細菌總數量 P 對時間 t 的變率為何？（此即生長率）
   (2) 經過 10 小時後，細菌總量為何？
   (3) 在第 10 小時的生長率為何？

3. 已知某商品之成本函數為 $C(q) = 0.01q^2 - 0.4q + 50$，收入函數為 $R(q) = 6q$，求下列各項：（q 為該商品之產銷量）
   (1) 利潤函數 $P(q)$
   (2) $C(100)$，$R(100)$ 與 $P(100)$
   (3) $C'(q)$，$R'(q)$ 與 $P'(q)$
   (4) $C'(100)$，$R'(100)$ 與 $P'(100)$
   (5) 說明(2)、(4)各項所代表之意義。
   (6) 最低成本發生在產銷量 q 為多少時？
   (7) 最大利潤發生在產銷量 q 為多少時？
   (8) 比較(6)、(7)兩項之差異並說明最低成本與最大利潤發生時機可能不同的原因。

4. 某導線之電量 Q（單位：庫倫）與時間 t（單位：秒）之關係為 $Q(t) = -2t^2 + 12t + 5$，求下列各項：

(1) 電流函數 $I(t)$（電流為電量對時間之變率）。

(2) 時間一開始之電量與電流。

(3) 在哪個時刻電流會是零？

第二組

1. 某物之位移函數為 $S(t) = t^3 - 6t^2$，其中時間 t 之單位為秒，位移 S 之單位為公分，求下列各項：

(1) 速度函數 $V(t)$。

(2) 加速度函數 $a(t)$。

(3) 時間一開始之位移、速度、加速度。

(4) 在 $t = 10$（秒）之位移、速度、加速度。

(5) 位移、速度、加速度三者由負變正或由正變負的轉折時間分別在何處？

(6) 解釋(5)之位移、速度、加速度之正負變化在物體之運動狀態上的意義。

2. 某人有一圓形的傷口，傷口半徑 r（公分）與時間 t（天）之關係為

$r = -\frac{1}{9}t^2 + 4$，求下列各項：

(1) 半徑 r 對時間 t 的變率 r'。

(2) 面積 A 對時間 t 的變率 A'。

(3) 在 $t = 3$（天）時之 r'，A'。

(4) 解釋(3)之 r'，A' 為負代表什麼意義？

(5) 經過幾天此傷口會癒合？

3. 典型的成本函數 $C(q)$ 與邊際成本函數 $C'(q)$（q 為產量），分別如圖 a 與圖 b 所示，請根據這兩個圖形，回答下列問題：

(1) $C(0)$ 大於 0，是否有何經濟上的意義？

(2) $C'(q_0)$ 為 0，有何經濟上的意義？

(3) C' 圖形先遞減，經過 q_0 後，再遞增，又有何經濟上的意義？

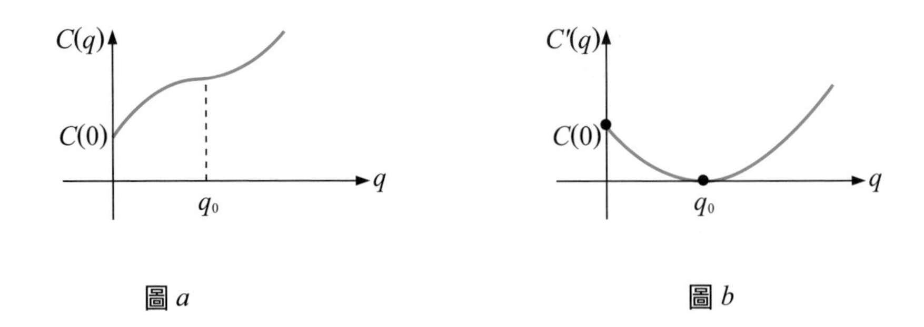

圖 a　　　　圖 b

4. 設某病人的體溫 T(℃) 與時間 t（天）之關係為 $T=-0.1t^2+0.8t+37.5$

(1) 體溫對時間的變化率 $T'(t)$？

(2) 在第 4 天的體溫？

(3) 在第 4 天的體溫變率？

(4) $T'(t)$ 這個函數對醫生的診斷是否有幫助，為什麼？

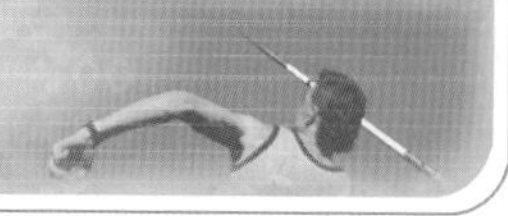

5-7 一次近似

在前面的章節中我們一直將符號$\frac{dy}{dx}$視為一個整體，但在討論近似值時，有必要將符號dx與dy分開來討論。

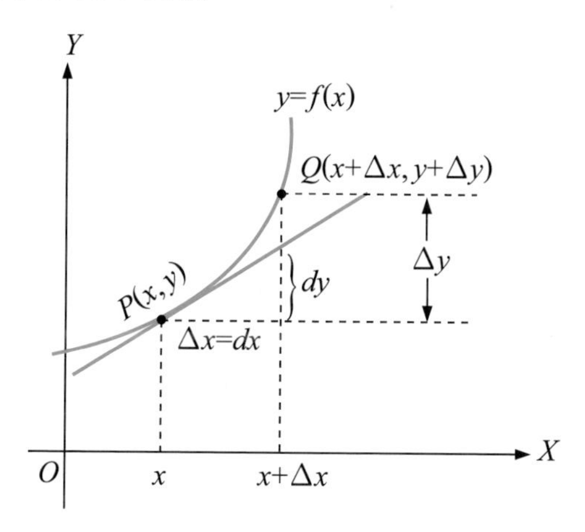

圖 5-18　一次近似

如圖 5-17 所示，$P(x，y)$ 與 $Q(x+\Delta x，y+\Delta y)$ 為函數 $y=f(x)$ 圖形上相鄰的兩點，當 Q 點十分靠近 P 點時，此時 x 的變化量 Δx 趨近於 0（即 $\Delta x\to 0$），此時 Δx 可以 dx 表示，即當 $\Delta x\to 0$ 時，$\Delta x=dx$。P，Q 兩點之間 y 的變化量以 Δy 表示，而沿著切線之 y 的變化量以 dy 表示，當 $\Delta x\to 0$ 時，$\Delta y\to dy$。又 $f'(x)$ 代表切線斜率，從斜率的定義可知$f'(x)=\frac{dy}{dx}$，由此可得 $dy=f'(x)dx$ 之關係。上述說法整理如下：

(1) 當 $\Delta x\to 0$ 時，則

$\Delta y\to dy=f'(x)dx$ .... (1)式

(2) 當 Δx 甚小時（但未趨近於 0），則

$\Delta y \simeq dy = f'(x)dx$ ……………………………………………………(2)式

對於(2)式可進一步整理，因 $\Delta y = f(x + \Delta x) - f(x)$ ，故(2)式可改寫成

$f(x + \Delta x) \simeq f(x) + f'(x)dx$ ……………………………………………(3)式

其中(2)式與(3)式皆稱之為 $y = f(x)$ 之一次近似(Linear Approximation)，一次近似所代表的意義即當自變量 x 產生微小的變化量 $\Delta x = dx$ 時，應變量 y 的變化量 Δy 可以用沿著切線上之y的變化量 dy 來當作近似值。

設 $f(x) = x^3$，求：

(1) $f(2.15)$ (2) $f(2.15)$在 $x = 2$ 的一次近似值 (3) $f(2.05)$

(4) $f(2.05)$在 $x = 2$ 的一次近似值。

(1) $f(2.15) = 2.15^3 = 9.938375$

(2) 由 $f(x) = x^3$，得 $f'(x) = 3x^2$

取 $x = 2$，$\triangle x = dx = 0.15$ 代入 $f(x+\triangle x) \simeq f(x) + f'(x)dx$

得 $f(2.15) = f(2 + 0.15) \simeq f(2) + 3 \cdot 2^2 \cdot 0.15 = 8 + 1.8 = 9.8$

(3) $f(2.05) = 2.05^3 = 8.615125$

(4) 取 $x = 2$，$\triangle x = dx = 0.05$ 代入 $f(x + \triangle x) \simeq f(x) + f'(x)dx$

得 $f(2.05) = f(2 + 0.05) \simeq f(2) + 3 \cdot 2^2 \cdot 0.05 = 8+0.6 = 8.6$

由例 38 可看出當$\triangle x$愈接近 0 時，所得到的一次近似值愈精確。

例 39

求$\sqrt[4]{10008}$的一次近似值？

設　$f(x)=\sqrt[4]{x}=x^{\frac{1}{4}}$

則　$f'(x)=\frac{1}{4}x^{-\frac{3}{4}}=\frac{1}{4\sqrt[4]{x^3}}$

取　$x=10000$，$\triangle x=dx=8$　代入　$f(x+\triangle x)\simeq f(x)+f'(x)dx$

得　$\sqrt[4]{10008}=f(10008)=f(10000+8)\simeq f(10000)+f'(10000)\cdot 8$

$$=\sqrt[4]{10000}+\frac{1}{4\sqrt[4]{10000^3}}\cdot 8$$

$$=10+\frac{8}{4\cdot 10^3}$$

$$=10.002$$

前面已經提過 dx 與 dy 的幾何意義，接下來我們來看看它們在微分上的一些定義：

定義 5-7

設函數 $y=f(x)$ 在 x 處可微分

(1) 自變數 x 的微分為 dx

(2) 應變數 y 的微分為 dy，且 $dy=f'(x)dx$

上述定義乃是將微分當作名詞來看，函數 $y = f(x)$ 的微分定義為 $dy = f'(x)dx$。而在第四章提到導函數時，則是將微分當作動詞來看，函數 $y = f(x)$ 對 x 微分得到導函數 $f'(x) = \frac{dy}{dx}$。

因此第四章所提到的求導函數的種種法則也可以改寫成另一種類似的微分法則，茲將兩者之對照列表如下：

導函數法則	微分法則
1. $\frac{dk}{dx} = 0$	1. $dk = 0$
2. $\frac{dku}{dx} = k\frac{du}{dx}$	2. $d(ku) = kdu$
3. $\frac{d(u+v)}{dx} = \frac{du}{dx} + \frac{dv}{dx}$	3. $d(u+v) = du + dv$
4. $\frac{d(uv)}{dx} = u\frac{dv}{dx} + v\frac{du}{dx}$	4. $d(uv) = udv + vdu$
5. $\frac{d(u/v)}{dx} = \frac{v(du/dx) - u(dv/dx)}{v^2}$	5. $d(\frac{u}{v}) = \frac{vdu - udv}{v^2}$
6. $\frac{d(u^n)}{dx} = nu^{n-1} = \frac{du}{dx}$	6. $du^n = nu^{n-1}du$

例 40

設 $y = f(x) = 6x^2 - 14x + 8$，求

(1) $dy = ?$

(2) 當 $x = 2$，$dx = \frac{1}{10}$ 時，$dy = ?$

(1) $dy = 12xdx - 14dx = (12x - 14)dx$

說明：$12xdx$ 可視為 $12x \cdot dx$，$14dx$ 可視為 $14 \cdot dx$

(2) 當 $x = 2$，$dx = \frac{1}{10}$ 時

則 $dy = (12 \cdot 2 - 14) \cdot \frac{1}{10} = 10 \cdot \frac{1}{10} = 1$

例 41

設 $y = f(x) = \frac{x-1}{x+1}$，求

(1) $dy = ?$

(2) 當 $x = 1$，$dx = \frac{1}{5}$ 時，$dy = ?$

(1) $dy = \frac{(x+1)dx - (x-1)dx}{(x+1)^2} = \frac{2}{(x+1)^2}dx$

(2) 當$x = 1$，$dx = \frac{1}{5}$ 時，$dy = \frac{2}{(1+1)^2} \cdot \frac{1}{5} = \frac{1}{10}$

習題 5-7

第一組

1. 設 $f(x) = 3x^2$，求

 (1) $f(4.08)$

 (2) $f(4.08)$在 $x = 4$ 的一次近似值：

2. 利用一次近似的方法求下列各題的近似值：

 (1) $\sqrt{15.9}$

 (2) $\sqrt{65}$

 (3) $\sqrt[3]{7.8}$

 (4) $\sqrt[3]{1.06}$

 (5) $\sqrt[4]{80}$

3. 試證：當 x 接近 0 時，$\sqrt{1+x} \simeq 1 + \frac{1}{2}x$

4. 若 $y = f(x) = x^4 + 2x^3 - x + 6$，則

 (1) $dy = ?$

 (2) 當 $x = 0$，$dx = \frac{1}{2}$時，$dy = ?$

5. 若一正立方體的邊長經測量是 100 公分，誤差是 ±1 公分，則利用一次近似的方法求出體積的誤差會是多少？

第二組

1. 設 $f(x)=-x^2+x$，求

(1) $f(3.96)$

(2) $f(3.96)$在 $x=4$ 的一次近似值。

2. 利用一次近似的方法求下列各題的近似值：

(1) $\sqrt{8.7}$

(2) $\sqrt{16.2}$

(3) $\sqrt[3]{64.4}$

(4) $\sqrt[3]{122}$

(5) $\sqrt[4]{1.08}$

3. 試證：當 x 接近 0 時，$\sqrt[3]{1+x}\simeq 1+\frac{1}{3}x$

4. 若 $y=f(x)=\frac{1}{x^2+1}$，則

(1) $dy=$？

(2) 當$x=10$，$dx=\frac{1}{10}$時，$dy=$?

5. 若一正方形的邊長經測量是 10 公分，誤差是±0.3公分，則利用一次近似的方法求出體積的誤差會是多少？

微積分趣談(五)：微分的應用

繼史努比失戀後，桃樂比也失戀了，史努比想說些什麼安慰桃樂比，話到嘴邊，卻又一句話也說不出，兩人沉默良久後，桃樂比恍然大悟的說：「微分是用來求變化率的，但是世界上變化最大的就是女人的心，想用微分了解女人只怕是不可能的」，史努比回答：「我也深有同感」。

CHAPTER 06

積　分

本章大綱

6-1 積分的意義與由來

積分(Integration)是一個「累積求和」的概念。例如：求面積、體積、乃至級數和，都含有積分的本質。這種求積的觀念遠至古希臘時代就已發生，而積分在幾何上的原意就是求面積，我們以圖 6-1 加以說明：

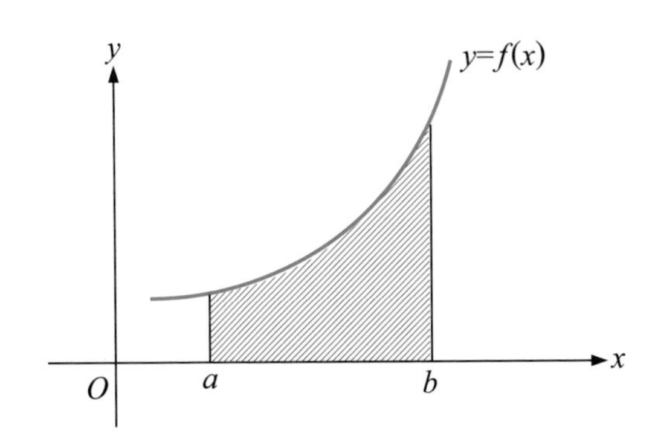

圖 6-1　曲線 $y = f(x)$ 與 x 軸所夾的面積

梯形、三角形、長方形等特殊形狀的面積皆可以公式求出，但圖 6-1 所標示之面積該如何求？以下分三個步驟說明：

步驟 1：分割

將所求之面積分割成許多個（設為 n 個）等寬長方形。

步驟 2：累加

把分割後的長方形面積全部累加起來。

步驟 3：逼近

若能分割出無限多個 ($n \to \infty$) 長方形，此時長方形面積總和將逼近實際面積。

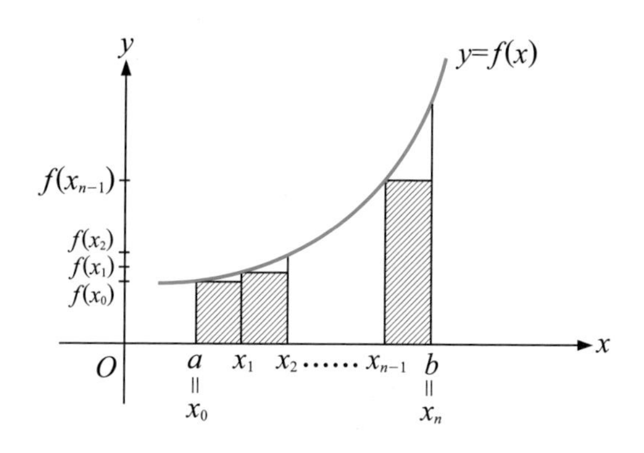

圖 6-2　內接長方形面積

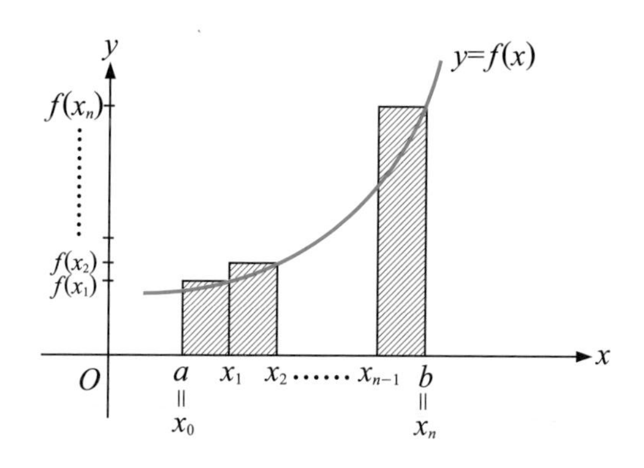

圖 6-3　外接長方形面積

比較圖 6-1、6-2、6-3，可得

內接長方形面積＜實際面積＜外接長方形面積

以符號表示為　$\sum_{i=0}^{n-1} f(x_i) \cdot \frac{b-a}{n}$ ＜實際面積＜ $\sum_{i=1}^{n} f(x_i) \cdot \frac{b-a}{n}$

分割無限多個長方形，以逼近實際面積，得到

$$\lim_{n\to\infty} \sum_{i=0}^{n-1} f(x_i) \cdot \frac{b-a}{n} \leq \text{實際面積} \leq \lim_{n\to\infty} \sum_{i=1}^{n} f(x_i) \cdot \frac{b-a}{n}$$

若以積分符號 $\int$ 表示實際面積，可得

實際面積＝ $\int_a^b f(x)\,dx$（讀作：函數 $f(x)$ 在區間 $[a，b]$ 的定積分(Definite integral)

其中 a 稱為積分下限(Lower limit of integration)，b 稱為積分上限(Upper limit of integration)。

綜合上述，可得下列關係式

$$\lim_{n\to\infty}\sum_{i=0}^{n-1} f(x_i)\cdot\frac{b-a}{n}\le\int_a^b f(x)\,dx\le\lim_{n\to\infty}\sum_{i=1}^{n} f(x_i)\cdot\frac{b-a}{n}$$

（其中 $x_i=a+\frac{b-a}{n}i$）

此外我們以分解動作表達「積分原意為求面積」的過程：

(1) 每個長方形面積＝$f\cdot\triangle x$（設 $\triangle x=\frac{b-a}{n}$）

f ↓ 長，$\triangle x$ ↓ 寬

(2) 累加每個長方形面積＝$\Sigma f\triangle x$

Σ ↓ 累加符號

(3) 累加無限多個長方形面積＝ $\lim\limits_{n\to\infty}\Sigma f\triangle x=\lim\limits_{\Delta x\to 0}\Sigma f\triangle x$

（當 $n\to\infty$ 時，$\triangle x=\frac{b-a}{n}\to 0$）

(4) 實際面積＝累加無限多個長方形面積

$$\int_a^b f(x)\,dx=\lim_{\Delta x\to 0}\Sigma f\triangle x$$

透過以上分解動作，我們亦可將 $\int_a^b f(x)\,dx$ 拆開來看：

$dx \xrightarrow[\text{相當於}]{\text{在}\triangle x\to 0\text{時}} \triangle x$（分割後的長方形的寬）

$f(x) \xrightarrow[\text{相當於}]{} f(x)$（分割後的長方形的長）

$\int_a^b \xrightarrow[\text{相當於}]{} \lim\limits_{\Delta x\to 0}\sum_a^b$（累加無限多個分割區域）

由 $\int \xrightarrow[\text{相當於}]{} \lim \Sigma$ 之關係可看出積分具有「累積求和」的內涵。

積分可以被看成是由無窮多個分割之小長方形面積之和，此種累加之和 $\sum_{i=1}^{n} f(x_i)\triangle x = f(x_1)\triangle x + f(x_2)\triangle x + f(x_3)\triangle x + \cdots\cdots + f(x_n)\triangle x$ 稱之為黎曼和 (Riemann Sum)。

例 1

根據圖 6-4，將區間［0，5］分成 5 等份，以內接長方形的方法求 $y = x^2$ 與 x 軸所夾面積？

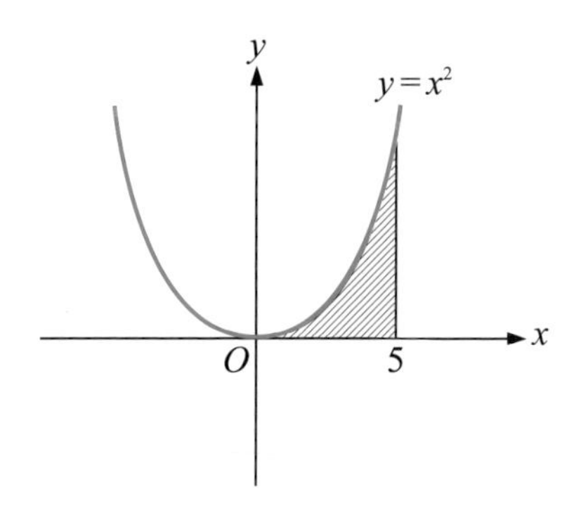

圖 6-4　曲線 $y = x^2$ 與 x 軸所夾面積

將［0，5］分成 5 等份，得 $\triangle x = \frac{5-0}{5} = 1$，如圖 6-5 所示

則內接長方形的面積和為

$$L = \sum_{i=0}^{5-1} f(x_i) \cdot \triangle x = [\,f(0) + f(1) + f(2) + f(3) + f(4)\,] \cdot 1$$

$$= (0 + 1 + 4 + 9 + 16) = 30$$

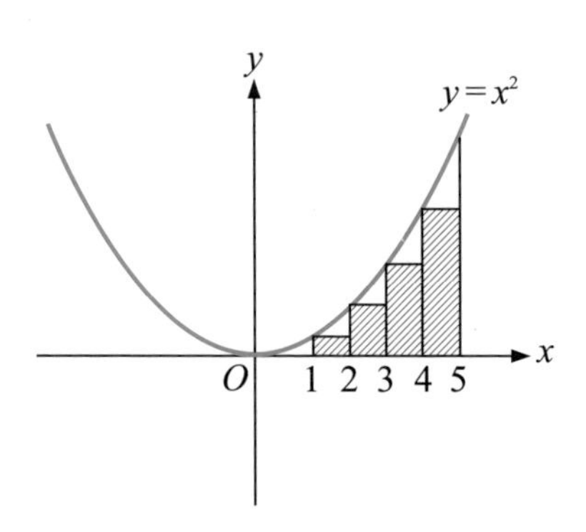

圖 6-5　內接長方形面積

例 2

根據圖 6-4，將區間 [0，5] 分成 5 等份，以外接長方形的方法求 $y = x^2$ 與 x 軸所夾面積？

將 [0，5] 分成 5 等份，得 $\triangle x = \dfrac{5-0}{5} = 1$，如圖 6-6 所示

則外接長方形的面積和為

$$U = \sum_{i=1}^{5} f(x_i)\triangle x$$

$$= [\,f(1) + f(2) + f(3) + f(4) + f(5)\,] \cdot 1$$

$$= (1 + 4 + 9 + 16 + 25) = 55$$

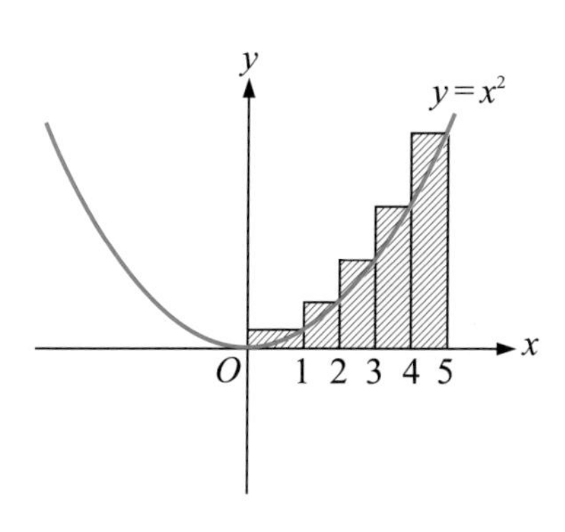

圖 6-6　外接長方形面積

例 3

根據圖 6-4，以積分方式表達 $y = x^2$ 與 x 軸在 $[0, 5]$ 之間所夾面積，並利用無窮分割方式求出此面積。

實際面積 $= \int_0^5 x^2\,dx = \lim_{n\to\infty}\sum_{i=1}^{n} f(x_i)\Delta x$

其中 $x_i = a + \frac{b-a}{n}i = 0 + \frac{5-0}{n}i = \frac{5}{n}i$

$\triangle x = \frac{b-a}{n} = \frac{5-0}{n} = \frac{5}{n}$

故 $\int_0^5 x^2\,dx = \lim\limits_{n\to\infty}\sum\limits_{i=1}^{n}(\frac{5}{n}i)^2(\frac{5}{n}) = \lim\limits_{n\to\infty}\sum\limits_{i=1}^{n}\frac{125}{n^3}i^2$

$$= \lim_{n\to\infty}\frac{125}{n^3}\sum_{i=1}^{n}i^2 = \lim_{n\to\infty}\frac{125}{n^3}\cdot\frac{n(n+1)(2n+1)}{6}$$

$$= \lim_{n\to\infty}\frac{125(2n^3+3n^2+n)}{6n^3} = \frac{125\times 2}{6}$$

$$= \frac{125}{3} = 41\frac{2}{3}$$

由例 1，2 作比較，可知 $\int_0^5 x^2\,dx$ 的值必然介於 30 到 55 之間，最後由例 3 得到 $\int_0^5 x^2\,dx$ 的值為 $41\frac{2}{3}$，也就是 $y = x^2$ 與 x 軸在［0，5］之間所夾面積為 $41\frac{2}{3}$。

習　題　6-1

第一組

1. 將區間［2，10］分成 4 等份，以內接長方形法求函數$y = x$與x軸在［2，10］之區域面積？
2. 將區間［2，10］分成 4 等份，以外接長方形法求函數$y = x$與x軸在［2，10］之區域面積？
3. 以積分方式表達函數$y = x$與x軸在［2，10］之區域面積，並與習題 1、2 比較，判斷此積分之大小。
4. 將區間［2，10］分成 8 等份，以內接長方形法求函數$y = x$與x軸在［2，10］之區域面積？
5. 將區間［2，10］分成 8 等份，以外接長方形法求函數$y = x$與x軸在［2，10］之區域面積？
6. 以積分方式表達函數$y = x$與x軸在［2，10］之區域面積，並與習題 4、5 比較，判斷此積分之大小。
7. 比較習題 3 與習題 6，說明兩者之差異！
8. 利用無窮分割方式求出函數$y = x$與x軸在［2，10］之區域面積。

（註：$\sum_{i=1}^{n} i = \frac{n(n+1)}{2}$）

第二組

1. 將區間［1，7］分成 3 等份，以內接長方形法求函數$y = x^3$與x軸在［1，7］之區域面積？

2. 將區間［1，7］分成 3 等份，以外接長方形法求函數$y = x^3$與x軸在［1，7］之區域面積？

3. 以積分方式表達函數$y = x^3$與x軸在［1，7］之區域面積，並與習題 1，2 比較，判斷此積分之大小。

4. 將區間［1，7］分成 6 等份，以內接長方形法求函數$y = x^3$與x軸在［1，7］之區域面積？

5. 將區間［1，7］分成 6 等份，以外接長方形法求函數$y = x^3$與x軸在［1，7］之區域面積？

6. 以積分方式表達函數$y = x^3$與x軸在［1，7］之區域面積，並與習題 4、5 比較，判斷此積分之大小。

7. 比較習題 3 與習題 6，說明兩者之差異！

8. 利用無窮分割方式求出函數$y = x^3$與x軸［1，7］之區域面積。

（註：$\sum_{i=1}^{n} i^3 = \left[\frac{n(n+1)}{2}\right]^2$）

6-2 微積分基本定理

積分具有「累積求和」的概念，此概念遠自古希臘時代就已萌發，而微分具有「求變化率」的概念，此概念遲至文藝復興時代才發生，乍看微分與積分似乎是兩門不相干的學問，直到牛頓與萊布尼茲兩人發現了「微分與積分彼此互為可逆運算」，這就是著名的「微積分基本定理」(The Fundamental Theorem of Calculus)，從此微分與積分的命運同在一起，並合稱為微積分(Calculus)。

我們直觀的用常見的距離與速度等觀念來表達微分與積分的關係：

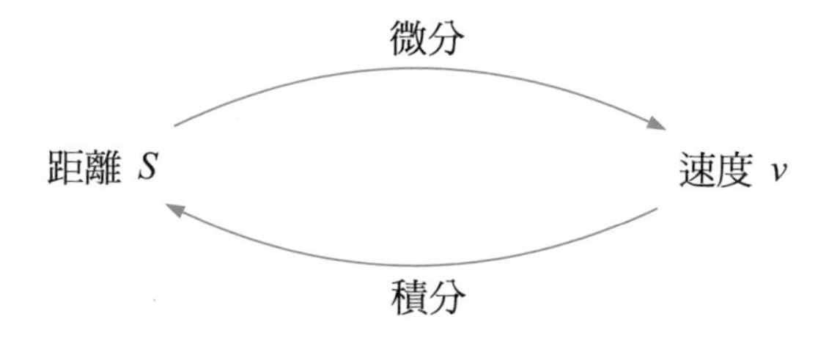

圖 6-7　距離、速度的微積分概念

根據物理學上的解釋，速度是距離對時間的相對變化率；而行進速度乘上行進時間，累積之後就成了行進的距離。

現在我們把它寫成數學式子：

$v=\frac{ds}{dt}$（t：時間）

$s=\int v\,dt$（t：時間）

所以「微分」的本質是「變化」，也就是說所有的「變化率」都可以用「微分」來表達；同樣的，「積分」的本質是「累積求和」，因此所有的「求和」都可以用「積分」來表示。

定理 6-1 微積分基本定理

設函數 f 在 $[a, b]$ 為連續

(1) 若函數 F 定義為 $F(x)=\int_a^x f(t)\,dt$，其中 $x \in [a, b]$

則 $F'(x)=\dfrac{d}{dx}\int_a^x f(t)\,dt = f(x)$，此時 F 稱為 f 的一個反導函數(Antiderivative)。

(2) 設 F 為 f 在 $[a, b]$ 之任何一個反導函數，即 $F'(x)=f(x)$

則 $\int_a^b f(x)\,dx = F(x)\Big|_a^b = F(b)-F(a)$。

微積分基本定理(1)說明了反導函數的意義，並表達「微分與積分互為逆運算」的關係。而微積分定理(2)則說明了定積分的求法。

我們用比較直觀的方式來表達「微積分基本定理」的觀念，讓讀者對它更加明白：

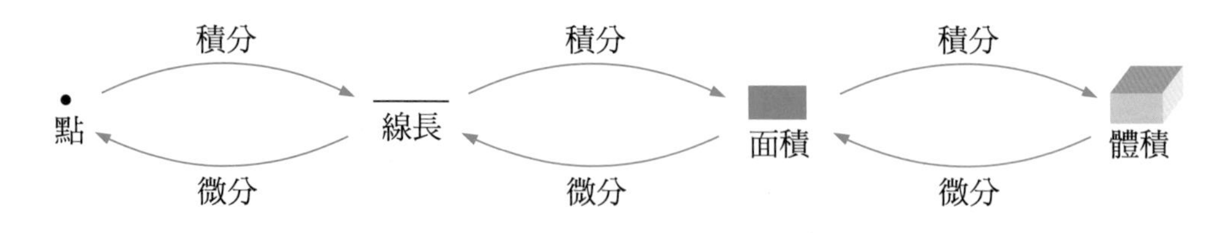

圖 6-8 「微積分基本定理」的直觀意義

例 4

列舉三個關於 $f(x)=4x^3$ 的反導函數。

因　$(x^4)' = 4x^3$

$(x^4 + 6)' = 4x^3$

$(x^4 - 10)' = 4x^3$

故　x^4，$x^4 + 6$，$x^4 - 10$ 皆為 $4x^3$ 的反導函數

例 5

列舉三個關於 $f(x) = 8x - 6$ 的反導函數。

因　$(4x^2 - 6x)' = 8x - 6$

$(4x^2 - 6x + 5)' = 8x - 6$

$(4x^2 - 6x - 4)' = 8x - 6$

故　$4x^2 - 6x$，$4x^2 - 6x + 5$，$4x^2 - 6x - 4$ 皆為 $8x - 6$ 的反導函數

由例 4 與例 5 可以看出一個函數 f 的反導函數可以有無限多個，但這些反導函數之間僅相差某個常數。

微積分基本定理(1)指出 $\int_a^x f(x)\,dx$ 為 $f(x)$ 的一個反導函數，此處我們以「積分的原意為求面積」的觀點來解釋，如圖 6-9(a)可得函數 $y = x$ 與 x 軸在

$[0，x]$之區域面積為$\frac{1}{2}x^2$，以積分方式表達為$\int_0^x x\,dx=\frac{1}{2}x^2$；如圖 6-9(b)可得函數$y=x$與$x$軸在$[1，x]$之區域面積為$\frac{1}{2}x^2-\frac{1}{2}$，以積分方式表達為$\int_1^x x\,dx=\frac{1}{2}x^2-\frac{1}{2}$。

接下來我們分別將$\int_0^x x\,dx$與$\int_1^x x\,dx$微分，得

$$\frac{d}{dx}\int_0^x x\,dx=\frac{d}{dx}\left(\frac{1}{2}x^2\right)=x$$

$$\frac{d}{dx}\int_1^x x\,dx=\frac{d}{dx}\left(\frac{1}{2}x^2-\frac{1}{2}\right)=x$$

上述結果符合微積分基本定理(1)：$\frac{d}{dx}\int_a^x f(x)\,dx=f(x)$的結果。也就是$\frac{1}{2}x^2$或$\frac{1}{2}x^2-\frac{1}{2}$皆為$x$的反導函數。

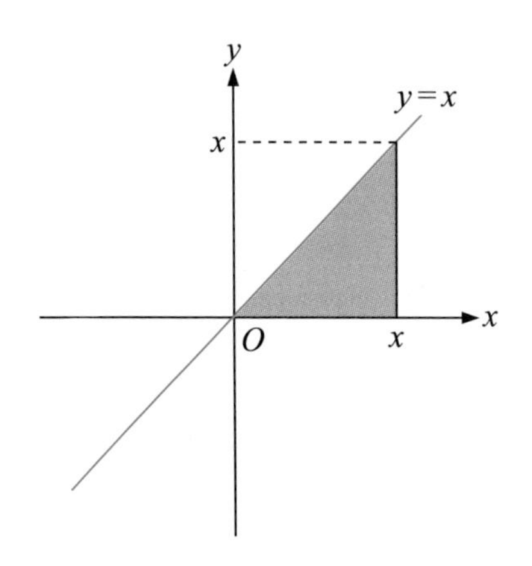

(a) $\int_0^x x\,dx=\frac{1}{2}x^2$

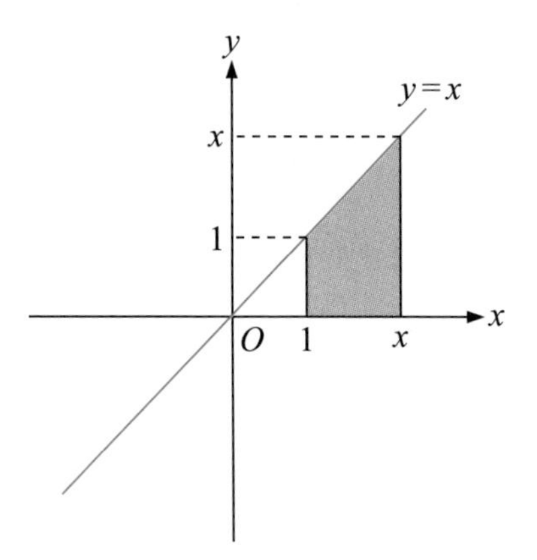

(b) $\int_1^x x\,dx=\frac{1}{2}x^2-\frac{1}{2}$

圖 6-9　函數$y=x$與x軸所圍面積

求出函數 $f(x)$ 的反導函數的過程稱為積分，即對一個函數積分指的是求出這個函數的所有反導函數。而這些反導函數以下列符號表示：

$$\int f(x)\,dx$$

稱為 $f(x)$ 的不定積分(Indefinite Integral)

若 $F(x)$ 是 $f(x)$ 的一個反導函數，則

$$\int f(x)\,dx = F(x) + C$$（C 稱為積分常數）

例 6

求 $\int 4x^3\,dx$

$$\int 4x^3\,dx = x^4 + C$$

例 7

求 $\int (8x - 6)\,dx$

$$\int (8x - 6)\,dx = 4x^2 - 6x + C$$

關於不定積分在此要特別強調三個重點：

(1) 我們之所以使用〝不定〞二字，乃因 $\int f(x)\,dx$ 不是一個確定的函數，而是代表一群函數（$f(x)$ 所有的反導函數）。

(2) 微積分基本定理(1)定義了 $f(x)$ 的某個反導函數為 $\int_a^x f(t)\,dt$，而不定積分 $\int f(x)\,dx$ 代表 $f(x)$ 的所有的反導函數，故兩者的關係為 $\int f(x)\,dx = \int_a^x f(t)\,dt + C$。

(3) 和微分符號 $\frac{d}{dx}$ 一樣，積分符號中的 dx 指出變數為何，如

$$\frac{d}{du}(u^3) = 3u^2$$

$$\int 3u^2\,du = u^3 + C$$

例 8

(1) 若 $F(x) = \int_1^x 3t^2\,dt$，求 $F'(x)$

(2) 若 $F(x) = \int_1^x 3u^2\,du$，求 $F'(x)$

(1) 微積分基本定理(1)指出若 $F(x) = \int_a^x f(t)\,dt$，則 $F'(x) = f(x)$

故 $F'(x) = \frac{d}{dx}F(x) = \frac{d}{dx}\int_1^x 3t^2\,dt = 3x^2$

(2) $F'(x) = \frac{d}{dx}F(x) = \frac{d}{dx}\int_1^x 3u^2\,du = 3x^2$

由上題可知 $\int_a^x f(x)\,dx = \int_a^x f(t)\,dt = \int_a^x f(u)\,du = \cdots\cdots$，不因變數不同而有差異。

例 9

求 $\dfrac{d}{dx}\int_1^{x^4} 3t^2\,dt$

$$\frac{d}{dx}\int_1^{x^4} 3t^2\,dt = \frac{d}{dx}\int_1^{u} 3t^2\,dt \quad (令\ u = x^4)$$

$$= \left[\frac{d}{du}\int_1^{u} 3t^2\,dt\right]\frac{du}{dx} \quad (根據\ 4\text{-}3\ 之連鎖法則)$$

$$= (3u^2)(4x^3)$$

$$= (3u^2)(4x^3)$$

$$= 12x^{11}$$

定理 6-2　不定積分的性質

(1) $\int Cf(x)\,dx = C\int f(x)\,dx$　（ C 為常數 ）

(2) $\int [f(x) + g(x)]\,dx = \int f(x)\,dx + \int g(x)\,dx$

$\int [f(x) - g(x)]\,dx = \int f(x)\,dx - \int g(x)\,dx$

(3) $\int x^r\,dx = \dfrac{1}{r+1}x^{r+1} + C \quad (r \neq -1)$

例 10

求 $\int (4x^2 - 10x + 3)\,dx$

$$\begin{aligned}\int (4x^2 - 10x + 3)\,dx &= \int 4x^2\,dx - \int 10x\,dx + \int 3\,dx \\ &= 4\int x^2\,dx - 10\int x\,dx + 3\int dx \\ &= 4(\frac{1}{3}x^3 + C_1) - 10(\frac{1}{2}x^2 + C_2) + 3(x + C_3) \\ &= \frac{4}{3}x^3 - 5x^2 + 3x + (4C_1 - 10C_2 + 3C_3) \\ &= \frac{4}{3}x^3 - 5x^2 + 3x + C \text{（設 } C = 4C_1 - 10C_2 + 3C_3\text{）}\end{aligned}$$

例 10 的解答過程十分繁瑣，不過這是為了解釋定理 6-2 而設計，平常在解不定積分的過程時，只要把握〝不定積分＝反導函數〞的核心概念，即可輕易解答，亦即

因為 $(\frac{4}{3}x^3 - 5x^2 + 3x + C)' = 4x^2 - 10x + 3$

故 $\int (4x^2 - 10x + 3)\,dx = \frac{4}{3}x^3 - 5x^2 + 3x + C$

$\int_a^b f(x)\,dx$ 因其下限 a、上限 b 皆已明確定出來，此種積分稱為定積分 (Definite Integral)，微積分基本定理(2)已指出定積分的求法：

$$\int_a^b f(x)\,dx = F(x)\Big|_a^b = F(b) - F(a) \text{（其中 } F(x) \text{ 為 } f \text{ 的任何一個反導函數）}$$

在此我們提出一個簡略的證明：

因 $F(x)$ 代表 $f(x)$ 的任一個反導函數

而 $\int_a^x f(x)\,dx$ 代表 $f(x)$ 的某個反導函數

故兩者僅相差一個常數 C

即 $F(x) = \int_a^x f(x)\,dx + C$

$\Rightarrow F(a) = \int_a^a f(x)\,dx + C = 0 + C = C$

（$\int_a^a f\,dx = 0$ 原因是積分原意為面積，從 a 到 a 的積分所形成之面積為 0）

又 $F(b) = \int_a^b f(x)\,dx + C$

$\Rightarrow \int_a^b f(x)\,dx = F(b) - C = F(b) - F(a)$

例 11

求 $\int_0^5 x^2\,dx$

$$\int_0^5 x^2\,dx = \left(\frac{1}{3}x^3 + C\right)\Big|_0^5 = \left(\frac{1}{3}\cdot 5^3 + C\right) - \left(\frac{1}{3}\cdot 0^3 + C\right)$$

$$= \left(\frac{125}{3} + C\right) - (0 + C) = \frac{125}{3} = 41\frac{2}{3}$$

常數 C 在定積分計算中可以消去，故求定積分時，可令 $C = 0$ 較為方便。

例 12

求 $\int_1^2 (4x^7 - 12x^3 + 2x)\,dx$

解

$$\int_1^2 (4x^7 - 12x^3 + 2x)\,dx$$

$$= (\frac{1}{2}x^8 - 3x^4 + x^2)\Big|_1^2$$

$$= (\frac{1}{2}\cdot 2^8 - 3\cdot 2^4 + 2^2) - (\frac{1}{2}\cdot 1^8 - 3\cdot 1^4 + 1^2)$$

$$= (128 - 48 + 4) - (\frac{1}{2} - 3 + 1) = 85\frac{1}{2}$$

定積分必須先利用不定積分的技巧，先求出其反導函數，然後將上、下限分別代入，再取其差值；因此我們也可說定積分是不定積分的延伸。但要注意不定積分的結果仍然是一個函數型態，但定積分求出的結果卻是一個定值。以下用圖 6-10 說明不定積分與定積分的異同：

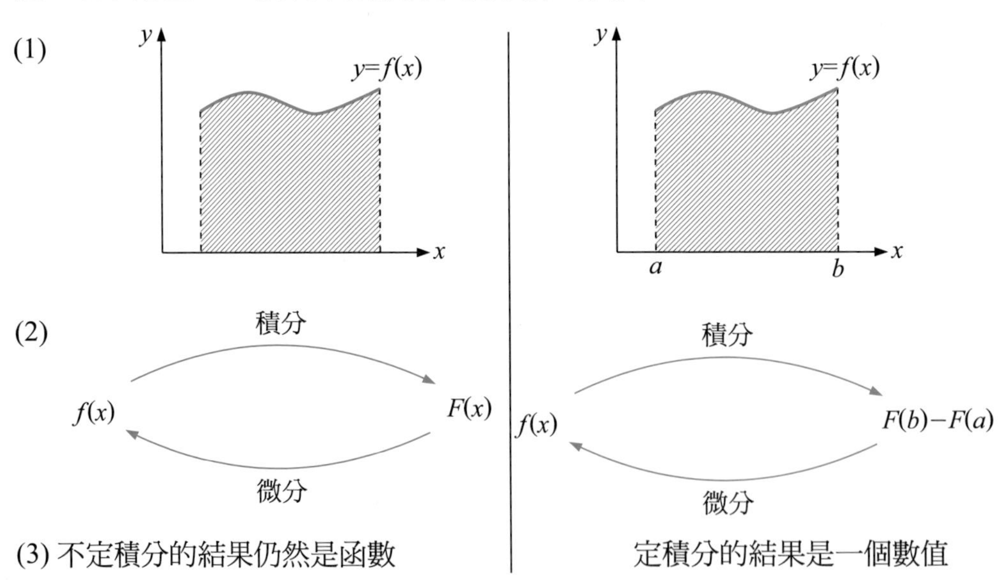

圖 6-10　不定積分與定積分的異同

習題 6-2

第一組

1. 列舉任三個關於函數$f(x)$的反導函數
   (1) $f(x)=1$
   (2) $f(x)=4x-5$
   (3) $f(x)=100x^4-6x^2+8$
   (4) $f(x)=(2x-1)^5$
   (5) $f(x)=\sin x+\cos x$

2. 求下列不定積分
   (1) $\int(3x+2)\,dx$
   (2) $\int(x+1)(x-1)\,dx$
   (3) $\int(6x+3)^3\,dx$
   (4) $\int\sqrt{x}\,dx$
   (5) $\int\cos x\,dx$
   (6) $\int(4\sin x+3\cos x)\,dx$
   (7) $\int\csc^2 x\,dx$
   (8) $\int\frac{4}{x}\,dx$
   (9) $\int e^{3x}\,dx$
   (10) $\int(e^x-e^{-x})\,dx$

3. 求下列各值
   (1) $\frac{d}{dx}\int_1^x(4x^5-2x)\,dx$
   (2) $\frac{d}{dx}\int_1^x(4t^5-2t)\,dt$
   (3) $\frac{d}{du}\int_1^u(4x^5-2x)\,dx$
   (4) $\frac{d}{du}\int_1^u(4t^5-2t)\,dt$
   (5) $\frac{d}{dx}\int_1^{x^2}(4x^5-2x)\,dx$

4. 求下列定積分

(1) $\int_2^{10} x^2\,dx$

(2) $\int_{-2}^{10} (x^2 - 2x)\,dx$

(3) $\int_2^4 \frac{1}{x^3}\,dx$

(4) $\int_{-1}^{1} (2x+1)^3\,dx$

(5) $\int_0^1 \sqrt{2x+1}\,dx$

(6) $\int_0^{\frac{\pi}{2}} \cos x\,dx$

(7) $\int_0^{\frac{\pi}{2}} \sin 3\theta\,d\theta$

(8) $\int_1^2 \frac{4}{e^x}\,dx$

(9) $\int_2^3 \frac{5}{t}\,dt$

(10) $\int_0^1 (e^x + e^{-x})\,dx$

第二組

1. 列舉任三個關於函數$f(x)$的反導函數

(1) $f(x) = 0$

(2) $f(x) = -x + 4$

(3) $f(x) = 20x^3 - 24x^2 + 5x - 7$

(4) $f(x) = (3x+4)^6$

(5) $f(x) = \cos 2x + \sin 4x$

2. 求下列不定積分

(1) $\int (8x-3)\,dx$

(2) $\int (x-2)(x+1)\,dx$

(3) $\int (4x-1)^9\,dx$

(4) $\int \sqrt[3]{x}\,dx$

(5) $\int \sin x\,dx$

(6) $\int (-2\sin x + 4\cos x)\,dx$

(7) $\int \sec^2 x\,dx$

(8) $\int \left(-\frac{1}{x}\right)dx$

(9) $\int x e^{x^2}\,dx$

(10) $\int 2^x\,dx$

3. 求下列各值

(1) $\frac{d}{dx}\int_3^x (6x-2)\,dx$

(2) $\frac{d}{dx}\int_3^x (6t-2)\,dt$

(3) $\frac{d}{du}\int_{3}^{u}(6x-2)\,dx$

(4) $\frac{d}{du}\int_{3}^{u}(6t-2)\,dt$

(5) $\frac{d}{dx}\int_{3}^{2x+1}(6x-2)\,dx$

4. 求下列定積分

(1) $\int_{2}^{1}(4x+2)\,dx$

(2) $\int_{1}^{2}(12x^{3}+4)\,dx$

(3) $\int_{2}^{4}\frac{1}{x^{2}}\,dx$

(4) $\int_{-1}^{1}(4x-2)^{2}\,dx$

(5) $\int_{0}^{1}\sqrt{4x+1}\,dx$

(6) $\int_{0}^{\frac{\pi}{2}}\sin x\,dx$

(7) $\int_{0}^{\frac{\pi}{2}}\cos 3\theta\,d\theta$

(8) $\int_{1}^{2}4e^{x}\,dx$

(9) $\int_{2}^{3}\frac{1}{t+1}\,dt$

(10) $\int_{0}^{1}(e^{x}-e^{-x})\,dx$

6-3 定積分的性質

積分的原意為求面積，本節將利用此觀念解釋以下定積分的一些定理：

定理 6-3 積分即面積

設函數 f 在 $[a，b]$ 中為一非負連續函數，則函數 f 與 x 軸在 $[a，b]$ 所夾之面積 A，即表示為

$$A=\int_a^b f(x)\,dx$$

圖 6-11 說明了定理 6-3 的意義。

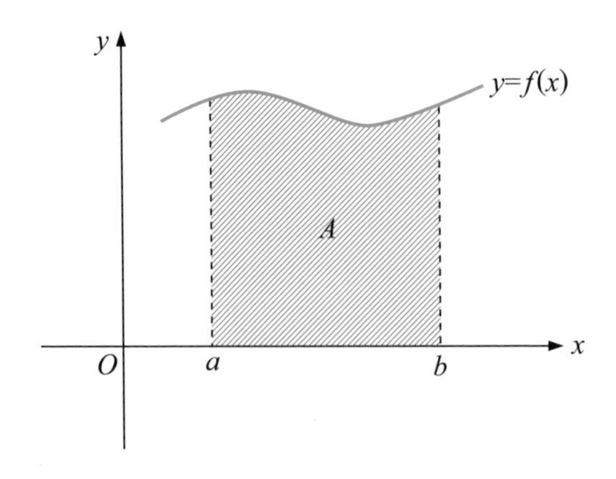

圖 6-11　面積 $A=\int_a^b f(x)\,dx$

定理 6-4　常數的積分

設 c 為常數，則

$$\int_a^b c\,dx = c(b-a)$$

圖 6-12 說明了定理 6-4 的意義

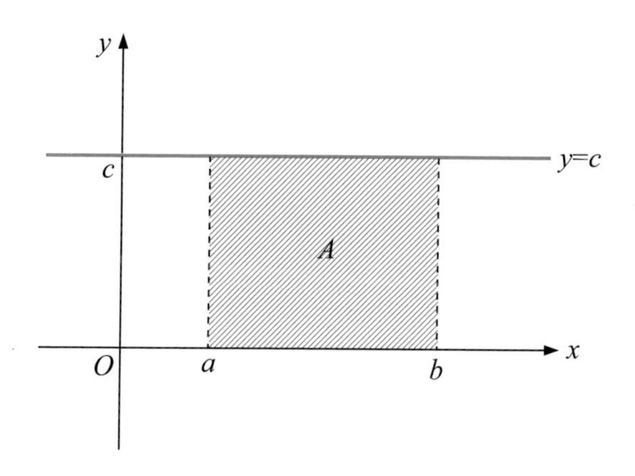

圖 6-12　面積 $A = \int_a^b c\,dx = c(b-a)$

定理 6-5　上、下限相同的積分

設 $f(a)$ 有意義，則

$$\int_a^a f(x)\,dx = 0$$

$\int_a^a f(x)\,dx$ 代表函數 f 與 x 軸在 $[a，a]$ 所夾面積，顯然 $\int_a^a f(x)\,dx$ 所代表之面積為 0。

定理 6-6 積分的分割

設 a，b，c 為任意實數，且下列三個積分均存在，則

$$\int_a^b f(x)\,dx = \int_a^c f(x)\,dx + \int_c^b f(x)\,dx$$

圖 6-13 說明了定理 6-6 的意義是：一塊面積 A 可以分成兩塊（A_1與 A_2）之合，即 $A = A_1 + A_2$。

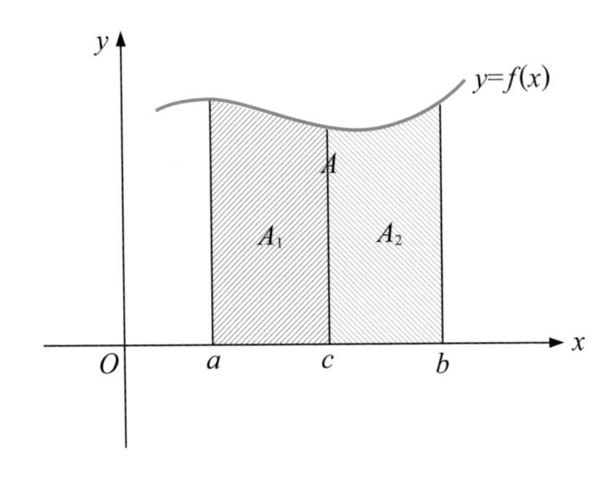

圖 6-13　面積 A($\int_a^b f(x)\,dx$)＝面積 A_1($\int_a^c f(x)\,dx$)＋面積 A_2($\int_c^b f(x)\,dx$)

例 13

求 $\int_0^4 |x^2 - 9|\,dx = ?$

因 $|x^2 - 9| = \begin{cases} x^2 - 9 & x \geq 3 \text{ 或 } x \leq -3 \\ 9 - x^2 & -3 < x < 3 \end{cases}$

故 $\int_0^4 |x^2 - 9|\,dx = \int_0^3 (9 - x^2)\,dx + \int_3^4 (x^2 - 9)\,dx$

$$= (9x - \frac{1}{3}x^3)\Big|_0^3 + (\frac{1}{3}x^3 - 9x)\Big|_3^4$$

$$= [(9 \cdot 3 - \frac{1}{3} \cdot 3^3) - 0] + [(\frac{1}{3} \cdot 4^3 - 9 \cdot 4) - (\frac{1}{3} \cdot 3^3 - 9 \cdot 3)]$$

$$= 18 + \frac{10}{3} = 21\frac{1}{3}$$

例 14

求 $\int_{-3}^3 |6x^2 - 6x - 12|\,dx$

因 $6x^2 - 6x - 12 = 6(x + 1)(x - 2)$

其正負區間的變化為 （$x<-1$：$+$；$-1<x<2$：$-$；$x>2$：$+$）

故 $\int_{-3}^3 |6x^2 - 6x - 12|\,dx$

$$= \int_{-3}^{-1} (6x^2 - 6x - 12)\,dx + \int_{-1}^2 -(6x^2 - 6x - 12)\,dx + \int_2^3 (6x^2 - 6x - 12)\,dx$$

$$= (2x^3 - 3x^2 - 12x)\Big|_{-3}^{-1} + (-2x^3 + 3x^2 + 12x)\Big|_{-1}^2 + (2x^3 - 3x^2 - 12x)\Big|_2^3$$

$$= 52 + 27 + 11$$

$$= 90$$

定理 6-7 常數 α 乘上函數的積分

設 f 在 $[a，b]$ 內可積分，且 α 為實數，則

$$\int_a^b \alpha f(x)\,dx = \alpha \int_a^b f(x)\,dx$$

圖 6-14 說明了定理 6-7 的意義。

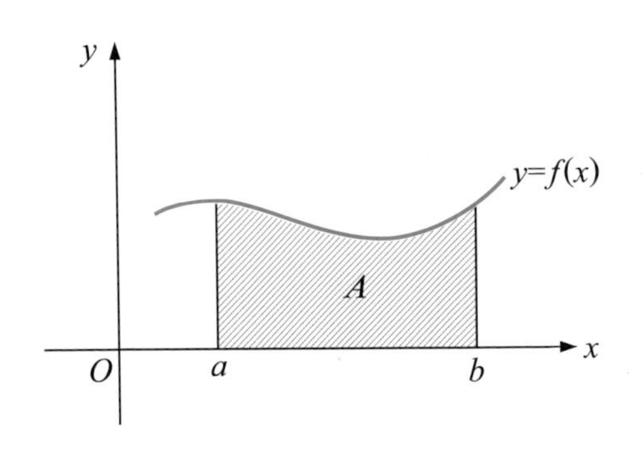

(1)

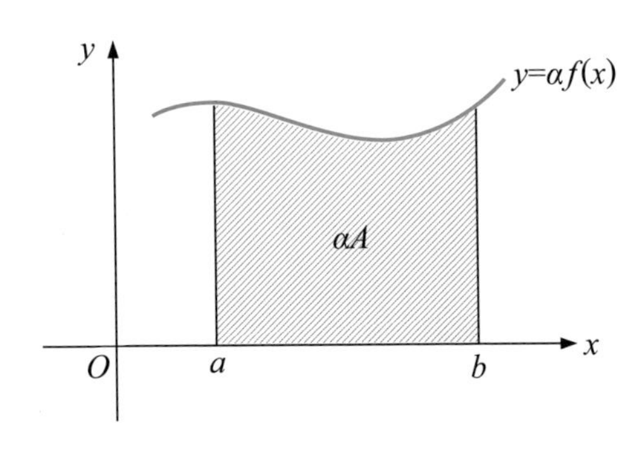

(2)

圖 6-14 (1) $A = \int_a^b f(x)\,dx$ (2) $\alpha A = \alpha \int_a^b f(x)\,dx = \int_a^b \alpha f(x)\,dx$

例 15

求 $\int_2^4 100(x-1)\,dx$

$$\int_2^4 100(x-1)\,dx = 100\int_2^4 (x-1)\,dx = 100\left(\frac{1}{2}x^2 - x\right)\Big|_2^4$$

$$= 100\left[\left(\frac{1}{2}\cdot 4^2 - 4\right) - \left(\frac{1}{2}\cdot 2^2 - 2\right)\right]$$

$$= 400$$

另解：

$$\int_2^4 100(x-1)\,dx = \int_2^4 (100x-100)\,dx = (50x^2-100x)\Big|_2^4$$

$$= (50\cdot 4^2-100\cdot 4)-(50\cdot 2^2-100\cdot 2)$$

$$= 400$$

定理 6-8　函數之和與差的積分

設 f 與 g 在 $[a, b]$ 內可積分，則

$$\int_a^b [f(x)\pm g(x)]\,dx = \int_a^b f(x)\,dx \pm \int_a^b g(x)\,dx$$

圖 6-15 說明了定理 6-8 的意義。

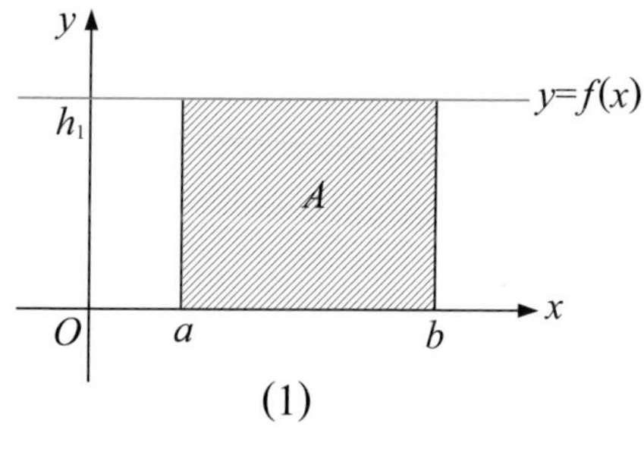

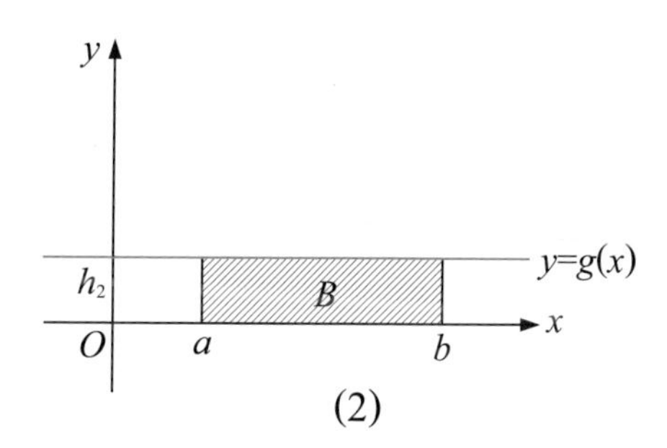

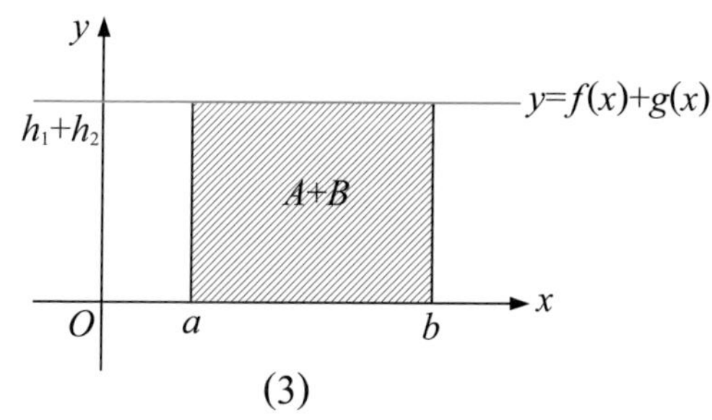

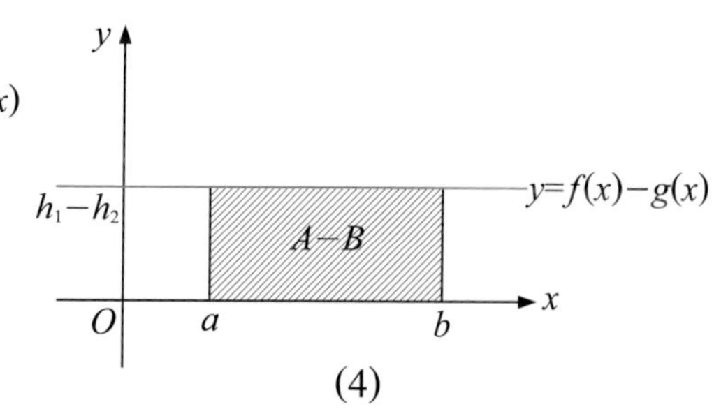

圖 6-15　$\int_a^b [f(x)\pm g(x)]\,dx = \int_a^b f(x)\,dx \pm \int_a^b g(x)\,dx$

例 16

求 $\int_0^2 (8x-3)\,dx$

$$\int_0^2 (8x-3)\,dx = \int_0^2 8x\,dx - \int_0^2 3dx$$
$$= 4x^2\Big|_0^2 - 3x\Big|_0^2$$
$$= (4\cdot 2^2 - 4\cdot 0^2) - (3\cdot 2 - 3\cdot 0)$$
$$= 16 - 6$$
$$= 10$$

另解：

$$\int_0^2 (8x-3)\,dx = (4x^2-3x)\Big|_0^2$$
$$= (4\cdot 2^2 - 3\cdot 2) - (4\cdot 0^2 - 3\cdot 0)$$
$$= 10 - 0$$
$$= 10$$

定理 6-9　非負的函數之積分

設 f 在 $[a,b]$ 內可積分，且 $f(x)\geq 0$，每一個 $x\in[a,b]$，則

$$\int_a^b f(x)\,dx \geq 0$$

定理 6-10

設 f 與 g 在 $[a，b]$ 內可積分，且 $f(x) \geq g(x)$，每一個 $x \in [a，b]$，則

$\int_a^b f(x)\,dx \geq \int_a^b g(x)\,dx$　　或寫成 $\int_a^b f(x)\,dx - \int_a^b g(x)\,dx \geq 0$

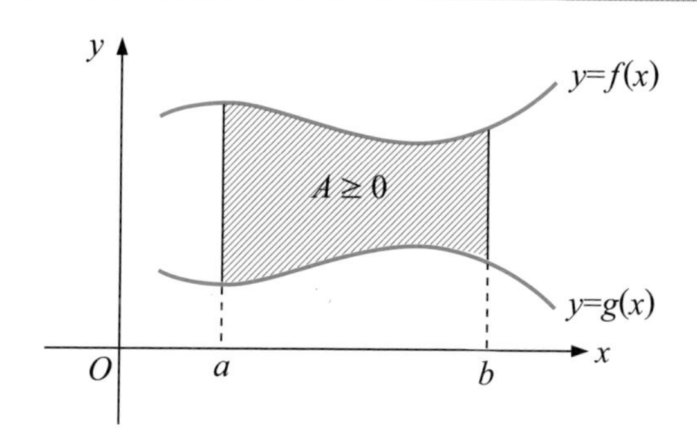

圖 6-16　面積 $A = \int_a^b f(x)\,dx - \int_a^b g(x)\,dx \geq 0$

以上定理均要求函數在 $[a，b]$ 內必須可積分，但是並非每一個函數均為可積分，我們以下面兩定理（定理 6-11 與定理 6-12）說明函數之可積分性。

定理 6-11 連續函數為可積分之函數

設函數 f 在 $[a，b]$ 連續，則 f 在 $[a，b]$ 為可積分，則

$\int_a^b f(x)\,dx$　存在。

定理 6-12 有界之不連續函數為可積分之函數

設函數 f 在 $[a，b]$ 為有界，且內含有限個不連續點，則 f 在 $[a，b]$ 為可積分，即　$\int_a^b f(x)\,dx$　存在。

函數f在$[a，b]$有界的意思，指的是存在一個正數M，使得$-M \le f(x) \le M$，也就是f在$[a，b]$內不得趨近正（負）無限大。

最後關於函數之連續性與微積分之關係整理如下：

(1) 連續函數不一定可微分

(2) 可微分函數必定連續

(3) 連續函數必定可積分

(4) 可積分函數不一定連續

例 17

根據函數$y = f(x)$圖形判斷下列函數在$[a，b]$是否可積分？（即$\int_a^b f(x)\,dx$是否存在）

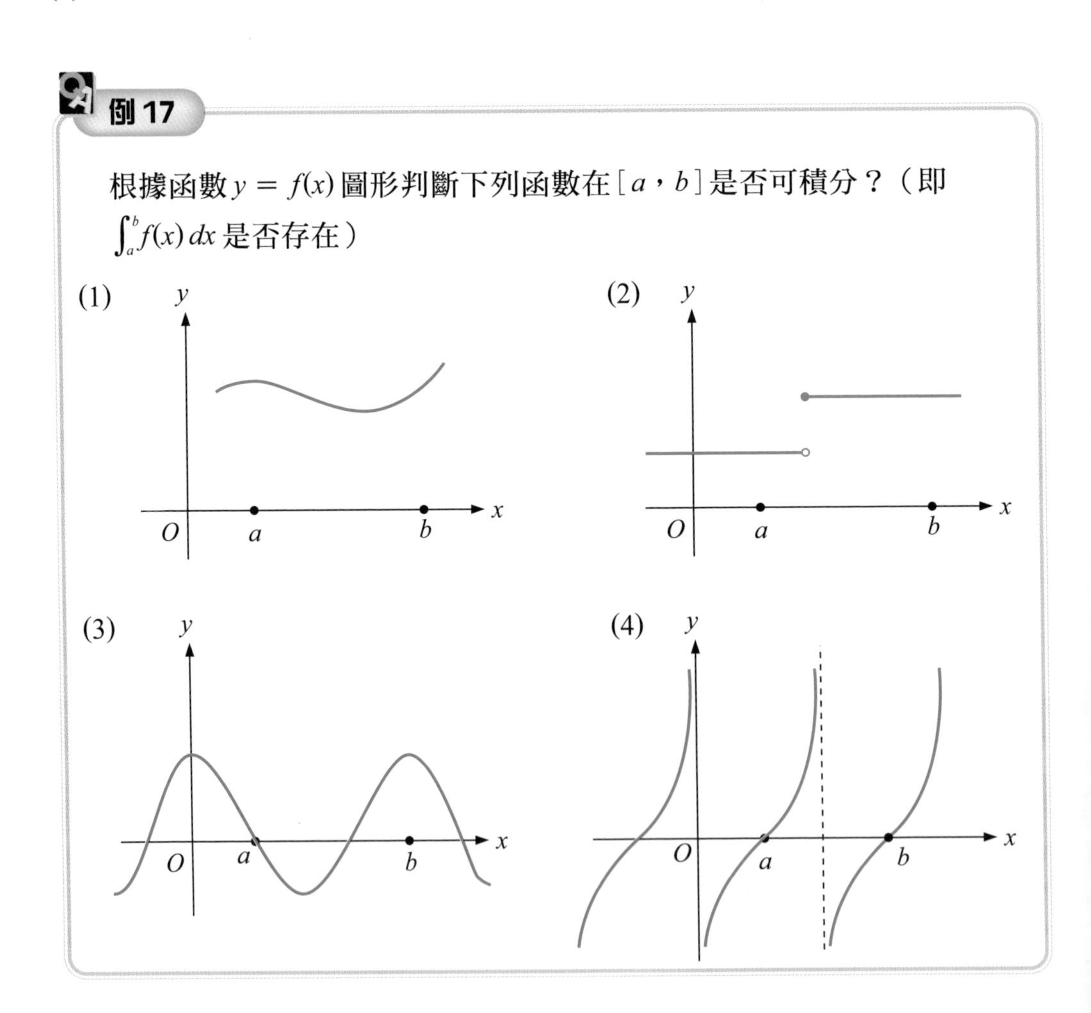

(1) $\int_a^b f\,dx$ 存在

(2) $\int_a^b f\,dx$ 存在

(3) $\int_a^b f\,dx$ 存在

(4) $\int_a^b f\,dx$ 不存在

定積分 $\int_a^b f\,dx$ 並沒有規定下限 a 一定要小於上限 b，也就是上、下限之間彼此並無一定的大小關係，我們可在定義 6-1 當中看到當上、下限互換後對積分的影響。

定義 6-1　上、下限互換之積分

若函數 f 在 $[a，b]$ 可積分，則

$$\int_a^b f(x)\,dx = -\int_b^a f(x)\,dx$$

例 18

求 $\int_{-1}^{2} 6x^2\,dx + \int_{2}^{-1} 6x^2\,dx = ?$

因 $\int_{-1}^{2} 6x^2\,dx = -\int_{2}^{-1} 6x^2\,dx$

故 $\int_{-1}^{2} 6x^2\,dx + \int_{2}^{-1} 6x^2\,dx = 0$

另解：

因 $\int_{-1}^{2} 6x^2\,dx = 2x^3 \Big|_{-1}^{2} = 2 \cdot 2^3 - 2 \cdot (-1)^3 = 18$

$\int_{2}^{-1} 6x^2\,dx = 2x^3 \Big|_{2}^{-1} = 2 \cdot (-1)^3 - 2 \cdot 2^3 = -18$

故 $\int_{-1}^{2} 6x^2\,dx + \int_{2}^{-1} 6x^2\,dx = 18 + (-18) = 0$

我們之前曾介紹過微分的均值定理，而積分也有所謂的均值定理，此定理說明了〝函數 f 在 $[a，b]$ 內的平均值〞之意義。

定理 6-13 積分均值定理

若函數 $f(x)$ 在 $[a，b]$ 內連續，則至少存在一個 c 值，$c \in [a，b]$

使得　$\int_a^b f(x)\,dx = f(c)\,(b-a)$

積分均值定理之幾何意義為：

在 $[a，b]$ 區間內，至少存在一個 c 值，使得 $f(c)\,(b-a)$ 之值恰為曲線 $y = f(x)$ 在 $[a，b]$ 之面積，如圖 6-17(1)、(2)所示。

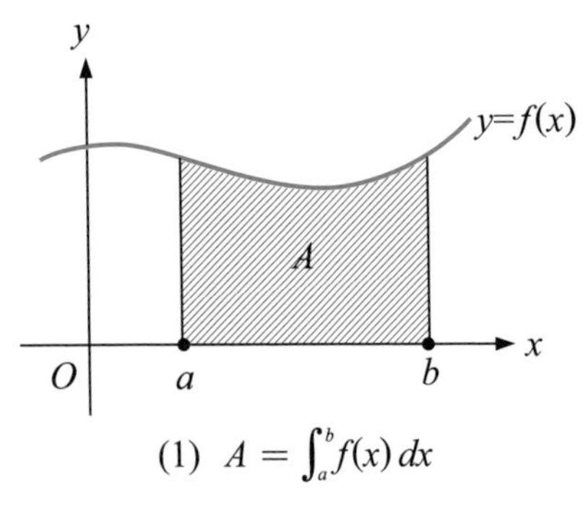

(1) $A = \int_a^b f(x)\,dx$

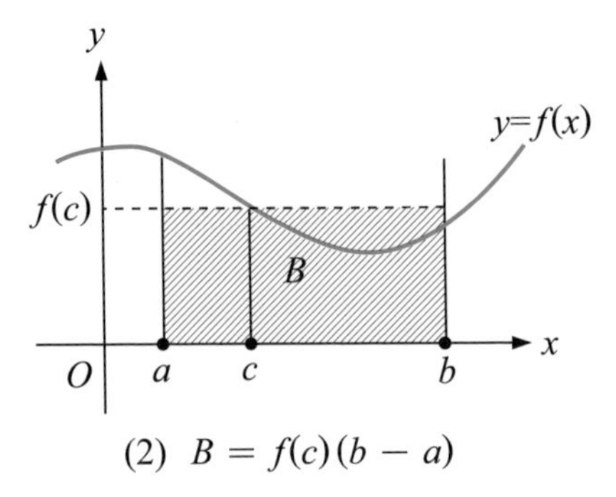

(2) $B = f(c)(b-a)$

圖 6-17　面積 $A = B$，即 $\int_a^b f(x)\,dx = f(c)\,(b-a)$

若將積分均值定理　$\int_a^b f(x)\,dx = f(c)\,(b-a)$ 改寫成

$$f(c) = \frac{\int_a^b f(x)\,dx}{b-a}$$

則 $f(c)$ 可被解釋為 $f(x)$ 在 $[a，b]$ 的平均值(Average Value)。

定義 6-2　平均值

若函數 $f(x)$ 在 $[a，b]$ 內可積分，則 $f(x)$ 在 $[a，b]$ 的平均值定義為

$$\bar{f} = \frac{\int_a^b f(x)\,dx}{b-a}$$

例 19

(1) 求函數 $f(x) = x^3$ 在 $[1，2]$ 之平均值。

(2) 求滿足積分均值定理之 c 值。

(1) 平均值 $\bar{f} = \dfrac{\int_1^2 x^3\,dx}{2-1} = \dfrac{\left.\frac{1}{4}x^4\right|_1^2}{1} = \dfrac{1}{4}\cdot 2^4 - \dfrac{1}{4}\cdot 1^4 = \dfrac{15}{4}$

(2) 由　$f(c) = \bar{f}$

得　$c^3 = \dfrac{15}{4}$

故　$c = \sqrt[3]{\dfrac{15}{4}}$

例 20

某運動物體之速度函數為 $v(t)=\sin t$（t 為時間），求下列各項：

(1) 時間一開始（$t=0$）之速度 $v(0)$。

(2) 時間為 $\frac{\pi}{2}$ 之速度 $v(\frac{\pi}{2})$。

(3) 時間從一開始到 $\frac{\pi}{2}$ 之平均速度 $\bar{v}$。

(1) $v(0)=\sin 0=0$

(2) $v(\frac{\pi}{2})=\sin\frac{\pi}{2}=1$

(3) $$\bar{v}=\frac{\int_0^{\frac{\pi}{2}} v(t)\,dt}{\frac{\pi}{2}-0}=\frac{\int_0^{\frac{\pi}{2}}\sin t\,dt}{\frac{\pi}{2}}=\frac{-\cos t\Big|_0^{\frac{\pi}{2}}}{\frac{\pi}{2}}$$

$$=\frac{-(\cos\frac{\pi}{2}-\cos 0)}{\frac{\pi}{2}}=\frac{-(0-1)}{\frac{\pi}{2}}=\frac{1}{\frac{\pi}{2}}=\frac{2}{\pi}$$

習題 6-3

第一組

1. 求下列定積分

   (1) $\int_3^5 8\,dx$

   (2) $\int_1^1 \sqrt{x^3+1}\,dx$

   (3) $\int_0^2 |x-1|\,dx$

   (4) $\int_{-4}^4 |x^2-x-6|\,dx$

2. 設$\int_1^3 f(x)\,dx=10$，$\int_2^3 f(x)\,dx=4$，$\int_2^5 f(x)\,dx=7$，求下列各值：

   (1) $\int_1^1 f(x)\,dx$　(2) $\int_3^1 f(x)\,dx$　(3) $\int_1^5 f(x)\,dx$

   (4) $\int_5^2 f(x)\,dx$　(5) $\int_3^5 f(x)\,dx$　(6) $\int_5^1 2f(x)\,dx$

3. 設$f(x)=\begin{cases} 2x & x<1 \\ 4x & 1\le x<2 \\ 6x & x\ge 2 \end{cases}$，求$\int_0^4 f(x)\,dx$

4. (1) 求函數$f(x)=6x^2-4$在$[1，3]$之平均值。

   (2) 求滿足積分均值定理之c值。

5. 病人服藥後，藥物在身體的殘留量為$A(t)=5e^{-t}$（t為時間，單位：小時），求：

   (1) 藥物在身體內的起始量？

   (2) 在一開始之四小時內之藥物平均殘留量？

第二組

1. 求下列定積分

   (1) $\int_{-1}^{1} 8\,dx$

   (2) $\int_{2}^{2} \sqrt{x^4+1}\,dx$

   (3) $\int_{1}^{3} |x-2|\,dx$

   (4) $\int_{-4}^{4} |x^2+x-6|\,dx$

2. 設$\int_{0}^{1} f(x)\,dx = 4$，$\int_{2}^{3} f(x)\,dx = 9$，$\int_{0}^{3} f(x)\,dx = 19$，求下列各值：

   (1) $\int_{3}^{2} f(x)\,dx$　　(2) $\int_{1}^{3} f(x)\,dx$　　(3) $\int_{0}^{2} f(x)\,dx$

   (4) $\int_{2}^{1} 3f(x)\,dx$　　(5) $\int_{2}^{2} f(x)\,dx$

3. 設$f(x)=\begin{cases} 3 & x<0 \\ 2 & 0\le x<4 \\ 1 & x\ge 4 \end{cases}$，求$\int_{-5}^{5} f(x)\,dx$

4. (1) 求函數$f(x)=3x+2$在$[-1，1]$之平均值。

   (2) 求滿足積分均值定理之c值。

5. 台北市在過去 6 小時之氣溫函數為$T(t)=-\frac{1}{10}t^2+t+30$（$t$為時間，單位：小時，且$0\le t\le 6$），求過去 6 小時之：

   (1) 平均溫度？

   (2) 最高溫與最低溫？

6-4 積分的技巧

前面章節已談過了積分的意義與觀念，現在正式進入「積分技巧」的內容，正如同學武功一般，開始教「招式」囉！因為不論是微分或積分，所處理的對象都是函數，故必須先了解函數特性，再介紹積分技巧。

我們將積分技巧歸類為積分公式、變數代換法、分部積分法、部份分式法、三角代換法與數值積分法等六種。

6-4-1 積分技巧(一)：積分公式

因為微分與積分彼此互為逆運算，故了解微分公式，其逆運算就形成了積分公式。

表 6-1　微分公式與積分公式對照表

微分（求導函數）⟵⟶積分（求反導函數）
$\frac{d}{dx}F(x)=F'(x)=f(x)\leftrightarrow\int f(x)\,dx=F(x)+C$
$\frac{d}{dx}(\frac{1}{r+1}x^{r+1})=x^r，r\neq-1\leftrightarrow\int x^r\,dx=\frac{1}{r+1}x^{r+1}+C，r\neq-1$
$\frac{d}{dx}(\frac{1}{r+1}f^{r+1})=f^r\cdot f'，r\neq-1\leftrightarrow\int f^r\cdot f'dx=\frac{1}{r+1}f^{r+1}+C，r\neq-1$
$\frac{d}{dx}\ln x=\frac{1}{x}\leftrightarrow\int\frac{1}{x}dx=\ln\|x\|+C$
$\frac{d}{dx}\ln f=\frac{f'}{f}\leftrightarrow\int\frac{f'}{f}dx=\ln\|f\|+C$
$\frac{d}{dx}\log_a x=\frac{1}{x\ln a}\leftrightarrow\int\frac{1}{x\ln a}dx=\log_a\|x\|+C$
$\frac{d}{dx}\log_a f=\frac{f'}{f\ln a}\leftrightarrow\int\frac{f'}{f\ln a}dx=\log_a\|f\|+C$

$$\frac{d}{dx}e^x = e^x \leftrightarrow \int e^x dx = e^x + C$$

$$\frac{d}{dx}e^f = e^f \cdot f' \leftrightarrow \int e^f \cdot f' dx = e^f + C$$

$$\frac{d}{dx}a^x = a^x \cdot \ln a \leftrightarrow \int a^x \cdot \ln a\, dx = a^x + C$$

$$\frac{d}{dx}a^f = a^f \cdot \ln a \cdot f' \leftrightarrow \int a^f \cdot \ln a \cdot f' dx = a^f + C$$

$$\frac{d}{dx}\sin x = \cos x \leftrightarrow \int \cos x\, dx = \sin x + C$$

$$\frac{d}{dx}\cos x = -\sin x \leftrightarrow \int \sin x\, dx = -\cos x + C$$

$$\frac{d}{dx}\tan x = \sec^2 x \leftrightarrow \int \sec^2 x\, dx = \tan x + C$$

$$\frac{d}{dx}\cot x = -\csc^2 x \leftrightarrow \int \csc^2 x\, dx = -\cot x + C$$

$$\frac{d}{dx}\sec x = \sec x \cdot \tan x \leftrightarrow \int \sec x \cdot \tan x\, dx = \sec x + C$$

$$\frac{d}{dx}\csc x = -\csc x \cdot \cot x \leftrightarrow \int \csc x \cdot \cot x\, dx = -\csc x + C$$

$$\frac{d}{dx}\sin f = \cos f \cdot f' \leftrightarrow \int \cos f \cdot f' dx = \sin f + C$$

$$\frac{d}{dx}\cos f = -\sin f \cdot f' \leftrightarrow \int \sin f \cdot f' dx = -\cos f + C$$

$$\frac{d}{dx}\tan f = \sec^2 f \cdot f' \leftrightarrow \int \sec^2 f \cdot f' dx = \tan f + C$$

$$\frac{d}{dx}\cot f = -\csc^2 f \cdot f' \leftrightarrow \int \csc^2 f \cdot f' dx = -\cot f + C$$

$$\frac{d}{dx}\sec f = \sec f \cdot \tan f \cdot f' \leftrightarrow \int \sec f \cdot \tan f \cdot f' dx = \sec f + C$$

$$\frac{d}{dx}\csc f = -\csc f \cdot \cot f \cdot f' \leftrightarrow \int \csc f \cdot \cot f \cdot f' dx = -\csc f + C$$

例 21

求下列積分

(1) $\int \sqrt[4]{x}\,dx$

(2) $\int x\sqrt[3]{x^2+5}\,dx$

(3) $\int \frac{3x^2+2x+4}{x^3+x^2+4x+1}dx$

(4) $\int x e^{x^2-1}dx$

(5) $\int x^2 \cdot \sec^2(2x^3+1)\,dx$

(1) $\int \sqrt[4]{x}\,dx = \int x^{\frac{1}{4}}dx = \frac{4}{5}x^{\frac{5}{4}} + C = \frac{4}{5}\sqrt[4]{x^5} + C$

(2) $\int x\sqrt[3]{x^2+5}\,dx = \int x(x^2+5)^{\frac{1}{3}}dx = \frac{3}{8}(x^2+5)^{\frac{4}{3}} + C = \frac{3}{8}\sqrt[3]{(x^2+5)^4}$
$+ C$

(3) $\int \frac{3x^2+2x+4}{x^3+x^2+4x+1}dx = \ln|x^3+x^2+4x+1| + C$

(4) $\int x e^{x^2-1}dx = \frac{1}{2}e^{x^2-1} + C$

(5) $\int x^2 \cdot \sec^2(2x^3+1)\,dx = \frac{1}{6}\tan(2x^3+1) + C$

除了以上介紹的積分公式外，本書於附錄中羅列了更多的積分公式，提供給讀者參考，但要記得公式是死的，要懂得公式的使用時機，並選擇正確的公式，那才是最重要的。

6-4-2 積分技巧(二)：變數代換法

變數代換法就是將不能直接積分者，利用連鎖律把被積分函數的變數代換，使之可以直接求積分。

例 22

求 $\int x(x^2+1)^6\,dx$

令 $u=x^2+1$，則 $du=2x\,dx$

故 $\int x(x^2+1)^6\,dx=\int \frac{1}{2}u^6\,du=\frac{1}{14}u^7+C$

$=\frac{1}{14}(x^2+1)^7+C$

變數代換法的使用關鍵在於如何選取合適的項目以 u 替代，故變數代換法又稱為令 u 法，如例 22 令 $u=x^2+1$ 是如何選？變數代換的原則如下：

(1) $e^{f(x)}\rightarrow$令 $u=f(x)$（令自然指數次方為 u）

(2) $\ln f(x)\rightarrow$令 $u=f(x)$（令自然對數內值為 u）

(3) $\frac{g(x)}{f(x)}\rightarrow$令 $u=f(x)$（令分式函數分母為 u）

(4) $\sqrt[n]{f(x)^m}\rightarrow$令 $u=f(x)$（令根式函數內值為 u）

(5) $[f(x)]^m\rightarrow$令 $u=f(x)$（令高次函數內值為 u）

(6) 三角函數→令內值為 u（如 $\sin f(x)\rightarrow$令 $u=f(x)$）

(7) 令整個 $\ln f(x)$ 為 u

例 23

求下列積分值

(1) $\int 6x\,e^{x^2}\,dx$

(2) $\int \frac{x\ln(x^2+1)}{x^2+1}\,dx$

(3) $\int \frac{5x^2}{x^3-1}\,dx$

(4) $\int 2x\sqrt{x^2-5}\,dx$

(5) $\int (1-x^3)^4 x^2\,dx$

(6) $\int x^4\sin(2x^5+6)\,dx$

(7) $\int \frac{1}{x\ln\sqrt{x}}\,dx$

(1) 令 $u=x^2$，則 $du=2x\,dx$

故 $\int 6x\,e^{x^2}\,dx=\int 3e^u\,du=3e^u+C=3e^{x^2}+C$

(2) 令 $u=x^2+1$，則 $du=2x\,dx$

故 $\int \frac{x\ln(x^2+1)}{x^2+1}\,dx=\int \frac{\ln u}{2u}\,du=\frac{1}{4}(\ln u)^2+C$

$$=\frac{1}{4}[\ln(x^2+1)]^2+C$$

(3) 令 $u=x^3-1$，則 $du=3x^2\,dx$

故 $\int \frac{5x^2}{x^3-1}\,dx=\int \frac{5}{3}\cdot\frac{1}{u}\,du=\frac{5}{3}\ln u+C=\frac{5}{3}\ln|x^3-1|+C$

(4) 令 $u = x^2 - 5$，則 $du = 2x\,dx$

故 $\int 2x\sqrt{x^2-5}\,dx = \int \sqrt{u}\,du = \int u^{\frac{1}{2}}\,du = \frac{2}{3}u^{\frac{3}{2}} + C = \frac{2}{3}(x^2-5)^{\frac{3}{2}} + C$

$$= \frac{2}{3}\sqrt{(x^2-5)^3} + C$$

(5) 令 $u = 1 - x^3$，則 $du = -3x^2\,dx$

故 $\int (1-x^3)^4 x^2\,dx = \int -\frac{1}{3}u^4\,du = -\frac{1}{15}u^5 + C$

$$= -\frac{1}{15}(1-x^3)^5 + C$$

(6) 令 $u = 2x^5 + 6$，則 $du = 10x^4\,dx$

故 $\int x^4 \sin(2x^5+6)\,dx = \int \frac{1}{10}\sin u\,du = -\frac{1}{10}\cos u + C$

$$= -\frac{1}{10}\cos(2x^5+6) + C$$

(7) $\int \frac{1}{x\ln\sqrt{x}}\,dx = \int \frac{1}{x\ln x^{\frac{1}{2}}}\,dx = \int \frac{1}{x \cdot \frac{1}{2}\ln x}\,dx = \int \frac{2}{x\ln x}\,dx$

令 $u = \ln x$，則 $du = \frac{1}{x}\,dx$

故 $\int \frac{2}{x\ln x}\,dx = \int \frac{2}{u}\,du = 2\ln u + C = 2\ln(\ln x) + C$

例 23 之七個小題之解題即是分別按照變數代換七個原則來進行，讀者可逐一對照。

另外若函數型態頗為複雜時，則令 u 的條件以對數 $\ln f(x)$ 最優先，其次是多項式函數，再來是三角函數，最後就是自然指數 $e^{f(x)}$。

例 24

求 $\int_1^2 \frac{x^2}{(x^3+1)^2}dx$

令 $u = x^3 + 1$，則 $du = 3x^2 dx$

而 $\int \frac{x^2}{(x^3+1)^2}dx = \int \frac{1}{3u^2}du = \frac{1}{3}\int u^{-2}du = \frac{1}{3}(-u^{-1}) + C = -\frac{1}{3u} + C$

$= -\frac{1}{3(x^3+1)} + C$

故 $\int_1^2 \frac{x^2}{(x^3+1)^2}dx = -\frac{1}{3(x^3+1)}\Big|_1^2 = -(\frac{1}{27} - \frac{1}{6}) = \frac{7}{54}$

另解：

令 $u = x^3 + 1$

則 $du = 3x^2 dx$，且 $x = 1$ 時 $u = 1^3 + 1 = 2$，$x = 2$ 時 $u = 2^3 + 1 = 9$

故 $\int_1^2 \frac{x^2}{(x^3+1)^2}dx = \int_2^9 \frac{1}{3u^2}du = -\frac{1}{3u}\Big|_2^9 = -\frac{1}{3}(\frac{1}{9} - \frac{1}{2}) = \frac{7}{54}$

由例 24 之解題過程可了解當積分過程中經過變數代換（$dx \to du$）後，則積分之上、下限也必須同時轉換。

6-4-3 積分技巧(三)：分部積分法

分部積分法公式

$$\int f(x)\,g'(x)\,dx = f(x)\,g(x) - \int f'(x)\,g(x)\,dx$$ 或寫成

$$\int u\,dv = uv - \int v\,du$$

證明：若 $f(x)$ 與 $g(x)$ 均為可微分函數，則

$$\frac{d}{dx}[\,f(x)\,g(x)\,] = f'(x)\,g(x) + f(x)\,g'(x)$$

等式兩邊取積分得

$$\int \frac{d}{dx}[\,f(x)\,g(x)\,]\,dx = \int [\,f'(x)\,g(x) + f(x)\,g'(x)\,]\,dx$$

$$f(x)\,g(x) = \int f'(x)\,g(x)\,dx + \int f(x)\,g'(x)\,dx$$

故 $\int f(x)\,g'(x)\,dx = f(x)\,g(x) - \int f'(x)\,g(x)\,dx$

設 $u = f(x)$，$v = g(x) \Rightarrow du = f'(x)\,dx$，$dv = g'(x)\,dx$

故 $\int u\,dv = uv - \int v\,du$

從積分函數的型式不難發現分部積分法專門處理複合函數，而其中的 u 我們視為「微分部」，v 則視為「積分部」；顧名思義，「分部」就是將 $f(x)$ 和 $g(x)$ 兩個函數的複合體分成「微分部」與「積分部」，分別以微分及積分技巧達到積分化簡的目的。

分部積分法的祕訣就是如何選擇「微分部」；因為一但「微分部」決定了，剩下的就是「積分部」了，而選擇「微分部」的技巧依函數的性質來定，其選擇的優先次序如下：

對數→多項式→三角函數→指數

值得一提的是分部積分法對於同一個積分式不限定使用一次，只要複合函數形態存在，就可以一直使用下去。

例 25

求 $\int x e^x \, dx$

xe^x 為多項式 x 與指數 e^x 的複合函數

故令　$u = x \Rightarrow du = dx$　（微分部）

$dv = e^x dx \Rightarrow \int dv = \int e^x dx \Rightarrow v = e^x$　（積分部）

故　$\int x e^x dx = \int u \, dv = uv - \int v \, du$

$= xe^x - \int e^x dx = xe^x - e^x + C$

例 26

求 $\int \frac{\ln x}{\sqrt{x}} dx$

$\frac{\ln x}{\sqrt{x}}$ 為對數 $\ln x$ 與指數 $\sqrt{x} = x^{\frac{1}{2}}$ 的複合函數

故令　$u=\ln x \Rightarrow du=\frac{1}{x}dx$　（微分部）

$$dv=\frac{1}{\sqrt{x}}dx \Rightarrow \int dv=\int x^{-\frac{1}{2}}dx \Rightarrow v=2x^{\frac{1}{2}}$$　（積分部）

故　$\int \frac{\ln x}{\sqrt{x}}dx=\int u\,dv=uv-\int v\,du$

$$=(\ln x)(2x^{\frac{1}{2}})-\int(2x^{\frac{1}{2}})(\frac{1}{x})dx$$

$$=2\sqrt{x}\ln x-\int 2x^{-\frac{1}{2}}dx$$

$$=2\sqrt{x}\ln x-4x^{\frac{1}{2}}+C$$

$$=2\sqrt{x}\ln x-4\sqrt{x}+C$$

6-4-4 積分技巧(四)：部份分式法

部份分式法是用來處理有理函數 $\frac{Q(x)}{P(x)}$ 的積分，即把由兩多項函數 $P(x)$ 與 $Q(x)$ 所構成的有理函數 $\frac{Q(x)}{P(x)}$ 分解成部份分式的和，再逐項積分。

部份分式法的化簡原則如下：

(1) $\frac{f(x)}{x^n}=\frac{A_1}{x}+\frac{A_2}{x^2}+\frac{A_2}{x^3}+\cdots\cdots+\frac{A_n}{x^n}$（其中 $A_1 \sim A_n$ 是常數）

(2) $\frac{f(x)}{(x+a)^n}=\frac{A_1}{(x+a)}+\frac{A_2}{(x+a)^2}+\frac{A_3}{(x+a)^3}+\cdots\cdots+\frac{A_n}{(x+a)^n}$

(3) $\frac{f(x)}{(x+a)(x+b)}=\frac{A_1}{(x+a)}+\frac{A_2}{x+b}$

(4) $\frac{f(x)}{(x+a_1)(x+a_2)(x+a_3)\cdots\cdots(x+a_n)}$

$=\frac{A_1}{x+a_1}+\frac{A_2}{x+a_2}+\frac{A_3}{x+a_3}+\cdots\cdots+\frac{A_n}{x+a_n}$

(5) $\frac{f(x)}{(x+a)(bx^2+cx+d)}=\frac{A}{x+a}+\frac{Bx+C}{bx^2+cx+d}$

例 27

求 $\int \frac{6}{4x^2-9}dx$

$$\int \frac{6}{4x^2-9}dx = \int \frac{6}{(2x)^2-3^2}dx$$

$$= \int \frac{6}{(2x+3)(2x-3)}dx$$

$$= \int (\frac{-1}{2x+3}+\frac{1}{2x-3})dx$$

（令 $\frac{6}{(2x+3)(2x-3)} = \frac{A}{2x+3}+\frac{B}{2x-3}$，解得 $A=-1$，$B=1$）

$$= -\frac{1}{2}\ln|2x+3| + \frac{1}{2}\ln|2x-3| + C$$

例 28

求 $\int \frac{x^2+3x-5}{(x-1)^3}dx$

令 $\frac{x^2+3x-5}{(x-1)^3} = \frac{A}{x-1}+\frac{B}{(x-1)^2}+\frac{C}{(x-1)^3}$

解得 $A=1$，$B=5$，$C=-1$

$$\int \frac{x^2+3x-5}{(x-1)^3}dx = \int [\frac{1}{(x-1)}+\frac{5}{(x-1)^2}+\frac{-1}{(x-1)^3}]dx$$

$$= \ln|x-1| - \frac{5}{x-1} + \frac{1}{2(x-1)^2} + C$$

6-4-5 積分技巧(五)：三角置換法

三角置換法是一種利用三角函數關係進行多項式置換並化簡的積分方法，一但被積分函數中含有 x^2+a^2，x^2-a^2，a^2-x^2 等型式時可利用三角函數平方關係代入解之。

三角置換法的原則如下：

(1) 多項式有 x^2+a^2 型式，則將 x 以 $a\tan\theta$ 置換

（聯想：$a^2\tan^2\theta + a^2 = a^2(\tan^2\theta+1) = a^2\sec^2\theta$）

(2) 多項式有 x^2-a^2 型式，則將 x 以 $a\sec\theta$ 置換

（聯想：$a^2\sec^2\theta - a^2 = a^2(\sec^2\theta-1) = a^2\tan^2\theta$）

(3) 多項式有 a^2-x^2 型式，則將 x 以 $a\sin\theta$ 或 $a\cos\theta$ 置換

（聯想：$a^2 - a^2\sin^2\theta = a^2(1-\sin^2\theta) = a^2\cos^2\theta$

$a^2 - a^2\cos^2\theta = a^2(1-\cos^2\theta) = a^2\sin^2\theta$）

例 29

求 $\int \frac{1}{x^2+a^2}dx$

令 $x = a\tan\theta \Rightarrow dx = a\sec^2\theta \cdot d\theta$

故 $\int \frac{1}{x^2+a^2}dx = \int \frac{1}{a^2\tan^2\theta + a^2} \cdot a\sec^2\theta \cdot d\theta = \int \frac{a\sec^2\theta}{a^2(\tan^2\theta+1)}d\theta$

$$= \int \frac{a\sec^2\theta}{a^2\sec^2\theta}d\theta = \int \frac{1}{a}d\theta = \frac{1}{a}\cdot\theta + C = \frac{1}{a}\tan^{-1}\frac{x}{a} + C$$

（註：由 $x = a\tan\theta \Rightarrow \tan\theta = \frac{x}{a} \Rightarrow \theta = \tan^{-1}\frac{x}{a}$）

例 30

求 $\int \frac{1}{\sqrt{x^2 - a^2}}dx$

令 $x = a\sec\theta \Rightarrow dx = a\tan\theta\cdot\sec\theta\cdot d\theta$

故 $\int \frac{1}{\sqrt{x^2 - a^2}}dx = \int \frac{1}{\sqrt{a^2\sec^2\theta - a^2}}\cdot a\tan\theta\cdot\sec\theta\cdot d\theta$

$$= \int \frac{a\tan\theta\sec\theta}{a\sqrt{\sec^2\theta - 1}}d\theta = \int \frac{a\tan\theta\sec\theta}{a\tan\theta}d\theta$$

$$= \int \sec\theta\, d\theta = \ln|\tan\theta + \sec\theta| + C$$

（說明：$\int \sec\theta\, d\theta$ 之積分可參閱附錄之積分公式）

$$= \ln|\sqrt{\sec^2\theta - 1} + \sec\theta| + C$$

$$= \ln\left|\frac{\sqrt{a^2\sec^2\theta - a^2} + a\sec\theta}{a}\right| + C$$

$$= \ln\left|\frac{\sqrt{x^2 - a^2} + x}{a}\right| + C$$

求$\int \frac{1}{x^2\sqrt{a^2-x^2}}dx$

令$x = a\sin\theta \Rightarrow dx = a\cos\theta\, d\theta$

故$\int \frac{1}{x^2\sqrt{a^2-x^2}}dx = \int \frac{1}{a^2\sin^2\theta\sqrt{a^2-a^2\sin^2\theta}} \cdot a\cos\theta\, d\theta$

$$= \int \frac{a\cos\theta}{a^2\sin^2\theta \cdot a\cos\theta}d\theta$$

$$= \int \frac{1}{a^2\sin^2\theta}d\theta$$

$$= \frac{1}{a^2}\int \csc^2\theta\, d\theta$$

$$= -\frac{1}{a^2}\cot\theta + C$$

$$= -\frac{1}{a^2} \cdot \frac{\cos\theta}{\sin\theta} + C$$

$$= -\frac{1}{a^2} \cdot \frac{\sqrt{1-\sin^2\theta}}{\sin\theta} + C$$

$$= -\frac{1}{a^2} \cdot \frac{\sqrt{a^2-a^2\sin^2\theta}}{a\sin\theta} + C$$

$$= \frac{-\sqrt{a^2-x^2}}{a^2 x} + C$$

6-4-6 積分技巧(六)：數值積分法

倘若用盡了所有積分技巧就是無法將積分求出，那該如何是好？這時我們得回歸到積分的原意為求面積，利用求面積的概念求得積分的近似值，此種方法稱為數值積分法，常見的數值積分法除了之前在 6-1 節所介紹的長方形法外尚有兩種，一為梯形法，另一為拋物線法。

梯形法乃是將函數 $f(x)$ 在其積分區間 $[a，b]$ 內分割成 n 個梯形，再逐一累加其面積，如圖 6-18 所示：

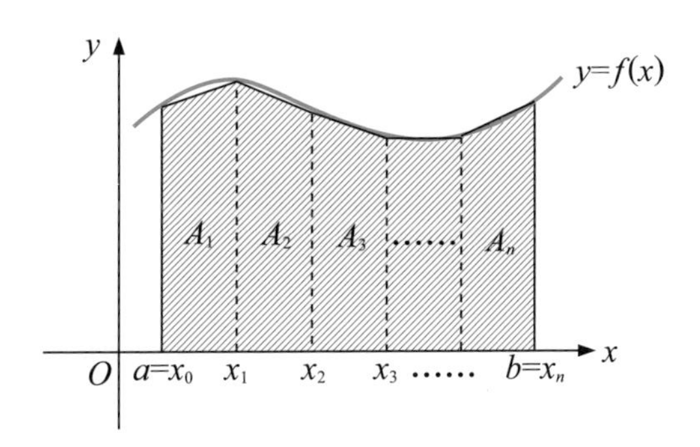

圖 6-18　梯形法求 $\int_a^b f(x)\,dx$ 近似值

函數曲線下面積可由 n 個梯形面積累加而得近似值，故

$$\begin{aligned}\int_a^b f(x)\,dx &\approx A_1+A_2+A_3+\cdots\cdots+A_n\\ &=\frac{\Delta x}{2}[f(x_0)+f(x_1)]+\frac{\Delta x}{2}[f(x_1)+f(x_2)]+\frac{\Delta x}{2}[f(x_2)+f(x_3)]\\ &\quad+\cdots\cdots+\frac{\Delta x}{2}[f(x_{n-1})+f(x_n)]\\ &=\frac{\Delta x}{2}[f(x_0)+2f(x_1)+2f(x_2)+\cdots\cdots+2f(x_{n-1})+f(x_n)]\end{aligned}$$

（其中 $\Delta x=x_1-x_0=x_2-x_1=x_3-x_2=\cdots\cdots=x_n-x_{n-1}$）

若函數 $f(x)$ 圖形變化大，則 n 增大（分割越細）將可使積分近似值越精確。

例 32

利用梯形法，取 $n = 14$，求 $\int_1^2 \frac{1}{x}\,dx$ 之近似值。

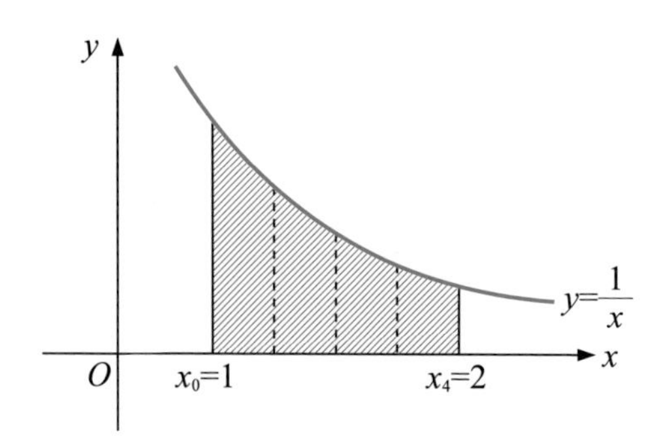

圖 6-19　$y = \frac{1}{x}$ 圖形

每一分割之梯形高為 $\Delta x = \frac{2 - 1}{4} = \frac{1}{4}$

x	$x_0 = 1$	$x_1 = 1\frac{1}{4}$	$x_2 = 1\frac{1}{2}$	$x_3 = 1\frac{3}{4}$	$x_4 = 2$
$f(x)$	$f(x_0) = 1$	$f(x_1) = \frac{4}{5}$	$f(x_2) = \frac{2}{3}$	$f(x_3) = \frac{4}{7}$	$f(x_4) = \frac{1}{2}$

故　$\int_1^2 \frac{1}{x}\,dx \approx \frac{1}{2}\left(\frac{1}{4}\right)\left[1 + 2\left(\frac{4}{5}\right) + 2\left(\frac{2}{3}\right) + 2\left(\frac{4}{7}\right) + \frac{1}{2}\right] = 0.6970$

而實際積分值　$\int_1^2 \frac{1}{x}\,dx = \ln|x|\Big|_1^2 = \ln 2 - \ln 1 \approx 0.6931$

拋物線法（又稱辛普森法）乃由英國人辛普森(Simpson)所提出之近似方法，其原理是利用曲線上的三點，形成一拋物線，再利用此拋物線下之面積，估算曲線下之面積。

首先將函數f之積分區間$[a，b]$分割成n（n為偶數）個相等的子區間，每一子區間之寬度$\Delta x=\dfrac{b-a}{n}$，各分割點座標為x_0，x_1，……，x_n，以鄰近三點形成一拋物線，故需將$[a，b]$分割為偶數個區間，如圖 6-20 所示：

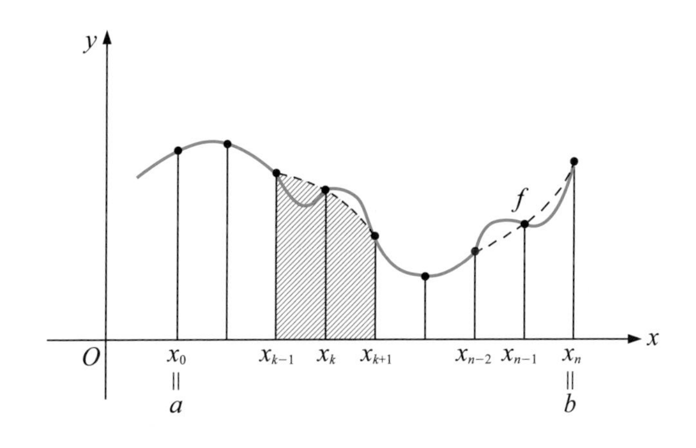

圖 6-20　拋物線法求$\int_a^b f(x)\,dx$近似值

經逐一累加分割之拋物線面積之後，最後可得（證明省略）

$$\int_a^b f(x)\,dx \simeq \frac{\Delta x}{3}\left[f(x_0)+4f(x_1)+2f(x_2)+4f(x_3)+2f(x_4)+\cdots\cdots+4f(x_{n-1})+f(x_n)\right]$$

例 33

利用拋物線法，取$n=4$，求$\int_1^2 \dfrac{1}{x}\,dx$近似值。

每一分割之子區間寬度 $\Delta x = \frac{2-1}{4} = \frac{1}{4}$

x	$x_0 = 1$	$x_1 = 1\frac{1}{4}$	$x_2 = 1\frac{1}{2}$	$x_3 = 1\frac{3}{4}$	$x_4 = 2$
$f(x)$	$f(x_0) = 1$	$f(x_1) = \frac{4}{5}$	$f(x_2) = \frac{2}{3}$	$f(x_3) = \frac{4}{7}$	$f(x_4) = \frac{1}{2}$

故 $\int_1^2 \frac{1}{x} dx \approx \frac{1}{3}(\frac{1}{4})[1 + 4(\frac{4}{5}) + 2(\frac{2}{3}) + 4(\frac{4}{7}) + \frac{1}{2}] = 0.6933$

比較例 32 與 33 可知利用拋物線法所計算出之結果較準確；一般而言，在計算的複雜程度上，拋物線法與梯形法相差無幾，但在準確度上，拋物線法所求之積分近似值較為精確。

習　題　6-4

求下列積分：

第一組

6-4-1

1. $\int x^5\,dx$
2. $\int \sqrt[3]{x^2}\,dx$
3. $\int \frac{10}{x}\,dx$
4. $\int 6e^{-2x}\,dx$
5. $\int \cos 3x\,dx$
6. $\int \frac{(t+3)^2}{\sqrt{t}}\,dt$

6-4-2

7. $\int \frac{3x^2}{x^3+4}\,dx$
8. $\int x^4 e^{x^5}\,dx$
9. $\int \frac{\ln 6x}{x}\,dx$
10. $\int 2x^3 \sin(x^4+1)\,dx$
11. $\int_1^2 \frac{2x+1}{x^2+x-1}\,dx$
12. $\int_0^b ke^{-kx}\,dx$

6-4-3

13. $\int \ln x\,dx$
14. $\int xe^{3x}\,dx$
15. $\int x^2 \ln x^3\,dx$
16. $\int x\sin x\,dx$
17. $\int_1^5 \ln x\,dx$
18. $\int_0^1 xe^{-x}\,dx$

6-4-4

19. $\int \frac{x+1}{x^2-4}\,dx$

20. $\int \frac{x^2}{x^2-6x+5}\,dx$

21. $\int \frac{2x^2+3}{(x-1)^3}\,dx$

22. $\int \frac{x+2}{x^2-x}\,dx$

23. $\int \frac{5x^2+20x+6}{x(x+1)^2}\,dx$

24. $\int_1^5 \frac{x-1}{x^2(x+1)}\,dx$

6-4-5

25. $\int \frac{x^2}{\sqrt{4-x^2}}\,dx$

26. $\int \frac{1}{\sqrt{x^2+9}}\,dx$

27. $\int \sqrt{1-x^2}\,dx$

28. $\int \frac{\sqrt{1-x^2}}{x^2}\,dx$

29. $\int \frac{x}{\sqrt{3-x^2}}\,dx$

30. $\int \frac{1}{\sqrt{x^2-4}\,x^2}\,dx$

6-4-6

31. 以下兩小題，n 為分割子區間數目，分別以梯形法與拋物線法求積分近似值。

(1) $\int_1^3 \sqrt{x^2+1}\,dx \ (n=4)$

(2) $\int_2^5 \frac{1}{x^2-1}\,dx \ (n=6)$

第二組

6-4-1

1. $\int x^6\,dx$

2. $\int \frac{1}{\sqrt[3]{x^2}}\,dx$

3. $\int \frac{50}{x}\,dx$

4. $\int 4e^{3x}\,dx$

5. $\int \sin 6x\,dx$

6. $\int (1-t)\sqrt{t}\,dt$

6-4-2

7. $\int \frac{6x^2}{x^3-1}\,dx$

8. $\int x^3 e^{x^4}\,dx$

9. $\int \frac{\ln 2x}{x}\,dx$

10. $\int (x+3)\sin(x^2+6x)\,dx$

11. $\int_0^1 \frac{2x+3}{x^2+3x+4}\,dx$

12. $\int_0^b me^{mx}\,dx$

6-4-3

13. $\int x\ln x\,dx$

14. $\int 2xe^{4x}\,dx$

15. $\int x\ln x^2\,dx$

16. $\int x\cos x\,dx$

17. $\int_1^2 x\ln x\,dx$

18. $\int_0^1 xe^x\,dx$

6-4-4

19. $\int \frac{3x-5}{x^2-4}\,dx$

20. $\int \frac{x}{x^2-6x+5}\,dx$

21. $\int \frac{x^2+2x-6}{(x-1)^3}\,dx$

22. $\int \frac{x+2}{x^2+x}\,dx$

23. $\int \frac{3x^2+3x+1}{x(x+1)^2}\,dx$

24. $\int_4^5 \frac{1}{9-x^2}\,dx$

6-4-5

25. $\int \frac{2x}{\sqrt{9-x^2}}\,dx$

26. $\int \frac{1}{\sqrt{x^2+81}}\,dx$

27. $\int \sqrt{x^2-1}\,dx$

28. $\int \frac{\sqrt{x^2-4}}{x}\,dx$

29. $\int x\sqrt{x^2+3}\,dx$

30. $\int \frac{1}{x^2\sqrt{x^2-3}}\,dx$

6-4-6

31.以下兩小題，n 為分割子區間數目，分別以梯形法與拋物線法求積分近似值。

(1) $\int_1^3 \sqrt{x^2-1}\,dx \quad (n=4)$

(2) $\int_1^7 \frac{1}{x^2+1}\,dx \quad (n=6)$

微積分趣談(六)：積分

史努比與桃樂比兩人比賽用成語來描述微積分基本定理：「函數經微分再積分，會變回函數本身」，以下是他們兩人的對話：

史：「化整為零，化零為整。」

桃：「為什麼？」

史：「化整為零代表微分，化零為整代表積分。」

桃：「破鏡重圓。」

史：「為什麼？」

桃：「鏡子四分五裂是為微分，將破裂鏡子再接合回來是為積分。」

讀者覺得誰用的成語比較貼切？

CHAPTER 07

積分的應用

本章大綱

- 7-1 積分應用(一)：求面積
- 7-2 積分應用(二)：求體積
- 7-3 積分應用(三)：求弧長
- 7-4 積分應用(四)：積分在各學科的應用
- 7-5 積分應用(五)：求微分逆運算
- 7-6 積分應用(六)：廣義積分的應用

積分具有累積求和的概念，因此凡是具有累積求和的事物往往可以用積分求之，常見的積分的應用包括：

(1) 在幾何上，可用積分求出面積、體積與弧長。

(2) 在物理學上，可用積分求出功。

(3) 在統計學上，可用積分求出機率與期望值。

(4) 在經濟學上，可用積分求出消費者剩餘與生產者剩餘。

(5) 積分可用來求出微分的逆運算。

(6) 廣義積分的應用。

7-1 積分應用(一)：求面積

積分的原理就是從求面積而來，其做法為將函數圖形下的區域沿著 x 軸分割成許多的長方形，然後將這些長方形的面積累加而形成所謂的黎曼和，最後並取其極限（無限多個分割），即定義出所謂的積分。

利用積分求面積的方法依函數型態的不同而分為以下五種：

(1) 在積分區間 $[a, b]$ 中函數 $f(x)$ 的圖形皆在 x 軸上方（如圖 7-1）。

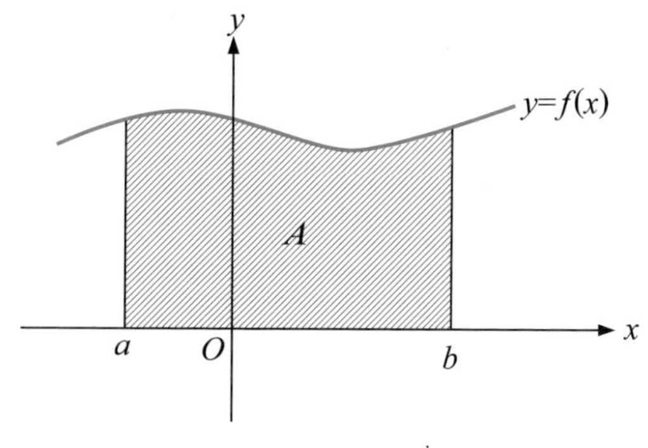

圖 7-1　面積 $A=\int_a^b f(x)\,dx$

(2) 在積分區間 $[a, b]$ 中函數 $f(x)$ 的圖形皆在 x 軸下方（如圖 7-2）。

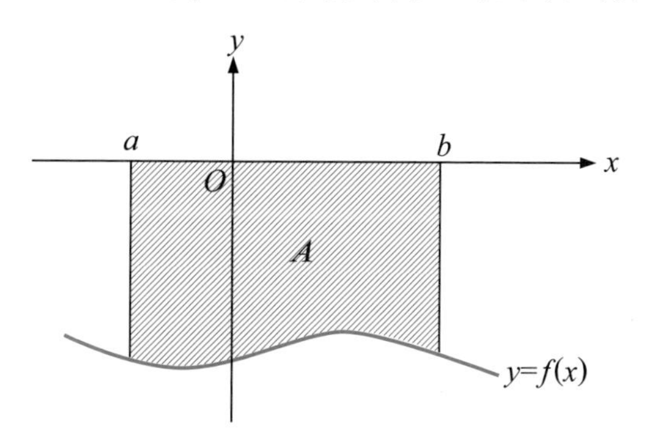

圖 7-2　面積 $A=\int_a^b |f(x)|\,dx=-\int_a^b f(x)\,dx$

(3) 在積分區間［a，b］中 $f(x)$ 的圖形一部份在 x 軸上方，一部份在 x 軸下方（如圖 7-3）。

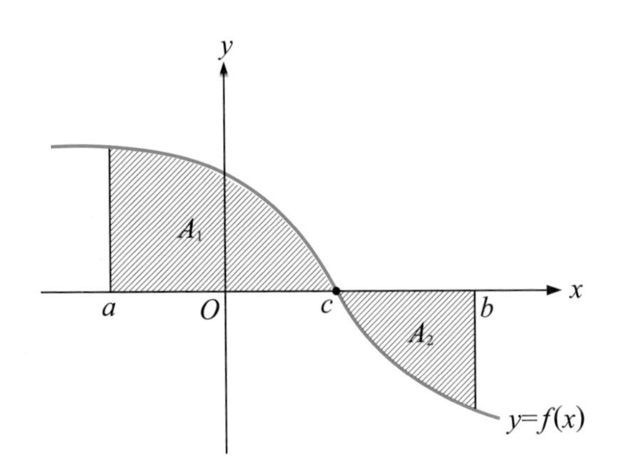

圖 7-3　面積 $A = A_1 + A_2 = \int_a^c f(x)\,dx + \int_c^b |f(x)|\,dx = \int_a^c f(x)\,dx - \int_c^b f(x)\,dx$

(4) 在積分區間［a，b］中求 $f(x)$ 與 $g(x)$ 所夾面積（設 $f(x) \geq g(x)$）（如圖 7-4）。

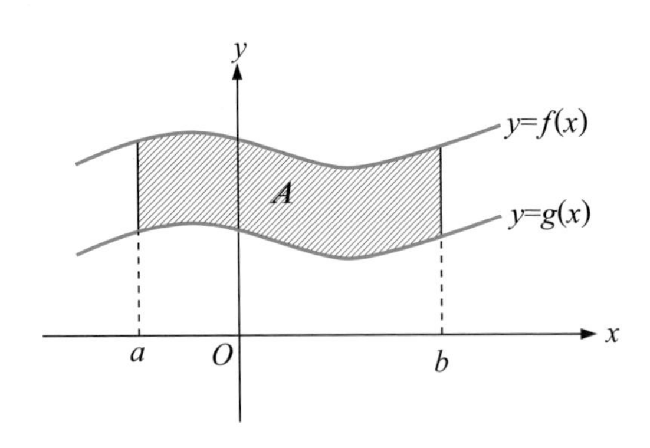

圖 7-4　面積 $A = \int_c^b (f - g)\,dx$

(5) 在積分區間 $[a, b]$ 中求 $f(x)$ 與 $g(x)$ 所夾面積（設在 $[a, c]$ 中 $f(x) \ge g(x)$，在 $[c, b]$ 中 $g(x) \ge f(x)$，且 $c \in [a, b]$）（如圖 7-5）。

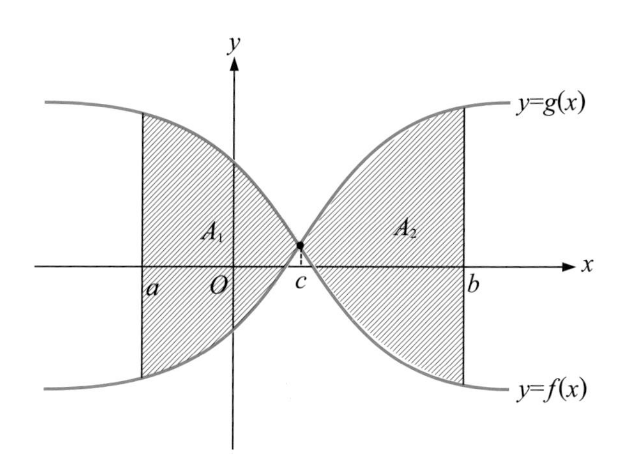

圖 7-5　面積 $A = A_1 + A_2 = \int_a^c (f-g)\,dx + \int_c^b (g-f)\,dx$

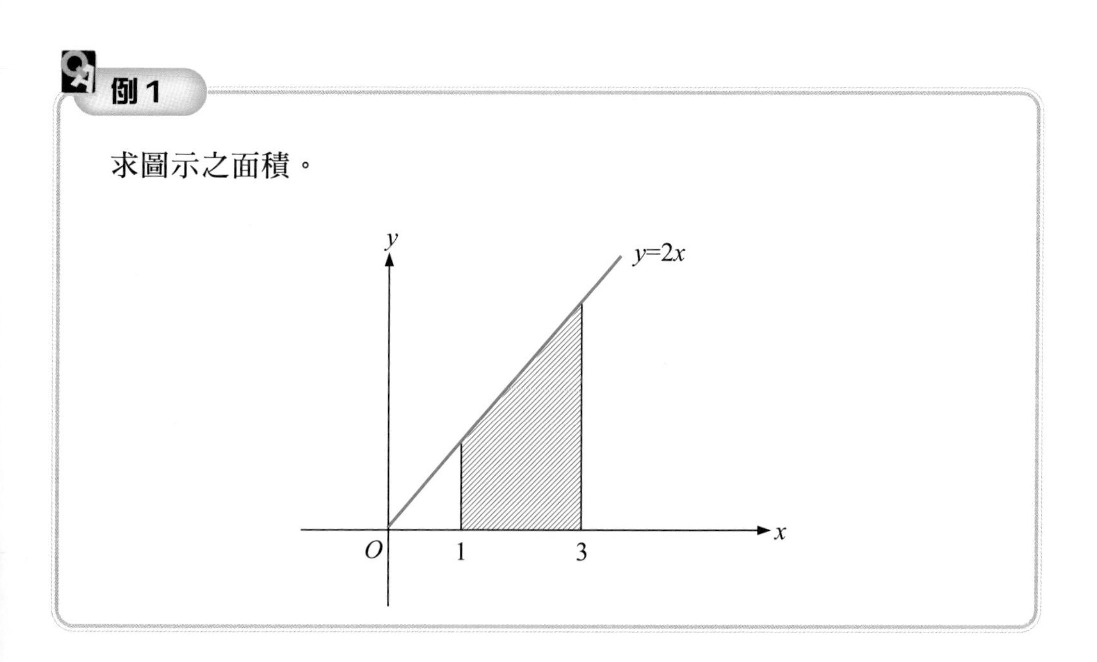

$$面積 = \int_1^3 2x\,dx = x^2\Big|_1^3 = 3^2 - 1^2 = 8$$

例 2

求圖示之面積。

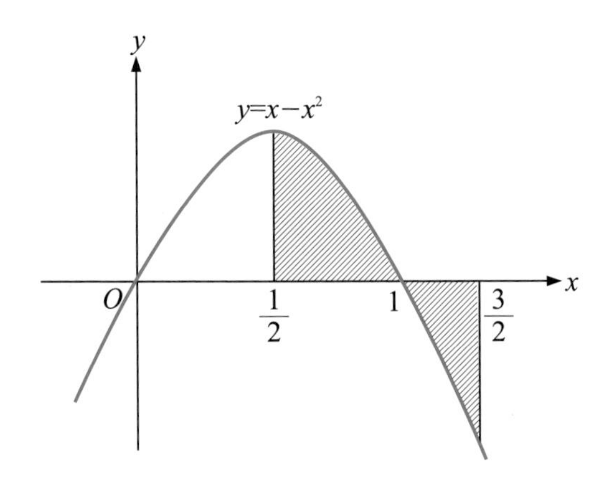

$$面積 = \int_{\frac{1}{2}}^{1} (x - x^2)\,dx + \int_{1}^{\frac{3}{2}} |x - x^2|\,dx$$

$$= \int_{\frac{1}{2}}^{1} (x - x^2)\,dx - \int_{1}^{\frac{3}{2}} (x - x^2)dx$$

$$= (\frac{1}{2}x^2 - \frac{1}{3}x^3)\Big|_{\frac{1}{2}}^{1} - (\frac{1}{2}x^2 - \frac{1}{3}x^3)\Big|_{1}^{\frac{3}{2}}$$

$$= \frac{2}{24} - (-\frac{4}{24}) = \frac{2}{24} + \frac{4}{24} = \frac{1}{4}$$

例 3

求由抛物線 $y=x^2-3$ 與直線 $y=2x$ 所圍面積。

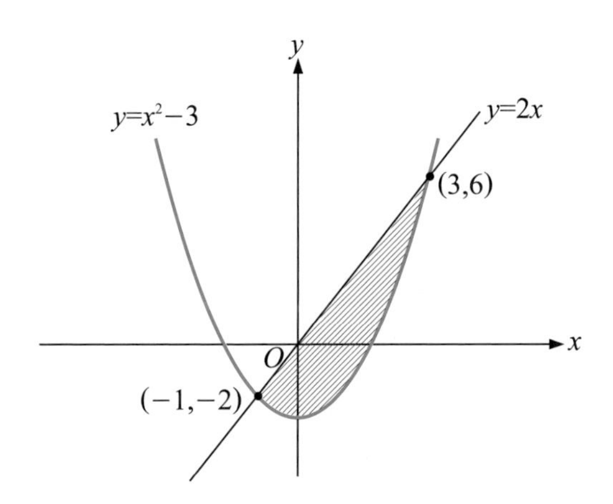

先求 $y=x^2-3$ 與 $y=2x$ 之聯立解，得 $\begin{cases} y=x^2-3 \\ y=2x \end{cases}$ 之解（代表交點）為 $(-1,-2)$ 與 $(3,6)$

故所圍面積 $=\int_{-1}^{3}[2x-(x^2-3)]dx$

$$=\int_{-1}^{3}(-x^2+2x+3)dx$$

$$=(-\frac{1}{3}x^3+x^2+3x)\Big|_{-1}^{3}$$

$$=10\frac{2}{3}$$

例 4

求由$y = x^3$與$y = x$兩者所圍面積。

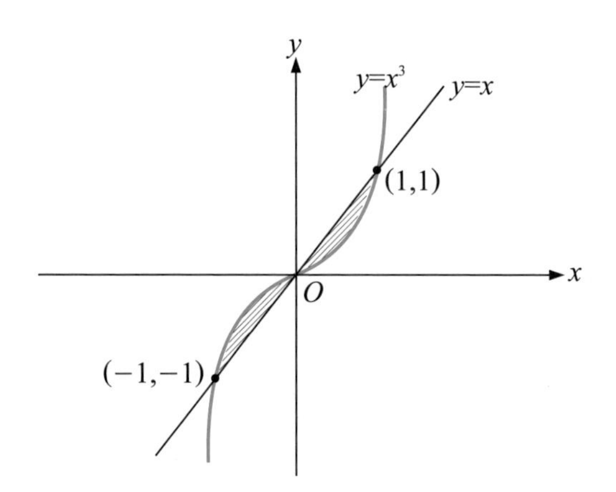

求$\begin{cases} y = x^3 \\ y = x \end{cases}$聯立解，得交點為$(-1，-1)$與$(0，0)$與$(1，1)$

$$\text{故所圍面積} = \int_{-1}^{0}(x^3 - x)\,dx + \int_{0}^{1}(x - x^3)\,dx$$

$$= \left(\frac{1}{4}x^4 - \frac{1}{2}x^2\right)\Big|_{-1}^{0} + \left(\frac{1}{2}x^2 - \frac{1}{4}x^4\right)\Big|_{0}^{1}$$

$$= \frac{1}{4} + \frac{1}{4}$$

$$= \frac{1}{2}$$

習題 7-1

第一組

1. 求$y=-5$在區間[2，6]與x軸所夾面積？
2. 求$y=4x$在區間[-3，0]與x軸所夾面積？
3. 求$y=x^2-6x+5$在區間[0，2]與x軸所夾面積？
4. 求由$y=x^2$與$y=-4x$所圍面積？
5. 求由$y=x^3$與$y=-x^2+2x$所圍面積？
6. 求圖示之面積？

y
y=sinx
x
O
$\frac{\pi}{4}$
y=cosx

第二組

1. 求$y=-2$在區間[-1，4]與x軸所夾面積？
2. 求$y=6x$在區間[0，3]與x軸所夾面積？
3. 求$y=x^2-2x-3$在區間[-2，0]與x軸所夾面積？
4. 求由$y=x^2-x$與$y=x$所圍面積？
5. 求由$y=x^3$與$y=5x^2-4x$所圍面積？
6. 求圖示之面積？

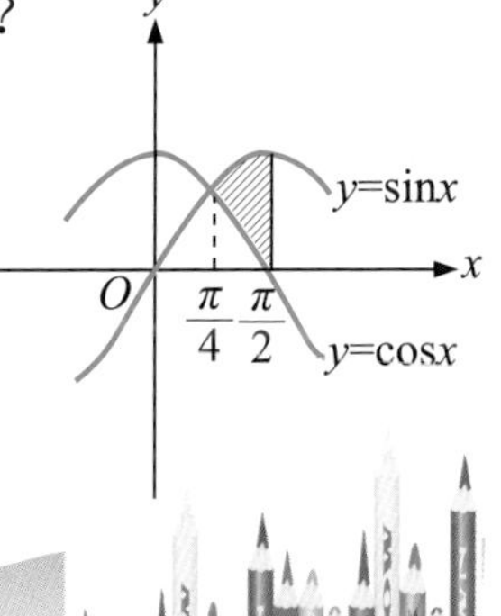

7-2 積分應用(二)：求體積

積分可以用來求出旋轉體體積。所謂旋轉體是由一個平面圖形繞某個軸線（稱為旋轉軸）旋轉一圈而成的立體（如圖 7-6(a)所示）。例如圓柱體是一個長方形繞它的一條邊旋轉一圈而成的立體（如例 5 所示），圓錐體是一個直角三角形繞它的一條直角邊旋轉一圈而成的立體（如例 6 所示），而球體是半圓繞它的直徑旋轉一圈而成的立體（如例 7 所示）。

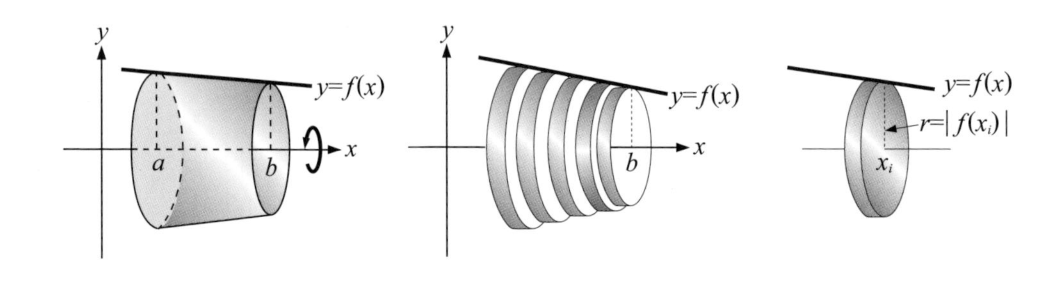

(a) 旋轉體　(b) 分割後之旋轉體　(c)旋轉體經分割後之小單元（小圓柱體）

圖 7-6　旋轉體體積之積分求法是由分割後之無限多個小圓柱體累加而來

旋轉體體積之積分求法如圖 7-6 所示：

首先將旋轉體分割成 n 個小單元（如圖 7-6(b)），每一個小單元的形狀皆近似於一個小圓柱體（如圖 7-6(c)），任一小圓柱之高 $h = \Delta x$，底圓之半徑 $r = |f(x_i)|$，故小圓柱之體積為

$$dv = \pi r^2 h = \pi\,[f(x_i)]^2\,\Delta x$$

而旋轉體體積 V 近似於由這些小圓柱體積累加之和，即

$$V \simeq \sum_{i=1}^{n} \pi \, [f(x_i)]^2 \, \Delta x$$

當 $n \to \infty$ 時（表示將旋轉體分割成無限多個小圓柱），旋轉體體積 V 等於分割的無限多個小圓柱體積累加的極限，即

$$V = \lim_{n \to \infty} \sum_{i=1}^{n} \pi \, [f(x_i)]^2 \, \Delta x = \int_a^b \pi f^2 \, dx$$

定理 7-1　旋轉體體積

設 f 是定義於區間 $[a,b]$ 的連續函數，則由 f 與 x 軸所夾區域繞 x 軸一圈，所得到的旋轉體體積為　$V = \int_a^b \pi f^2 \, dx$。

例 5

求圖示之長方形繞 x 軸一圈而形成之圓柱體體積？

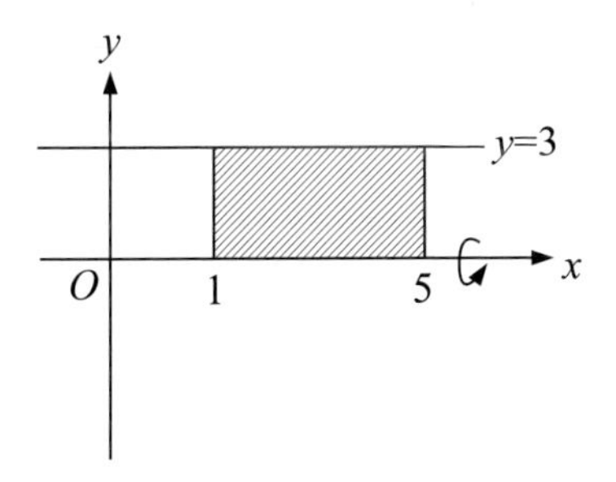

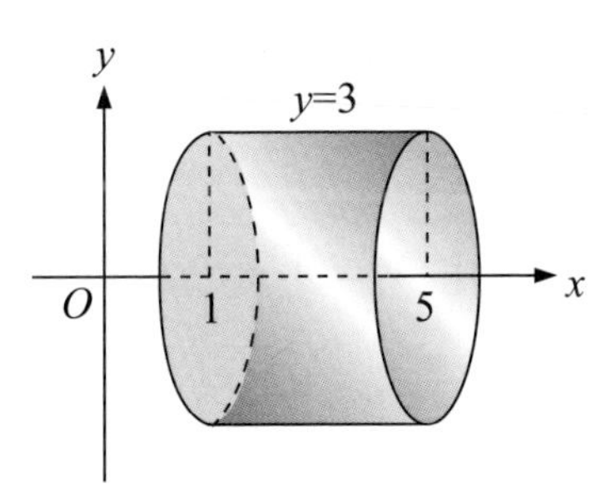

解

圓柱體體積 $V = \int_1^5 \pi f^2 \, dx = \int_1^5 \pi \cdot 3^2 \, dx$

$$= 9\pi x \Big|_1^5 = 9\pi\,(5-1) = 36\pi$$

另解：

圓柱體體積 $V=$ 底面積 $\times$ 高

$$=(\pi\cdot 3^2)(4)=36\pi$$

例 6

求圖示之直角三角形繞 x 軸一圈而形成之圓錐體體積？

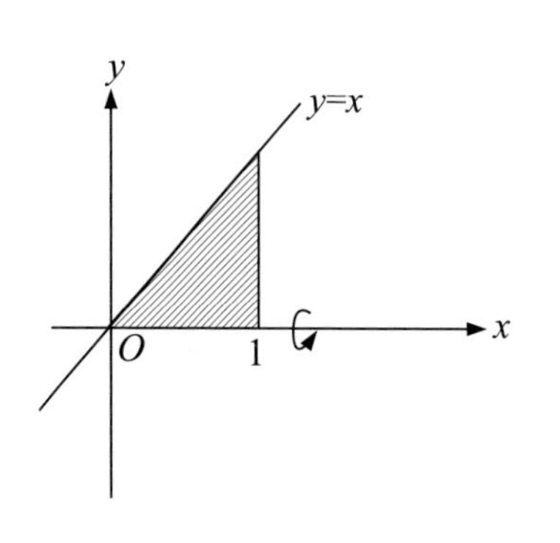

⇒

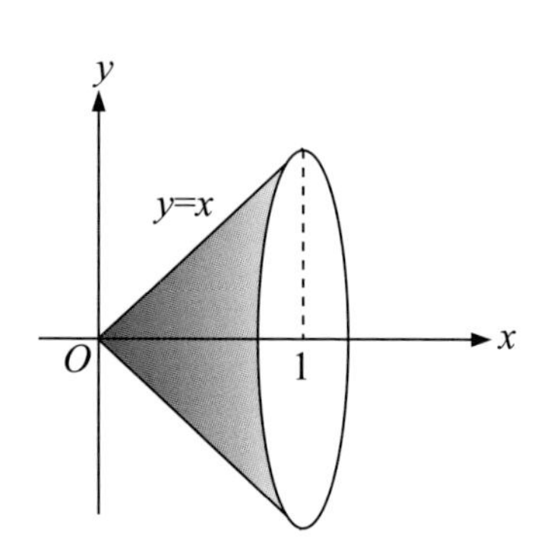

圓錐體體積 $V=\int_0^1 \pi f^2\,dx=\int_0^1 \pi x^2\,dx$

$$=\frac{\pi}{3}x^3\Big|_0^1=\frac{\pi}{3}(1^3-0^3)=\frac{\pi}{3}$$

另解：

圓錐體體積 $V=\dfrac{1}{3}\times$ 底圓面積 $\times$ 高

$$=\frac{1}{3}\cdot\pi(1)^2\cdot 1=\frac{\pi}{3}$$

例 7

求圖示之半圓繞 x 軸一圈而形成之球體體積？

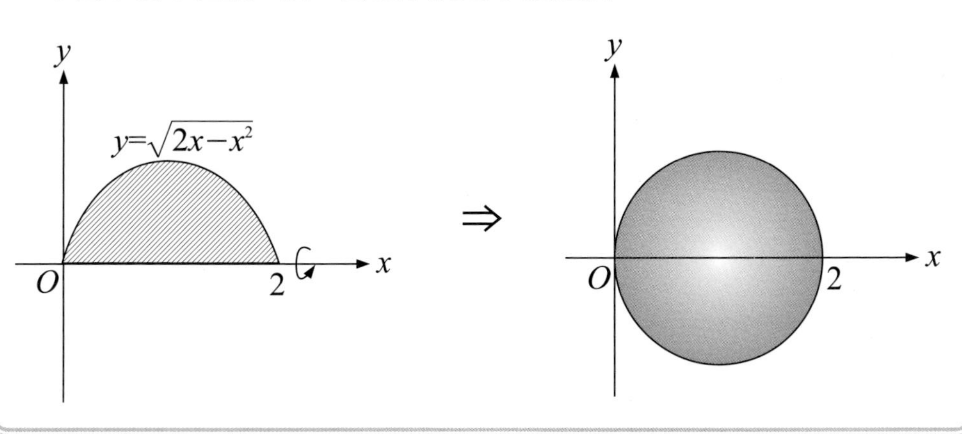

球體體積 $V=\int_0^2 \pi f^2\,dx=\int_0^2 \pi(\sqrt{2x-x^2})^2\,dx$

$$=\int_0^2 \pi(2x-x^2)\,dx=\pi\left(x^2-\frac{1}{3}x^3\right)\Big|_0^2$$

$$=\pi\left[\left(2^2-\frac{1}{3}\cdot 2^3\right)-0\right]=\frac{4}{3}\pi$$

另解：

球體體積 $V=\frac{4}{3}\pi r^3=\frac{4}{3}\pi\cdot 1^3$

$$=\frac{4}{3}\pi$$

例 8

求由曲線 $y = x^2$，$y = \sqrt{x}$ 所圍圖形繞 x 軸旋轉一圈所成旋轉體的體積？

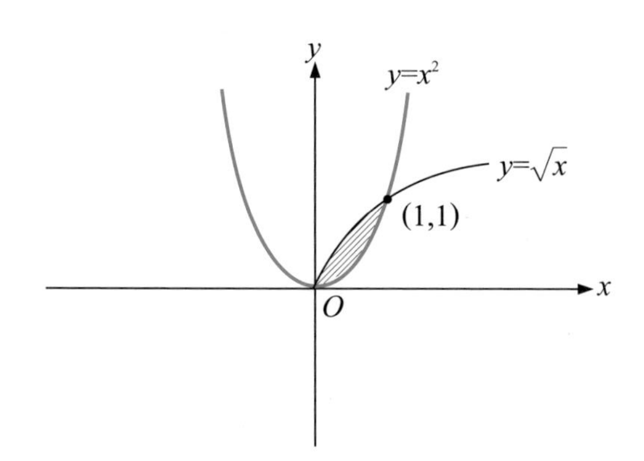

先求 $\begin{cases} y = x^2 \\ y = \sqrt{x} \end{cases}$ 聯立解

得交點為 $(0，0)$ 與 $(1，1)$

故旋轉體體積 $V = \int_0^1 \pi(\sqrt{x})^2\,dx - \int_0^1 \pi(x^2)^2\,dx$

$$= \pi\int_0^1 x\,dx - \pi\int_0^1 x^4\,dx$$

$$= \frac{\pi}{2}x^2\Big|_0^1 - \frac{\pi}{5}x^5\Big|_0^1$$

$$= \frac{\pi}{2} - \frac{\pi}{5}$$

$$= \frac{3}{10}\pi$$

前面所討論的內容都是由固定區域繞 x 軸一圈而成的旋轉體體積，如果固定區域變成繞 y 軸一圈所得到的旋轉體會是如何？只要仿照前述方法將旋轉體視為由分割後之無窮多個小圓柱累加之和，就可得到曲線 $x = g(y)$ 與 y 軸所夾區域繞 y 軸旋轉所成旋轉體的體積為（如圖 7-7 所示）

$$V = \int_c^d \pi [\, g(y) \,]^2 \, dy$$

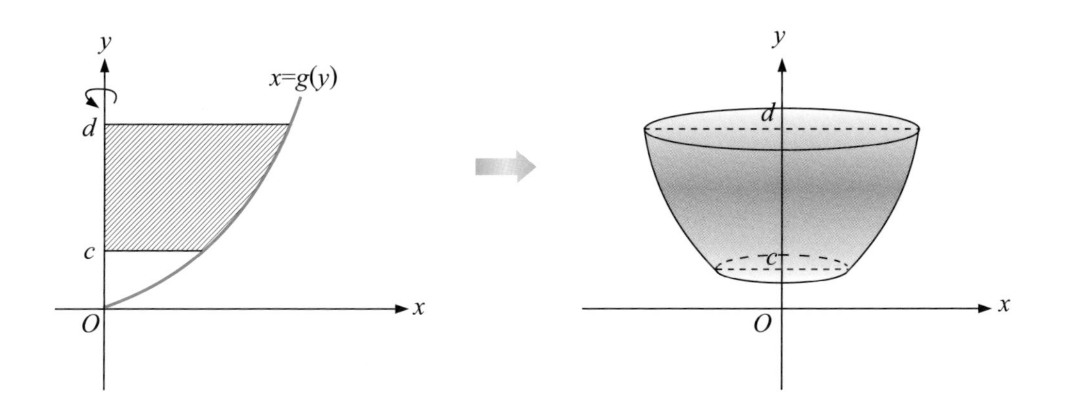

圖 7-7　曲線 $x = g(y)$ 與 y 軸所夾區域繞 y 軸旋轉所成旋轉體的體積為 $V = \int_c^d \pi [\, g(y) \,]^2 \, dy$

例 9

求由 $y = x^2$，$y = 2x$ 兩者所圍區域分別繞(1) x 軸　(2) y 軸所得到的旋轉體體積各是多少？

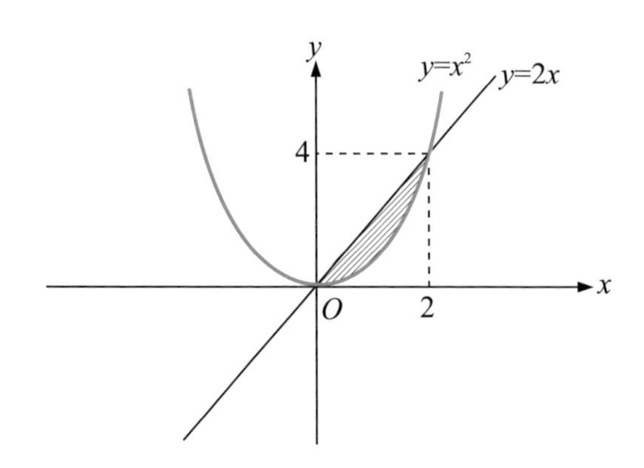

先求 $\begin{cases} y = x^2 \\ y = 2x \end{cases}$ 聯立解

得交點為 $(0，0)$ 與 $(2，4)$

(1) 繞 x 軸所得旋轉體體積為

$$\int_0^2 \pi(2x)^2\,dx - \int_0^2 \pi(x^2)^2\,dx$$

$$= \frac{4}{3}\pi x^3 \Big|_0^2 - \frac{\pi}{5}x^5 \Big|_0^2 = \frac{32}{3}\pi - \frac{32}{5}\pi = \frac{64}{15}\pi$$

(2) 由 $y = x^2 \quad \Rightarrow \quad x = \pm\sqrt{y}$（負不合，在 $0 \le x \le 2$ 範圍）

由 $y = 2x \quad \Rightarrow \quad x = \frac{y}{2}$

故繞 y 軸所得旋轉體體積為

$$\int_0^4 \pi(\sqrt{y})^2\,dy - \int_0^4 \pi(\frac{y}{2})^2\,dy = \frac{\pi}{2}y^2 \Big|_0^4 - \frac{\pi}{12}y^3 \Big|_0^4 = 8\pi - \frac{16}{3}\pi = \frac{8}{3}\pi$$

習　題　7-2

第一組

1. 求由下列曲線所圍區域繞 x 軸所得到的旋轉體體積？

   (1) $y = x$，$y = 0$，$x = 3$

   (2) $y = x^2 + 1$，$y = 5$

   (3) $y = \sqrt{x}$，$y = 0$，$x = 1$，$x = 4$

   (4) $y = 4 - x^2$，$y = 0$

   (5) $y = \sqrt{4 - x^2}$，$y = 0$，$x = 0$

2. 求由下列曲線所圍區域繞 y 軸所得到的旋轉體體積？

   (1) $y = 3$，$y = 0$，$x = 2$，$x = 0$

   (2) $x = 1 - \frac{1}{2}y$，$x = 0$，$y = 0$

   (3) $y = x^2$，$y = 4$

   (4) $x = -y^2 + 4y$，$x = 0$，$y = 1$

   (5) $y = x^{\frac{2}{3}}$，$x = 0$，$y = 1$

3. 以橢圓 $9x^2 + 25y^2 = 225$ 的上半部繞 x 軸所得到的旋轉體類似橄欖球形狀，求此旋轉體體積？

第二組

1. 求由下列曲線所圍區域繞 x 軸所得到的旋轉體體積？

   (1) $y=-x$，$y=0$，$x=2$

   (2) $y=x^2$，$y=1$

   (3) $y=\sqrt{x}$，$y=0$，$x=3$

   (4) $y=9-x^2$，$y=0$

   (5) $y=\sqrt{9-x^2}$，$y=0$，$x=0$

2. 求由下列曲線所圍區域繞 y 軸所得到的旋轉體體積？

   (1) $y=4$，$y=0$，$x=3$，$x=0$

   (2) $x-y+1=0$，$x=0$，$y=0$

   (3) $y=x^2$，$y=9$

   (4) $x=y^2-4y$，$x=0$

   (5) $y=x^{\frac{1}{2}}$，$x=0$，$y=2$

3. 以橢圓 $9x^2+25y^2=225$ 的右半部繞 y 軸所得到的旋轉體體積？

7-3 積分應用(三)：求弧長

數學上要求出一條直線的長度，只要將直線上兩端點的距離求出即可，但是要求出曲線的長度就沒有那麼容易，因為我們沒有辦法將曲線拿起來拉直之後再量長度，所幸使用積分的方法能克服此一問題。

積分求弧長原理如下：

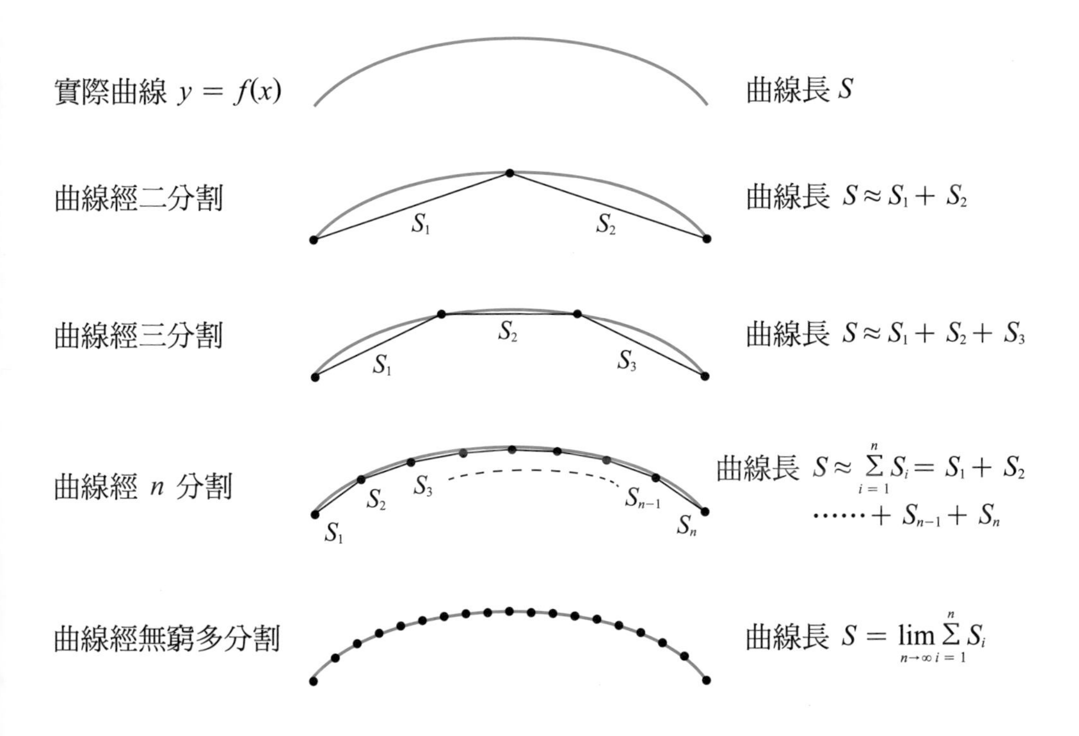

考慮曲線 $y = f(x)$ 在區間 $[a，b]$ 經 n 個分割後，在子區間 $[x_{i-1}，x_i]$ 之弦長 S_i 可利用以下方法求之（見圖 7-8）：

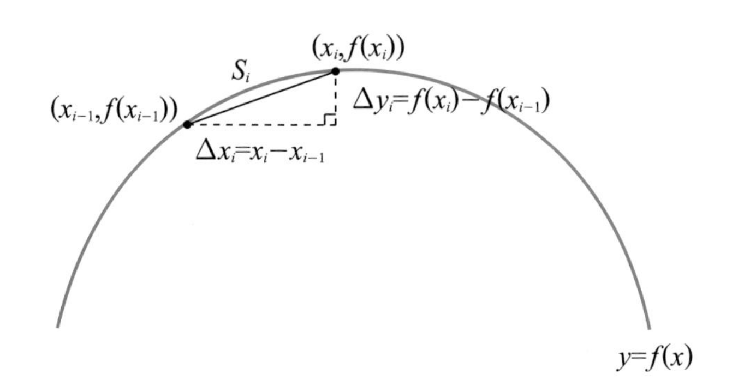

圖 7-8　曲線 f 經 n 個分割後之某段弦長 S_i

其中兩點 $(x_{i-1}, f(x_{i-1}))$ 與 $(x_i, f(x_i))$ 之 y 座標的差距為

$\Delta y_i = f(x_i) - f(x_{i-1}) = f'(x_w)(x_i - x_{i-1}) = f'(x_w)\Delta x_i$，$x_w \in [x_{i-1}, x_i]$

（利用微分均值定理）

故弦長 $S_i = \sqrt{\Delta x_i^2 + \Delta y_i^2}$

$= \sqrt{\Delta x_i^2 + [f'(x_w)\Delta x_i]^2}$

$= \sqrt{1 + [f'(x_w)]^2}\,\Delta x_i$

則曲線長 $= \lim\limits_{n\to\infty} \sum\limits_{i=1}^{n} S_i = \lim\limits_{n\to\infty} \sum\limits_{i=1}^{n} \sqrt{1 + [f'(x_w)]^2}\,\Delta x_i$

$= \int_a^b \sqrt{1 + [f'(x)]^2}\,dx$

定理 7-2　用積分求弧長

若函數 $y = f(x)$ 之導函數 f' 在 $[a, b]$ 區間存在且連續，則 f 在 $[a, b]$ 之弧長為 $\int_a^b \sqrt{1 + [f'(x)]^2}\,dx$

例 10

求 $y = x$ 在 $[-2, 2]$ 的弧長 S？

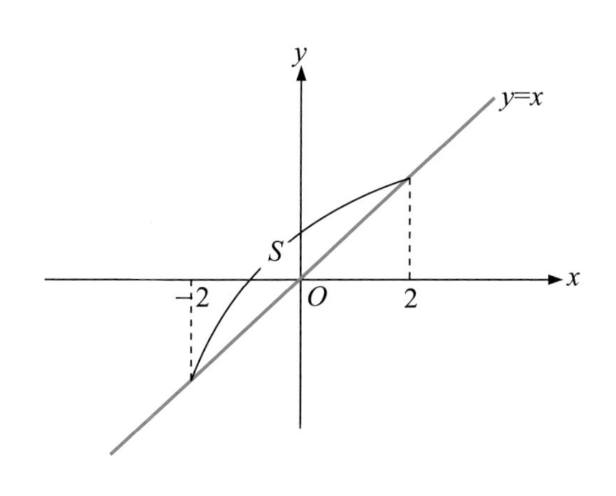

$$
\begin{aligned}
\text{弧長 } S &= \int_{-2}^{2} \sqrt{1 + (y')^2}\, dx \\
&= \int_{-2}^{2} \sqrt{1 + 1^2}\, dx \\
&= \sqrt{2}\, x \Big|_{-2}^{2} \\
&= \sqrt{2}\,[2 - (-2)] \\
&= 4\sqrt{2}
\end{aligned}
$$

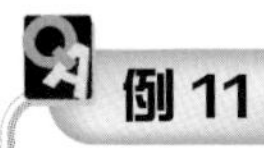

例 11

求$y=x^{\frac{3}{2}}$在$[0,1]$的弧長S？

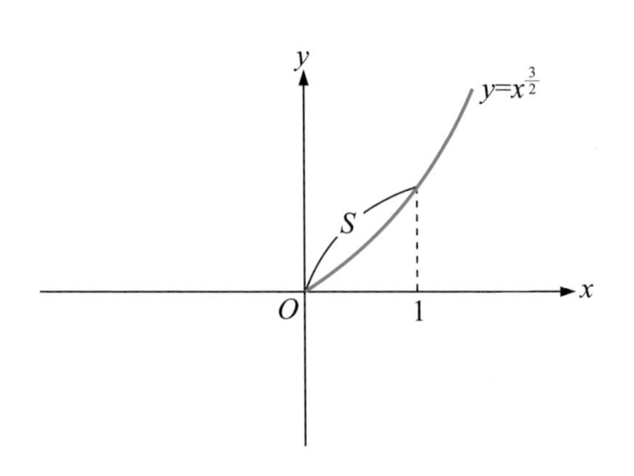

$$
\begin{aligned}
\text{弧長 } S &= \int_0^1 \sqrt{1+(y')^2}\,dx \\
&= \int_0^1 \sqrt{1+\left(\frac{3}{2}x^{\frac{1}{2}}\right)^2}\,dx \\
&= \int_0^1 \sqrt{1+\frac{9}{4}x}\,dx \\
&= \frac{8}{27}\left(1+\frac{9}{4}x\right)^{\frac{3}{2}}\Bigg|_0^1 \\
&= \frac{8}{27}\left[\left(\frac{13}{4}\right)^{\frac{3}{2}}-1\right]
\end{aligned}
$$

例 12

求$y=\sqrt{9-x^2}$在[0，3]的弧長S？

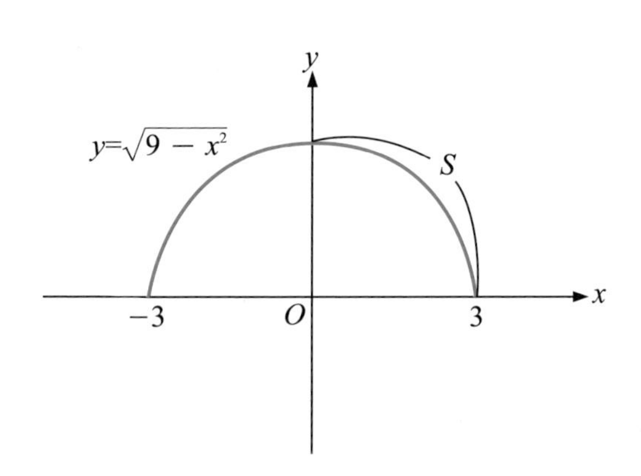

$$\text{弧長 } S=\int_0^3\sqrt{1+(y')^2}\,dx$$

$$=\int_0^3\sqrt{1+\left(\frac{-x}{\sqrt{9-x^2}}\right)^2}\,dx$$

$$=\int_0^3\sqrt{\frac{9}{9-x^2}}\,dx$$

$$\left(\begin{array}{l}\text{令 } x=3\sin\theta\text{，則 } dx=3\cos\theta\,d\theta\\ \text{且 } x=0\Rightarrow\sin\theta=0\Rightarrow\theta=0\\ \quad x=3\Rightarrow\sin\theta=1\Rightarrow\theta=\dfrac{\pi}{2}\end{array}\right)$$

$$=\int_0^{\frac{\pi}{2}}\sqrt{\frac{9}{9-(3\sin\theta)^2}}\cdot 3\cos\theta\,d\theta$$

$$=\int_0^{\frac{\pi}{2}}\sqrt{\frac{9}{9(1-\sin^2\theta)}}\cdot 3\cos\theta\,d\theta$$

$$=\int_0^{\frac{\pi}{2}}\sqrt{\frac{1}{\cos^2\theta}}\cdot 3\cos\theta\,d\theta$$

$$=\int_0^{\frac{\pi}{2}}3\,d\theta=3\theta\Big|_0^{\frac{\pi}{2}}=3\left(\frac{\pi}{2}-0\right)=\frac{3}{2}\pi$$

習 題 7-3

求下列各函數於所定區間內的弧長：

第一組

1. $y=-x$，$[-1，4]$

2. $2x-y+1=0$，$[0，4]$

3. $y=2x^{\frac{3}{2}}$，$[1，4]$

4. $y=1+x^{\frac{3}{2}}$，$[0，1]$

5. $y=\dfrac{x^3}{3}+\dfrac{1}{4x}$，$[1，3]$

第二組

1. $y=x$，$[-2，1]$

2. $2y+3x=6$，$[0，3]$

3. $y=4x^{\frac{3}{2}}$，$[0，1]$

4. $y=1-x^{\frac{3}{2}}$，$[0，1]$

5. $y=\dfrac{2}{3}(x^2+1)^{\frac{3}{2}}$，$[0，4]$

7-4 積分應用(四)：積分在各學科的應用

7-4-1 在物理學的應用

物理學有所謂的功(Work)，其定義指的是物體受力 F 與沿力方向的位移 Δx 之間的乘積，即

$$功\ W = \int F\,dx$$

例 13

某人水平推動一物體，施力 F 與物體位置 x（公尺）之關係為 $F = \dfrac{1}{(x+3)^2}$（牛頓），求當物體位置由 $x = 2$ 變化為 $x = 6$ 時，人對物所作的功為多少？

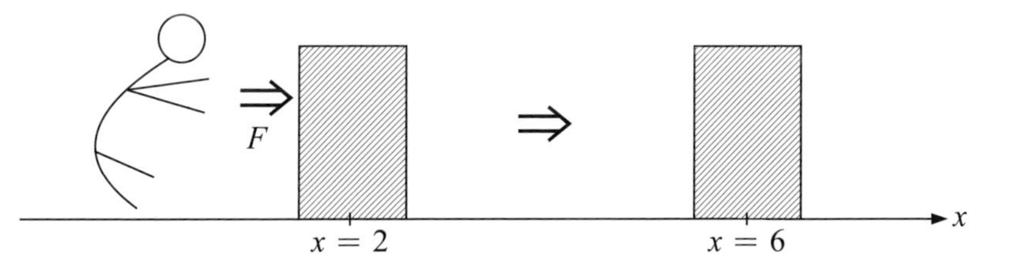

$$\begin{aligned} 功\ W &= \int_2^6 F\,dx \\ &= \int_2^6 \frac{1}{(x+3)^2}\,dx \end{aligned}$$

$$= -\left(\frac{1}{x+3}\right)\Big|_2^6$$

$$= -\left(\frac{1}{6+3} - \frac{1}{2+3}\right)$$

$$= \frac{4}{45}$$ （焦耳）

7-4-2 在統計學的應用

在統計學中，對於連續型變數的機率分配圖會呈現連續曲線分佈，最有名的例子就是常態分配。而機率分配圖（如圖 7-9 所示）的橫座標 x 代表隨機變數，縱座標 y 代表機率密度，圖上之函數 $y = f(x)$ 稱為機率密度函數 (Probability density function)，底下面積的大小代表著機率的大小，故全部積分區間的面積（機率）為 1，且在區間 $[a，b]$ 的機率為

機率 $P\,(a \leq x \leq b) = \int_a^b f(x)\,dx$

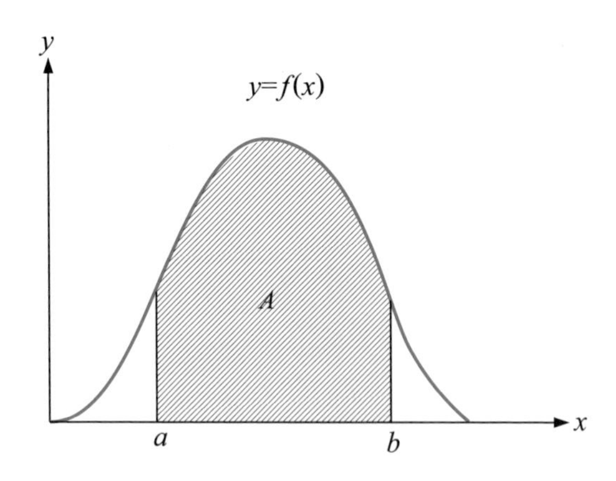

圖 7-9　函數 $y = f(x)$ 之機率分配圖面積 A ＝機率 $P\,(a \leq x \leq b) = \int_a^b f(x)\,dx$

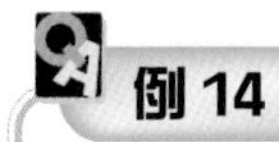

例 14

某電信公司發現客戶之通話時間 t 之機率密度函數為 $f(t)=2e^{-2t}$（$t\geq 0$，單位：分鐘），求一通電話通話時間不超過 5 分鐘的機率？

通話不超過 5 分鐘的機率

$=P(0\leq t\leq 5)$

$=\int_0^5 f(t)\,dt$

$=\int_0^5 2e^{-2t}\,dt$

$=-e^{-2t}\Big|_0^5$

$=-(e^{-10}-e^0)$

$=1-\dfrac{1}{e^{10}}$

$\simeq 0.99995$

隨機變數 x 的期望值(Expected Value)代表其機率分配的集中趨勢，一般以 $E(x)$ 表示。

對連續型機率分配而言，隨機變數 x 在區間 $[a, b]$ 的期望值為

$$E(x)=\int_a^b x f(x)\,dx \quad（其中 f(x) 為機率密度函數）$$

將期望值觀念加以推廣，可得

變數 x^2 的期望值為 $E(x^2)=\int_a^b x^2 f(x)\,dx$

變數 x^3 的期望值為 $E(x^3) = \int_a^b x^3 f(x)\,dx$

變數 e^x 的期望值為 $E(e^x) = \int_a^b e^x f(x)\,dx$

$\vdots$

例 15

若 $f(x) = 2x$ 為在 $[0，1]$ 的機率密度函數，求下列期望值：

(1) $E(x)$　　(2) $E(x^2)$

(1) $E(x) = \int_0^1 x f(x)\,dx = \int_0^1 x \cdot 2x\,dx = \frac{2}{3}x^3 \Big|_0^1 = \frac{2}{3}$

(2) $E(x^2) = \int_0^1 x^2 f(x)\,dx = \int_0^1 x^2 \cdot 2x\,dx = \frac{1}{2}x^4 \Big|_0^1 = \frac{1}{2}$

7-4-3 在經濟學的應用

在經濟學中可以用積分求出消費者剩餘(Consumer's Surplus)與生產者剩餘(Producer's Surplus)。所謂消費者剩餘指的是消費者願意支付的金額（代表消費之滿足程度）與實際支付的金額（代表市價）之間的差價，也就是在一場交易中消費者賺的部份；而生產者剩餘指的是生產者所獲得實際收入超過他願意生產的最低成本之間的差價，也就是在一場交易中生產者賺的部份。我們可分別由消費者剩餘與生產者剩餘的增減，來看消費者與生產者福利的增減。

一般以需求函數(Demand Function) $P = D(x)$ 來說明消費者剩餘，需求函數 $D(x)$ 如圖 7-10 所示，此圖之橫座標 x 代表商品數量，縱座標 P 代表商品單價，當單價越低時，消費者往往會願意購買更多的商品，因此需求函數 $D(x)$ 往往呈現遞減的趨勢。而需求函數底下的面積即代表消費者願意支付的金額（以面積 A 表示），實際消費總價為商品價格與數量的乘積（以面積 B 表示），則消費者剩餘為消費者願意支付金額與消費總價之差額（以面積 C 表示）。

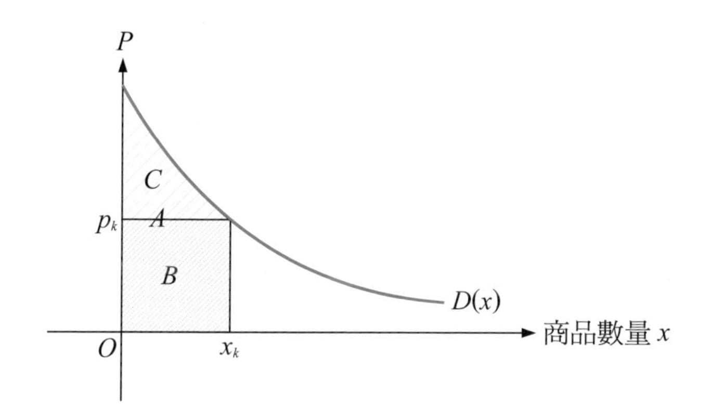

圖 7-10　需求函數 $D(x)$ 的圖形

由圖 7-10 可得在商品單價 P_k，商品數量 x_k 的情況下

消費者剩餘＝消費者願意支付金額－消費者實際支付金額
（面積 C）　　　（面積 A）　　　　（面積 B）

$$= \int_0^{x_k} D(x)\,dx - P_k x_k$$

另外一般以供給函數(Supply Function) $P = S(x)$ 來說明生產者剩餘，供給函數 $S(x)$ 如圖 7-11 所示，通常當商品單價越高時，生產者往往會願意生產更多的商品，謀求更大的利潤，因此供給函數 $S(x)$ 往往呈現遞增的越勢。而供給函數底下的面積代表生產者願意生產的最低成本（以面積 A 表示），實際總收入為商品價格與數量的乘積（以面積 B 表示），則生產者剩餘為實際總收入與願意生產的最低成本之差額（以面積 C 表示）。

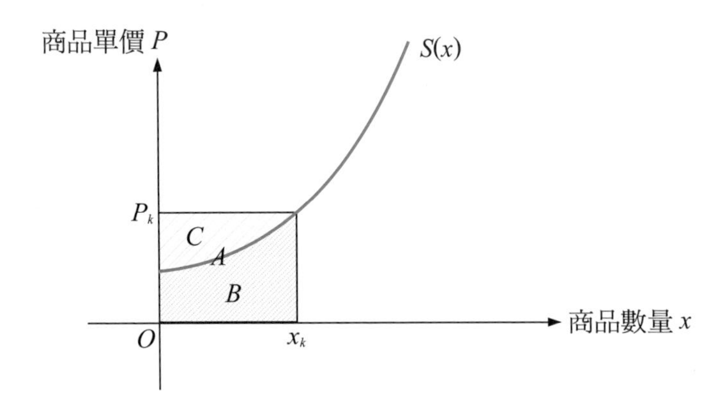

■ 圖 7-11 供給函數 $S(x)$ 的圖形

由圖 7-11 可得在商品單價 P_k，商品數量 x_k 的情況下

生產者剩餘＝實際總收入－願意生產的最低成本

（面積 C） （面積 A） （面積 B）

$$= P_k x_k - \int_0^{x_k} S(x)\,dx$$

將需求函數 $D(x)$ 與供給函數 $S(x)$ 的圖形畫在一起，兩者交會的點 (X_E, P_E) 稱為平衡點（如圖 7-12 所示），在平衡點上，需求與供給會趨於一致，買方、賣方雙贏的交易於是發生。

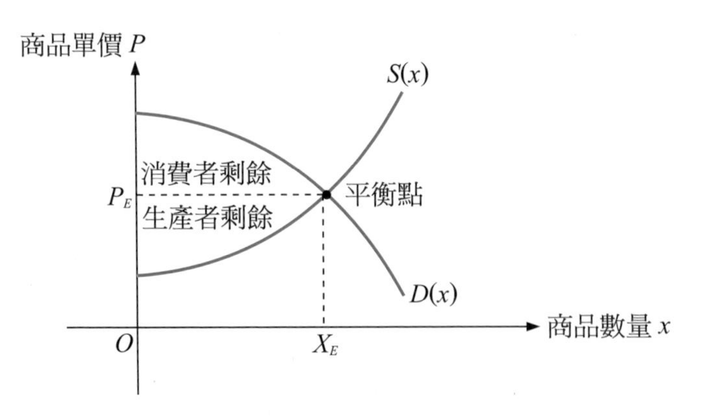

■ 圖 7-12 需求函數 $D(x)$ 與供給函數 $S(x)$

例 16

若需求函數 $D(x)=(x-4)^2$，供給函數 $S(x)=x^2+2x+6$，求下列各項：

(1) 平衡點 $(X_E，P_E)$　(2) 在平衡點之消費者剩餘

(3) 在平衡點之生產者剩餘

(1) 令 $(x-4)^2=x^2+2x+6$

得　$X_E=1$　　代入　$(x-4)^2$

得　$P_E=(1-4)^2=9$

故平衡點 $(X_E，P_E)=(1，9)$

(2) 在平衡點 $(1，9)$ 之消費者剩餘

$=\int_0^{X_E} D(x)\,dx-P_E X_E$

$=\int_0^1 (x-4)^2\,dx-9\cdot 1$

$=\frac{37}{3}-9=\frac{10}{3}$

(3) 在平衡點 $(1，9)$ 之生產者剩餘

$=P_E X_E-\int_0^{X_E} S(x)\,dx=9\cdot 1-\int_0^1 (x^2+2x+6)\,dx$

$=9-\frac{22}{3}=\frac{5}{3}$

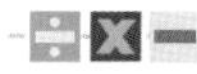

習題 7-4

第一組

7-4-1

1. 某物（質量 $m = 5$ 公斤）受重力 $F = mg$（牛頓）的吸引，自高度 $h = 100$（公尺）自由落體向下掉落到 $h = 10$（公尺）的地方，求這期間重力對物所作的功 $W =$？若此功完全轉變為動能 $k = \frac{1}{2}mv^2$，求物體在高度 $h = 10$（公尺）處的速度 $v =$？（以 $g = 9.8$ 公尺／秒^2 來計算）

2. 某人水平推一物體，施力 F 與物體位置 x（公尺）之關係為 $F = \frac{1}{x^3}$（牛頓），求物體位置由 $x = 1$（公尺）變化為 $x = 4$（公尺）時，人對物所作的功 $W =$？

7-4-2

3. 某鉛球選手擲遠的距離為 x（單位：公尺），且 x 的範圍為 $0 \le x \le 10$，已知機率密度函數 $f(x) = kx$（k 為常數），求下列各項：
   (1) $k =$？（提示：全部機率為 1）
   (2) 鉛球擲遠落在 0～5 公尺的機率？
   (3) 鉛球擲遠距離的期望值？

4. 某種細菌的生存時間為 t（單位：小時），且 $1 \le t \le 10$，已知機率密度函數 $f(t) = \frac{10}{9t^2}$，求下列各項：
   (1) 細菌生存時間介於 1～2 小時的機率？
   (2) 細菌生存時間的期望值？

7-4-3

5. 給予下列需求函數 $D(x)$ 與供給函數 $S(x)$，求平衡點，在平衡點之消費者剩餘與生產者剩餘：

(1) $D(x)=(x-5)^2$，$S(x)=x^2+x+3$

(2) $D(x)=-2x+8$，$S(x)=x+5$

6. 一個國家之社會福利指標可由消費者剩餘與生產者剩餘之總和來觀察，若某國去年之消費者剩餘為 1000（億），生產者剩餘為 1500（億）；今年之消費者剩餘為 800（億），生產者剩餘為 2000（億），若以今年的情況比較去年，試回答下列問題：

(1) 消費者福利增加或減少？

(2) 生產者福利增加或減少？

(3) 社會福利增加或減少？

第二組

7-4-1

1. 某物（質量 $m=10$ 公斤）受重力 $F=mg$（牛頓）的吸引，自高度 $h=140$（公尺）自由落體向下掉落到 $h=50$（公尺）的地方，求這段期間重力對物所作的功 $W=$？若此功完全轉變為動能 $k=\frac{1}{2}mv^2$，求物體在高度 $h=50$（公尺）處的速度 $v=$？（以 $g=9.8$ 公尺／秒^2 來計算）

2. 某人水平推一物體，施力 F（牛頓）與物體位置 x（公尺）之關係為 $F=\frac{6}{x^2}$，求物體位置由 $x=2$（公尺）變化為 $x=3$（公尺）時，人對物所作的功 $W=$？

7-4-2

3. 某隻青蛙彈跳高度為 h（單位：公分），且 h 的範圍為 $1\leq h\leq 100$，已知機率密度函數 $f(h)=\frac{k}{h}$（k 為常數），求下列各項：

(1) $k=$？

(2) 青蛙彈跳高度介於 90～100 公分的機率？

(3) 青蛙彈跳高度的期望值？

4. 某種植物的生存時間為 t（單位：天），且 $0 \le t \le 30$，已知機率密度函數 $f(t)=\dfrac{t}{450}$，求下列各項：

(1) 該植物生存時間不超過 10 天的機率？

(2) 該植物生存時間的期望值？

7-4-3

5. 給予下列需求函數 $D(x)$ 與供給函數 $S(x)$，求平衡點，在平衡點之消費者剩餘與生產者剩餘：

(1) $D(x)=(x-4)^2$，$S(x)=x^2+x+7$

(2) $D(x)=-x+10$，$S(x)=x+4$

6. 一個國家之社會福利指標可由消費者剩餘與生產者剩餘之總和來觀察，若某國去年之消費者剩餘為 1000（億），生產者剩餘為 1500（億）；今年之消費者剩餘為 1300（億），生產者剩餘為 1100（億），若以今年的情況比較去年，試回答下列問題：

(1) 消費者福利增加或減少？

(2) 生產者福利增加或減少？

(3) 社會福利增加或減少？

7-5 積分應用(五)：求微分逆運算

微分與積分彼此互為逆運算，因此可利用積分來求微分之逆運算。

例如速度 v 為位移 S 對時間 t 之變化率，即 $v=\dfrac{ds}{dt}$；反之，可知位移 S 為速度 v 對時間 t 之積分，即 $S=\int v\,dt$。換言之，速度與位移兩者之微分與積分關係如下：

$$v=\frac{dS}{dt}\Leftrightarrow S=\int v\,dt$$

例 17

某物體之速度 v（公尺／秒）對時間 t（秒）函數為 $v=\dfrac{1}{(t+1)^2}$，求 $t=0\sim5$（秒）之位移 S？

解

位移 $S=\int_0^5 v\,dt$

$$=\int_0^5\frac{1}{(t+1)^2}dt$$

$$=\left.\frac{-1}{t+1}\right|_0^5$$

$$=-\frac{1}{6}-(-1)=\frac{5}{6}\ （公尺）$$

通過導線之電流 I 為電量 Q 對時間 t 之變化率，即 $I=\dfrac{dQ}{dt}$ ；反之，可知電量 Q 為電流 I 對時間 t 之積分，即 $Q=\int I\,dt$ 。換言之，電流與電量兩者之微分與積分關係如下：

$$I=\frac{dQ}{dt}\Leftrightarrow Q=\int I\,dt$$

例 18

已知通過某導線之電流 I（安培）對時間 t（秒）的函數為 $I=6\sin(2t)$，求從 $t=0\sim\dfrac{\pi}{4}$（秒）之通過電量 Q？

$$\text{電量 } Q=\int_0^{\frac{\pi}{4}} I\,dt=\int_0^{\frac{\pi}{4}} 6\sin(2t)\,dt$$

$$=-3\cos(2t)\Big|_0^{\frac{\pi}{4}}=-3\left(\cos\frac{\pi}{2}-\cos 0\right)$$

$$=-3(0-1)=3\text{（庫侖）}$$

一般電器用品的特色就是消耗電能以輸出功，而功率 P 為功 W 對時間 t 之變化率，即 $P=\dfrac{dW}{dt}$ ；反之，可知功 W 為功率 P 對時間 t 之積分，即 $W=\int P\,dt$ 。換言之，功率與功兩者之微分與積分的關係如下：

$$P=\frac{dW}{dt}\Leftrightarrow W=\int P\,dt$$

例 19

某電鍋之輸出功率 P（焦耳／秒）對時間 t（秒）之函數為 $P = 4e^{-\frac{t}{2}} + 1$，求 $t = 0 \sim 10$（秒），該電鍋共輸出多少功 $W =$？

$$\begin{aligned}
\text{輸出功 } W &= \int_0^{10} P\,dt = \int_0^{10} (4e^{-\frac{t}{2}} + 1)\,dt \\
&= (-8e^{-\frac{t}{2}} + t)\Big|_0^{10} \\
&= (-8e^{-5} + 10) - (-8 + 0) \\
&= 18 - \frac{8}{e^5}\ \text{（焦耳）}
\end{aligned}$$

經濟學上的邊際成本 MC 為成本 C 對產量 q 之變化率，即 $MC = \frac{dC}{dq}$；反之，可知成本 C 為邊際成本 MC 對產量 q 之積分，即 $C = \int MC\,dq$。

換言之，邊際成本與成本兩者之微分與積分的關係如下：

$$MC = \frac{dC}{dq} \Leftrightarrow C = \int MC\,dq$$

另外在經濟學上亦有所謂的邊際收入 MR 為收入 R 對消費量 q 的變化率，即 $MR = \frac{dR}{dq}$；反之，可知收入 R 為邊際收入 MR 對產量 q 之積分，即 $R = \int MR\,dq$。

換言之，邊際收入與收入兩者之微分與積分的關係如下：

$$MR = \frac{dR}{dq} \Leftrightarrow R = \int MR\,dq$$

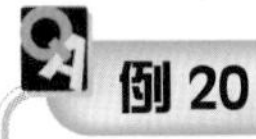

例 20

已知某公司銷售商品之邊際成本函數為 $MC = 0.02q - 0.4$，邊際收入函數為 $MR = 6$（q 為產銷量），若已知當產銷量為 100 時，成本為 400，收入為 600，求下列各項：

(1) 成本函數 $C(q)$

(2) 收入函數 $R(q)$

(1) $C(q) = \int MC\, dq = \int (0.02q - 0.4)\, dq$

$= 0.01q^2 - 0.4q + k_1$

又 $C(100) = 400$

故 $0.01(100)^2 - 0.4(100) + k_1 = 400$

得 $k_1 = 340$

故 $C(q) = 0.01q^2 - 0.4q + 340$

(2) $R(q) = \int MR\, dq = \int 6\, dq = 6q + k_2$

又 $R(100) = 600$

故 $6(100) + k_2 = 600$

得 $k_2 = 0$　故 $R(q) = 6q$

習　題　7-5

第一組

1. 一蝸牛之速度 v（公尺／秒）對時間 t（秒）之函數為 $v=\frac{1}{(2t+1)^3}$，求蝸牛在 $t=1$～2（秒）之位移 $S=$？

2. 通過某導線之電流 I（安培）對時間 t（秒）之函數為 $I=15$，求從 $t=0$～60（秒）之通過電量 $Q=$？

3. 一烤箱之輸出功率 P（焦耳／秒）對時間 t（秒）之函數為 $P=\frac{20}{(t+1)^2}+4$，求 $t=1$～3（秒）該烤箱共輸出多少功 $W=$？

   若烤箱之輸出功能完全轉換成熱能，而烤熟一片麵包需熱能 $E=100$（焦耳），求烤熟一片麵包至少要花多久的時間？（答案取為正整數，時間單位為秒）。

4. 已知某公司銷售商品之邊際成本函數為 $MC=0.1q-2$，邊際收入函數為 $MR=2q-1$（q 為產銷量），若已知當產銷量為 10 時，成本為 65，收入為 90，求下列各項：

   (1) 成本函數 $C(q)$

   (2) 收入函數 $R(q)$

第二組

1. 一太空船從地面的升空過程中，其速度 v（公尺／秒）對時間 t（秒）之函數為 $v=\frac{1}{4}t^2\ (0\leq t\leq 300)$，求太空船在最初一分鐘的升空高度 $h=$？

2. 通過某導線之電流 I（安培）對時間 t（秒）之函數為 $I=\frac{1}{2}t$，求從 $t=0\sim60$（秒）之通過電量 $Q=$？

3. 一電鍋之輸出功率 P（焦耳／秒）對時間 t（秒）之函數為 $P=4+10e^{-t}$，求 $t=0\sim5$（秒）該電鍋共輸出多少功 $W=$？

   若電鍋之輸出功能完全轉換成熱能，而煮熟一鍋飯要熱能 $E=2000$（焦耳），求煮熟一鍋飯至少要花多久的時間？（答案取為正整數，時間單位為秒）。

4. 已知某公司銷售商品之邊際成本函數為 $MC=0.04q-0.2$，邊際收入函數為 $MR=8$（q 為產銷量），若已知當產銷量為 50 時，成本為 500，收入為 400，求下列各項：

   (1) 成本函數

   (2) 收入函數

7-6 積分應用(六)：廣義積分的應用

在之前所討論的定積分 $\int_a^b f(x)\,dx$，都定義在函數 f 在有限區間 $[a, b]$ 為連續函數，或為片段連續函數。但在許多應用上，積分區間往往是一無限區間，或在區間 $[a, b]$ 內具非有界的不連續點，如此推廣後的積分稱為廣義積分，又稱為瑕積分(Improper Integral)。

廣義積分有以下幾種類型：

(1) $\int_a^{\infty} f(x)\,dx = \lim\limits_{b\to\infty} \int_a^b f(x)\,dx$

(2) $\int_{-\infty}^{b} f(x)\,dx = \lim\limits_{a\to-\infty} \int_a^b f(x)\,dx$

(3) $\int_{-\infty}^{\infty} f(x)\,dx = \int_{-\infty}^{c} f(x)\,dx + \int_c^{\infty} f(x)\,dx$

(4) 若 $\lim\limits_{x\to a} f(x) = \pm\infty$，則 $\int_a^b f(x)\,dx = \lim\limits_{t\to a} \int_t^b f(x)\,dx$

(5) 若 $\lim\limits_{x\to b} f(x) = \pm\infty$，則 $\int_a^b f(x)\,dx = \lim\limits_{t\to b} \int_a^t f(x)\,dx$

(6) 若 $c \in [a, b]$，且 $\lim\limits_{x\to c} f(x) = \pm\infty$，$\int_a^b f(x)\,dx = \lim\limits_{t\to c} \int_a^t f(x)\,dx + \lim\limits_{t\to c} \int_t^b f(x)\,dx$

以上六種類型的廣義積分若存在，稱之為收斂(Converge)；反之，若不存在，稱之為發散(Diverge)。

例 21

求下列廣義積分：

(1) $\int_1^{\infty} \frac{1}{x^3}\,dx$

(2) $\int_0^2 \frac{1}{(1-x)^2}\,dx$

(1) $\int_1^{\infty}\frac{1}{x^3}dx$

$=\lim_{b\to\infty}\int_1^b\frac{1}{x^3}dx$

$=\lim_{b\to\infty}[-\frac{1}{2}(\frac{1}{x^2})]\Big|_1^b$

$=\lim_{b\to\infty}[-\frac{1}{2}(\frac{1}{b^2}-\frac{1}{1^2})]$

$=-\frac{1}{2}(0-1)$

$=\frac{1}{2}$

(2) $\int_0^2\frac{1}{(1-x)^2}dx$

$=\lim_{t\to1}\int_0^t\frac{1}{(1-x)^2}dx+\lim_{t\to1}\int_t^2\frac{1}{(1-x)^2}dx$

$=\lim_{t\to1}(\frac{1}{1-x}\Big|_0^t)+\lim_{t\to1}(\frac{1}{1-x}\Big|_t^2)$

$=\lim_{t\to1}(\frac{1}{1-t}-1)+\lim_{t\to1}(-1-\frac{1}{1-t})$

因$\lim_{t\to1}\frac{1}{1-t}$不存在

故$\int_0^2\frac{1}{(1-x)^2}dx$也不存在（發散）

例 22

研究人員在老鼠走迷宮的實驗中（見圖 7-13），設老鼠走出迷宮的時間為 t（單位：秒），且 $0 \le t < \infty$，而機率密度函數為 $f(t) = ke^{-0.1t}$（k 為常數），求

(1) $k = ?$

(2) 老鼠在一分鐘內走出迷宮的機率？

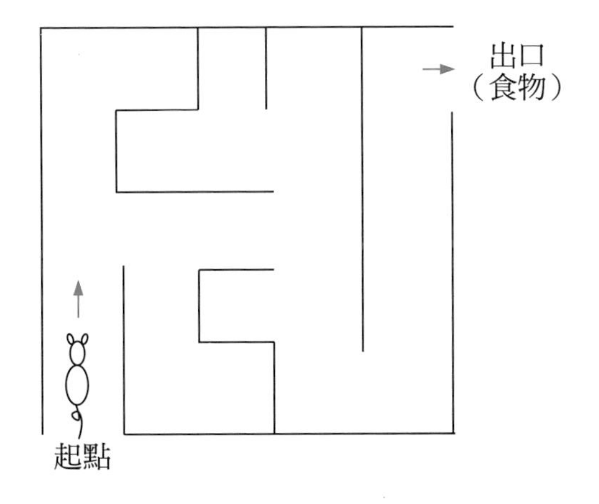

圖 7-13　老鼠走迷宮

(1) 因在積分區間中所有機率和為 1

故 $\int_0^\infty f(t)\,dt = \int_0^\infty ke^{-0.1t}\,dt = 1$

而 $\int_0^\infty ke^{-0.1t}\,dt$

$$= \lim_{b \to \infty} \int_0^b ke^{-0.1t}\,dt$$

$$= \lim_{b \to \infty} \left[\left(-\frac{k}{0.1} e^{-0.1t} \right) \Big|_0^b \right]$$

$$= \lim_{b \to \infty} \left[-\frac{k}{0.1} (e^{-0.1b} - e^0) \right]$$

$$= -\frac{k}{0.1} (0 - 1)$$

$$= \frac{k}{0.1}$$

令　$\frac{k}{0.1} = 1$

得　$k = 0.1$

(2) 一分鐘內相當於 0～60 秒

故老鼠在 0～60 秒走出迷宮的機率

$$= \int_0^{60} f(t)\,dt = \int_0^{60} 0.1e^{-0.1t}\,dt$$

$$= -\,e^{-0.1t} \Big|_0^{60}$$

$$= -\,(e^{-6} - e^0) = 1 - \frac{1}{e^6}$$

例 23

下圖之面積是否存在？如果存在，那又是多少？

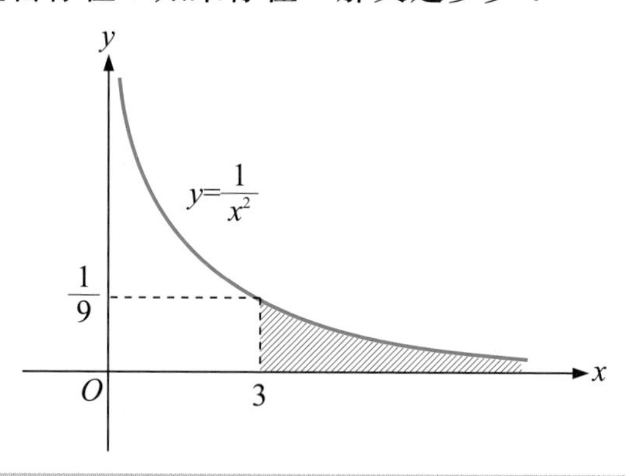

$$\text{面積} = \int_3^{\infty} f(x)\,dx = \int_3^{\infty} \frac{1}{x^2}\,dx = \lim_{b\to\infty} \int_3^{b} \frac{1}{x^2}\,dx$$

$$= \lim_{b\to\infty} \left(-\frac{1}{x}\Big|_3^b \right) = \lim_{b\to\infty} \left[-\left(\frac{1}{b} - \frac{1}{3}\right) \right]$$

$$= -\left(0 - \frac{1}{3}\right)$$

$$= \frac{1}{3}$$

習題 7-6

第一組

1. 求下列廣義積分：

(1) $\int_{1}^{\infty}\frac{1}{x}dx$

(2) $\int_{-\infty}^{0}\frac{1}{x^2+1}dx$

(3) $\int_{0}^{1}\frac{1}{x^{\frac{2}{3}}}dx$

(4) $\int_{0}^{\infty}\frac{1}{x^2+3x+2}dx$

(5) $\int_{0}^{\infty}\sin x\,dx$

2. 求圖中面積：

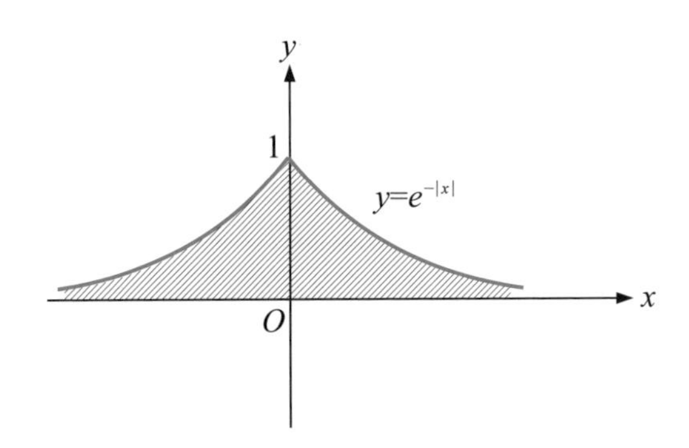

3. 設x為連續的隨機變數且$x\geq 0$，而其機率密度函數為$f(x)=ke^{-\frac{x}{4}}$，求

(1) $k=$？

(2) 介於$0\leq x\leq 2$的機率？

第二組

1. 求下列廣義積分：

   (1) $\int_{1}^{\infty}\frac{1}{x^2}dx$　　(2) $\int_{0}^{\infty}\frac{1}{x^2+1}dx$

   (3) $\int_{0}^{1}\frac{1}{x^{\frac{3}{2}}}dx$　　(4) $\int_{1}^{\infty}e^{-x}dx$

   (5) $\int_{1}^{\infty}\frac{x}{(1+x^2)^2}dx$

2. 求圖中面積：

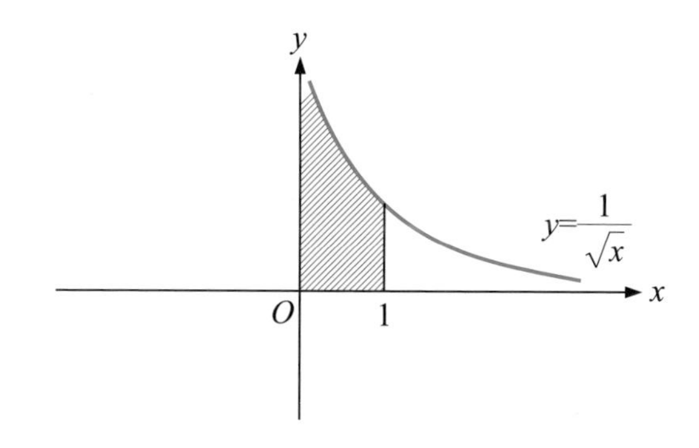

3. 設 x 為連續的隨機變數且 $x \geq 0$，而其機率密度函數為 $f(x)=ke^{-\frac{x}{2}}$，求

   (1) $k=$？

   (2) 介於 $0 \leq x \leq 2$ 的機率？

微積分趣談(七)：積分的應用

桃樂比買了塊地，準備工作之餘可以種些花草，享受田園之樂，只是他擔心此地的面積是否真的如契約所記載，於是他就向史努比求救，史努比來到現場觀察了一番，發現此地呈現橢圓的形狀，於是選用了適當的函數並利用積分求出了面積，讓桃樂比大感佩服，原來微積分在日常生活中也是有其用處的。

附　錄

附錄 A：三角函數表

$x°$	$\sin x \approx$	$\cos x \approx$	$\tan x \approx$	$\cot x \approx$	$\sec x \approx$	$\csc x \approx$	$x°$
0	0.0000	1.0000	0.0000	∞	1.0000	∞	0
0.5	0.0087	1.0000	0.0087	114.5887	1.0000	114.5930	0.5
1	0.0175	0.9998	0.0175	57.2900	1.0002	57.2987	1
1.5	0.0262	0.9997	0.0262	38.1885	1.0003	38.2016	1.5
2	0.0349	0.9994	0.0349	28.6363	1.0006	28.6537	2
2.5	0.0436	0.9990	0.0437	22.9038	1.0010	22.9256	2.5
3	0.0523	0.9986	0.0524	19.0811	1.0014	19.1073	3
3.5	0.0610	0.9981	0.0612	16.3499	1.0019	16.3804	3.5
4	0.0698	0.9976	0.0699	14.3007	1.0024	14.3356	4
4.5	0.0785	0.9969	0.0787	12.7062	1.0031	12.7455	4.5
5	0.0872	0.9962	0.0875	11.4301	1.0038	11.4737	5
5.5	0.0958	0.9954	0.0963	10.3854	1.0046	10.4334	5.5
6	0.1045	0.9945	0.1051	9.5144	1.0055	9.5668	6
6.5	0.1132	0.9936	0.1139	8.7769	1.0065	8.8337	6.5
7	0.1219	0.9925	0.1228	8.1443	1.0075	8.2055	7
7.5	0.1305	0.9914	0.1317	7.5958	1.0086	7.6613	7.5
8	0.1392	0.9903	0.1405	7.1154	1.0098	7.1853	8
8.5	0.1478	0.9890	0.1495	6.6912	1.0111	6.7655	8.5
9	0.1564	0.9877	0.1584	6.3138	1.0125	6.3925	9
9.5	0.1650	0.9863	0.1673	5.9758	1.0139	6.0589	9.5

$x°$	$\sin x \approx$	$\cos x \approx$	$\tan x \approx$	$\cot x \approx$	$\sec x \approx$	$\csc x \approx$	$x°$
10	0.1736	0.9848	0.1763	5.6713	1.0154	5.7588	10
10.5	0.1822	0.9833	0.1853	5.3955	1.0170	5.4874	10.5
11	0.1908	0.9816	0.1944	5.1446	1.0187	5.2408	11
11.5	0.1994	0.9799	0.2035	4.9152	1.0205	5.0159	11.5
12	0.2079	0.9781	0.2126	4.7046	1.0223	4.8097	12
12.5	0.2164	0.9763	0.2217	4.5107	1.0243	4.6202	12.5
13	0.2250	0.9744	0.2309	4.3315	1.0263	4.4454	13
13.5	0.2334	0.9724	0.2401	4.1653	1.0284	4.2837	13.5
14	0.2419	0.9703	0.2493	4.0108	1.0306	4.1336	14
14.5	0.2504	0.9681	0.2586	3.8667	1.0329	3.9939	14.5
15	0.2588	0.9659	0.2679	3.7321	1.0353	3.8637	15
15.5	0.2672	0.9636	0.2773	3.6059	1.0377	3.7420	15.5
16	0.2756	0.9613	0.2867	3.4874	1.0403	3.6280	16
16.5	0.2840	0.9588	0.2962	3.3759	1.0429	3.5209	16.5
17	0.2924	0.9563	0.3057	3.2709	1.0457	3.4203	17
17.5	0.3007	0.9537	0.3153	3.1716	1.0485	3.3255	17.5
18	0.3090	0.9511	0.3249	3.0777	1.0515	3.2361	18
18.5	0.3173	0.9483	0.3346	2.9887	1.0545	3.1515	18.5
19	0.3256	0.9455	0.3443	2.9042	1.0576	3.0716	19
19.5	0.3338	0.9426	0.3541	2.8239	1.0608	2.9957	19.5
20	0.3420	0.9397	0.3640	2.7475	1.0642	2.9238	20
20.5	0.3502	0.9367	0.3739	2.6746	1.0676	2.8555	20.5
21	0.3584	0.9336	0.3839	2.6051	1.0711	2.7904	21
21.5	0.3665	0.9304	0.3939	2.5386	1.0748	2.7285	21.5

$x°$	$\sin x \approx$	$\cos x \approx$	$\tan x \approx$	$\cot x \approx$	$\sec x \approx$	$\csc x \approx$	$x°$
22	0.3746	0.9272	0.4040	2.4751	1.0785	2.6695	22
22.5	0.3827	0.9239	0.4142	2.4142	1.0824	2.6131	22.5
23	0.3907	0.9205	04245	2.3559	1.0864	2.5593	23
23.5	0.3987	0.9171	0.4348	2.2998	1.0904	2.5078	23.5
24	0.4067	0.9135	0.4452	2.2460	1.0946	2.4586	24
24.5	0.4147	0.9100	0.4557	2.1943	1.0989	2.4114	24.5
25	0.4226	0.9063	0.4663	2.1445	1.1034	2.3662	25
25.5	0.4305	0.9026	0.4770	2.0965	1.1079	2.3228	25.5
26	0.4384	0.8988	0.4877	2.0503	1.1126	2.2812	26
26.5	0.4462	0.8949	0.4986	2.0057	1.1174	2.2412	26.5
27	0.4540	0.8910	0.5095	1.9626	1.1223	2.2027	27
27.5	0.4617	0.8870	0.5206	1.9210	1.1274	2.1657	27.5
28	0.4695	0.8829	0.5317	1.8807	1.1326	2.1301	28
28.5	0.4772	0.8788	0.5430	1.8418	1.1379	2.0957	28.5
29	0.4848	0.8746	0.5543	1.8040	1.1434	2.0627	29
29.5	0.4924	0.8704	0.5658	1.7675	1.1490	2.0308	29.5
30	0.5000	0.8660	0.5774	1.7321	1.1547	2.0000	30
30.5	0.5075	0.8616	0.5890	1.6977	1.1606	1.9703	30.5
31	0.5150	0.8572	0.6009	1.6643	1.1666	1.9416	31
31.5	0.5225	0.8526	0.6128	1.6319	1.1728	1.9139	31.5
32	0.5299	0.8480	0.6249	1.6003	1.1792	1.8871	32
32.5	0.5373	0.8434	0.6371	1.5697	1.1857	1.8612	32.5
33	0.5446	0.8387	0.6494	1.5399	1.1924	1.8361	33
33.5	0.5519	0.8339	0.6619	1.5108	1.1992	1.8118	33.5

$x°$	$\sin x \approx$	$\cos x \approx$	$\tan x \approx$	$\cot x \approx$	$\sec x \approx$	$\csc x \approx$	$x°$
34	0.5592	0.8290	0.6745	1.4826	1.2062	1.7883	34
34.5	0.5664	0.8241	0.6873	1.4550	1.2134	1.7655	34.5
35	0.5736	0.8192	0.7002	1.4281	1.2208	1.7434	35
35.5	0.5807	0.8141	0.7133	1.4019	1.2283	1.7221	35.5
36	0.5878	0.8090	0.7265	1.3764	1.2361	1.7013	36
36.5	0.5948	0.8039	0.7400	1.3514	1.2440	1.6812	36.5
37	0.6018	0.7986	0.7536	1.3270	1.2521	1.6616	37
37.5	0.6088	0.7934	0.7673	1.3032	1.2605	1.6427	37.5
38	0.6157	0.7880	0.7813	1.2799	1.2690	1.6243	38
38.5	0.6225	0.7826	0.7954	1.2572	1.2778	1.6064	38.5
39	0.6293	0.7771	0.8098	1.2349	1.2868	1.5890	39
39.5	0.6361	0.7716	08243	1.2131	1.2960	1.5721	39.5
40	0.6428	0.7660	0.8391	1.1918	1.3054	1.5557	40
40.5	0.6494	0.7604	0.8541	1.1708	1.3151	1.5398	40.5
41	0.6561	0.7547	0.8693	1.1504	1.3250	1.5243	41
41.5	0.6626	0.7490	0.8847	1.1303	1.3352	1.5092	41.5
42	0.6691	0.7431	0.9004	1.1106	1.3456	1.4945	42
42.5	0.6756	0.7373	0.9163	1.0913	1.3563	1.4802	42.5
43	0.6820	0.7314	0.9325	1.0724	1.3673	1.4663	43
43.5	0.6884	0.7254	0.9490	1.0538	1.3786	1.4527	43.5
44	0.6947	0.7193	0.9657	1.0355	1.3902	1.4396	44
44.5	0.7009	0.7133	0.9827	1.0176	1.4020	1.4267	44.5
45	0.7071	0.7071	1.0000	1.0000	1.4142	1.4142	45
45.5	0.7133	0.7009	1.0176	0.9827	1.4267	1.4020	45.5

$x°$	$\sin x\approx$	$\cos x\approx$	$\tan x\approx$	$\cot x\approx$	$\sec x\approx$	$\csc x\approx$	$x°$
46	0.7193	0.6947	1.0355	0.9657	1.4396	1.3902	46
46.5	0.7254	0.6884	1.0538	0.9490	1.4527	1.3786	46.5
47	0.7314	0.6820	1.0724	0.9325	1.4663	1.3673	47
47.5	0.7373	0.6756	1.0913	0.9163	1.4802	1.3563	47.5
48	0.7431	0.6691	1.1106	0.9004	1.4945	1.3456	48
48.5	0.7490	0.6626	1.1303	0.8847	1.5092	1.3352	48.5
49	0.7547	0.6561	1.1504	0.8693	1.5243	1.3250	49
49.5	0.7604	0.6494	1.1708	0.8541	1.5398	1.3151	49.5
50	0.7660	0.6428	1.1918	0.8391	1.5557	1.3054	50
50.5	0.7716	0.6361	1.2131	0.8243	1.5721	1.2960	50.5
51	0.7771	0.6293	1.2349	0.8098	1.5890	1.2868	51
51.5	0.7826	0.6225	1.2572	0.7954	1.6064	1.2778	51.5
52	0.7880	0.6157	1.2799	0.7813	1.6243	1.2690	52
52.5	0.7934	0.6088	1.3032	0.7673	1.6427	1.2605	52.5
53	0.7986	0.6018	1.3270	0.7536	1.6616	1.2521	53
53.5	0.8039	0.5948	1.3514	0.7400	1.6812	1.2440	53.5
54	0.8090	0.5878	1.3764	0.7265	1.7013	1.2361	54
54.5	0.8141	0.5807	1.4019	0.7133	1.7221	1.2283	54.5
55	0.8192	0.5736	1.4281	0.7002	1.7434	1.2208	55
55.5	0.8241	0.5664	1.4550	0.6873	1.7655	1.2134	55.5
56	0.8290	0.5592	1.4826	0.6745	1.7883	1.2062	56
56.5	0.8339	0.5519	1.5108	0.6619	1.8118	1.1992	56.5
57	0.8387	0.5446	1.5399	0.6494	1.8361	1.1924	57
57.5	0.8434	0.5373	1.5697	0.6371	1.8612	1.1857	57.5

$x°$	$\sin x \approx$	$\cos x \approx$	$\tan x \approx$	$\cot x \approx$	$\sec x \approx$	$\csc x \approx$	$x°$
58	0.8480	0.5299	1.6003	0.6249	1.8871	1.1792	58
58.5	0.8526	0.5225	1.6319	0.6128	1.9139	1.1728	58.5
59	0.8572	0.5150	1.6643	0.6009	1.9416	1.1666	59
59.5	0.8616	0.5075	1.6977	0.5890	1.9703	1.1606	59.5
60	0.8660	0.5000	1.7321	0.5774	2.0000	1.1547	60
60.5	0.8704	0.4924	1.7675	0.5658	2.0308	1.1490	60.5
61	0.8746	0.4848	1.8040	0.5543	2.0627	1.1434	61
61.5	0.8788	0.4772	1.8418	0.5430	2.0957	1.1379	61.5
62	0.8829	0.4695	1.8807	0.5317	2.1301	1.1326	62
62.5	0.8870	0.4617	1.9210	0.5206	2.1657	1.1274	62.5
63	0.8910	0.4540	1.9626	0.5095	2.2027	1.1223	63
63.5	0.8949	0.4462	2.0057	0.4986	2.2412	1.1174	63.5
64	0.8988	0.4384	2.0503	0.4877	2.2812	1.1126	64
64.5	0.9026	0.4305	2.0965	0.4770	2.3228	1.1079	64.5
65	0.9063	0.4226	2.1445	0.4663	2.3662	1.1034	65
65.5	0.9100	0.4147	2.1943	0.4557	2.4114	1.0989	65.5
66	0.9135	0.4067	2.2460	0.4452	2.4586	1.0946	66
66.5	0.9171	0.3987	2.2998	0.4348	2.5078	1.0904	66.5
67	0.9205	0.3907	2.3559	0.4245	2.5593	1.0864	67
67.5	0.9239	0.3827	2.4142	0.4142	2.6131	1.0824	67.5
68	0.9272	0.3746	2.4751	0.4040	2.6695	1.0785	68
68.5	0.9304	0.3665	2.5386	0.3939	2.7285	1.0748	68.5
69	0.9336	0.3584	2.6051	0.3839	2.7904	1.0711	69
69.5	0.9367	0.3502	2.6746	0.3739	2.8555	1.0676	69.5

$x°$	$\sin x \approx$	$\cos x \approx$	$\tan x \approx$	$\cot x \approx$	$\sec x \approx$	$\csc x \approx$	$x°$
70	0.9397	0.3420	2.7475	0.3640	2.9238	1.0642	70
70.5	0.9426	0.3338	2.8239	0.3541	2.9957	1.0608	70.5
71	0.9455	0.3256	2.9042	0.3443	3.0716	1.0576	71
71.5	0.9483	0.3173	2.9887	0.3346	3.1515	1.0545	71.5
72	0.9511	0.3090	3.0777	0.3249	3.2361	1.0515	72
72.5	0.9537	0.3007	3.1716	0.3153	3.3255	1.0485	72.5
73	0.9563	0.2924	3.2709	0.3057	3.4203	1.0457	73
73.5	0.9588	0.2840	3.3759	0.2962	3.5209	1.0429	73.5
74	0.9613	0.2756	3.4874	0.2867	3.6280	1.0403	74
74.5	0.9636	0.2672	3.6059	0.2773	3.7420	1.0377	74.5
75	0.9659	0.2588	3.7321	0.2679	3.8637	1.0353	75
75.5	0.9681	0.2504	3.8667	0.2586	3.9939	1.0329	75.5
76	0.9703	0.2419	4.0108	0.2493	4.1336	1.0306	76
76.5	0.9724	0.2334	4.1653	0.2401	4.2837	1.0284	76.5
77	0.9744	0.2250	4.3315	0.2309	4.4454	1.0263	77
77.5	0.9763	0.2164	4.5107	0.2217	4.6202	1.0243	77.5
78	0.9781	0.2079	4.7046	0.2126	4.8097	1.0223	79
78.5	0.9799	0.1994	4.9152	0.2035	5.0159	1.0205	78.5
79	0.9816	0.1908	5.1446	0.1944	5.2408	1.0187	79
79.5	0.9833	0.1822	5.3955	0.1853	5.4874	1.0170	79.5
80	0.9848	0.1736	5.6713	0.1763	5.7588	1.0154	80
80.5	0.9863	0.1650	5.9758	0.1673	6.0589	1.0139	80.5
81	0.9877	0.1564	6.3138	0.1584	6.3925	1.0125	81
81.5	0.9890	0.1478	6.6912	0.1495	6.7655	1.0111	81.5

$x°$	$\sin x\approx$	$\cos x\approx$	$\tan x\approx$	$\cot x\approx$	$\sec x\approx$	$\csc x\approx$	$x°$
82	0.9903	0.1392	7.1154	0.1405	7.1853	1.0098	82
82.5	0.9914	0.1305	7.5958	0.1317	7.6613	1.0086	82.5
83	0.9925	0.1219	8.1443	0.1228	8.2055	1.0075	83
83.5	0.9936	0.1132	8.7769	0.1139	8.8337	1.0065	83.5
84	0.9945	0.1045	9.5144	0.1051	9.5668	1.0055	84
84.5	0.9954	0.0958	10.385	0.0963	10.433	1.0046	84.5
85	0.9962	0.0872	11.430	0.0875	11.473	1.0038	855
85.5	0.9969	0.0785	12.706	0.0787	12.745	1.0031	85.5
86	0.9976	0.0698	14.300	0.0699	14.335	1.0024	86
86.5	0.9981	0.0610	16.349	0.0612	16.380	1.0019	86.5
87	0.9986	0.0523	19.081	0.0524	19.107	1.0014	87
87.5	0.9990	0.0436	22.903	0.0437	22.925	1.0010	87.5
88	0.9994	0.0349	28.636	0.0349	28.653	1.0006	88
88.5	0.9997	0.0262	38.188	0.0262	38.201	1.0003	88.55
89	0.9998	0.0175	57.289	0.0175	57.298	1.0002	89
89.5	1.0000	0.0087	114.58	0.0087	114.59	1.0000	89.5
90	1.0000	0.0000	∞	0.0000	∞	1.0000	90

附錄 B：常用對數表($Y=\log_{10}X$)

x	0	1	2	3	4	5	6	7	8	9
10	0000	0043	0086	0128	0170	0212	0253	0294	0334	0374
11	0414	0453	0492	0531	0569	0607	0645	0682	0719	0755
12	0792	0828	0864	0899	0934	0969	1004	1038	1072	1106
13	1139	1173	1206	1239	1271	1303	1334	1367	1399	1430
14	1461	1492	1523	1553	1584	1614	1644	1673	1703	1732
15	1761	1790	1818	1847	1875	1903	1931	1959	1987	2014
16	2041	2068	2095	2122	2148	2175	2201	2227	2253	2279
17	2304	2330	2355	2380	2405	2430	2455	2480	2504	2529
18	2553	2577	2601	2625	2648	2672	2695	2718	2742	2765
19	2788	2810	2833	2856	2878	2900	2923	2945	2967	2989
20	3010	3032	3054	3075	3096	3118	3139	3160	3181	3201
21	3222	3243	3263	3284	3304	3324	3345	3365	3385	3404
22	3424	3444	3464	3483	3502	3522	3541	3560	3578	3598
23	3617	3636	3655	3674	3692	3711	3729	3747	3766	3784
24	3802	3820	3838	3856	3874	3892	3909	3927	3945	3962
x	0	1	2	3	4	5	6	7	8	9

x	0	1	2	3	4	5	6	7	8	9
25	3979	3997	4014	4031	4048	4065	4082	4099	4116	4133
26	4150	4166	4183	4200	4216	4232	4249	4265	4281	4298
27	4314	4330	4346	4362	4378	4393	4409	4425	4440	4456
28	4472	4487	4502	4518	4533	4548	4564	4579	4594	4609
29	4624	4639	4654	4669	4683	4698	4713	4728	4742	4757
30	4771	4786	4800	4817	4829	4849	4857	4871	4886	4900
31	4914	4928	4942	4955	4969	4983	4997	5011	5024	5038
32	5051	5065	5079	5092	5105	5119	5132	5145	5158	5172
33	5185	5198	5211	5224	5237	5250	5263	5276	5289	5302
34	5315	5328	5340	5353	5366	5378	5391	5403	5416	5428
35	5441	5453	5465	5478	5490	5502	5514	5527	5539	5551
36	5563	5575	5587	5599	5611	5623	5635	5647	5658	5670
37	5682	5694	5705	5717	5729	5740	5752	5763	5778	5786
38	5798	5809	5821	5832	5843	5855	5855	5877	5888	5899
39	5911	5922	5933	5944	5955	5966	5977	5988	5999	6010
40	6021	6031	6042	6053	6064	6075	6085	6096	6107	6117
41	6128	6138	6149	6160	6170	6180	6191	6201	6212	6222
42	6232	6243	6253	6263	6274	6284	6294	6304	6314	6325
43	6335	6345	6355	6365	6375	6385	6395	6405	6415	6425
44	6435	6444	6454	6464	6474	6484	6493	6503	6513	6522
x	0	1	2	3	4	5	6	7	8	9

x	0	1	2	3	4	5	6	7	8	9
45	6532	6542	6551	6561	6571	6580	6590	6599	6609	6618
46	6628	6637	6646	6656	6665	6675	6684	6693	6702	6712
47	6721	6730	6739	6749	6758	6767	6776	6785	6794	6803
48	6812	6821	6830	6839	6848	6857	6866	6875	6884	6893
49	6902	6911	6920	6928	6938	6949	6955	6964	6972	6981
50	6990	6998	7007	7016	7024	7033	7042	7050	7059	7067
51	7076	7084	7093	7101	7110	7118	7126	7135	7143	7152
52	7160	7168	7177	7185	7193	7202	7210	7218	7226	7235
53	7243	7251	7259	7268	7275	7284	7292	7300	7308	7315
54	7324	7332	7340	7348	7356	7364	7372	7380	7388	7396
55	7404	7412	7419	7427	7435	7443	7451	7459	7466	7474
56	7482	7490	7497	7505	7513	7520	7528	7536	7543	7551
57	7559	7566	7574	7582	7589	7597	7604	7612	7619	7627
58	7634	7642	7649	7657	7664	7672	7679	7686	7694	7701
59	7709	7716	7723	7731	7738	7745	7752	7760	7767	7774
60	7782	7789	7796	7803	7810	7818	7825	7832	7839	7846
61	7853	7860	7868	7875	7882	7889	7896	7903	7910	7917
62	7924	7931	7938	7945	7952	7959	7966	7973	7980	7987
63	7993	8000	8007	8014	8021	8028	8035	8041	8048	8055
64	8062	8069	8075	8082	8089	8096	8102	8109	8116	8122
x	0	1	2	3	4	5	6	7	8	9

x	0	1	2	3	4	5	6	7	8	9
65	8129	8136	8142	8149	8156	8162	8169	8176	8182	8189
66	8195	8202	8209	8215	8222	8228	8235	8241	8248	8254
67	8261	8267	8274	8280	8287	8293	8299	8306	8312	8319
68	8325	8331	8338	8344	8354	8357	8363	8370	8376	8382
69	8388	8395	8401	8407	8414	8420	8426	8432	8439	8445
70	8451	8457	8463	8470	8476	8482	8488	8494	8500	8506
71	8513	8519	8525	8531	8537	8543	8549	8555	8561	8567
72	8573	5879	8585	8591	8597	8603	8609	8615	8621	8627
73	8633	8639	8645	8651	8657	8663	8669	8675	8681	8686
74	8692	8698	8704	8710	8716	8722	8727	8733	8739	8745
75	8751	8756	8765	8768	8774	8779	8785	8791	8797	8802
76	8808	8814	8820	8825	8831	8837	8842	8848	8854	8859
77	8865	8871	8876	8882	8887	8893	8899	8904	8920	8915
78	8921	8927	8932	8938	8943	8849	8954	8960	8965	8971
79	8976	8982	8987	8993	8998	9004	9009	9015	9020	9025
80	9031	9036	9042	9047	9053	9058	9063	9069	9074	9079
81	9085	9090	9096	9101	9106	9112	9117	9122	9128	9133
82	9138	9143	9149	9154	9159	9165	9170	9175	9180	9186
83	9191	9196	9201	9206	9215	9217	9222	9227	9232	9238
84	9243	9248	9253	9258	9263	9269	9274	9279	9284	9289
x	0	1	2	3	4	5	6	7	8	9

x	0	1	2	3	4	5	6	7	8	9
85	9294	9299	9304	9309	9315	9320	9325	9330	9335	9340
86	9345	9350	9355	9360	9365	9370	9375	9380	9382	9390
87	9395	9400	9405	9410	9415	9420	9425	9430	9435	9440
88	9445	9450	9455	9460	9465	9469	9474	9479	9484	9489
89	9494	9499	9504	9509	9513	6518	9523	9528	9533	9538
90	9542	9547	9552	9557	9562	9566	9571	9576	9581	9586
91	9590	9595	9600	9605	9609	9614	9619	9624	9628	9633
92	9638	9643	9647	9652	9657	9661	9666	9671	9675	9680
93	9685	9689	9694	9699	9703	9708	9713	9717	9722	9727
94	9731	9736	9741	9745	9750	9754	9759	9763	9768	9773
95	9777	9782	9786	9791	9795	9800	9805	9809	9814	9818
96	9823	9827	9832	9836	9841	9845	9850	9854	9859	9863
97	9868	9872	9877	9881	9886	9890	9894	9899	9903	9908
98	9912	9917	9921	9926	9930	9934	9939	9943	9948	9952
99	9956	9961	9965	9969	9974	9978	9983	9987	9991	9996

附錄 C：自然對數表

x	$\ln x$	x	$\ln x$	x	$\ln x$
		2.0	0.693	4.0	1.386
0.1	−2.303	2.1	0.742	4.1	1.411
0.2	−1.609	2.2	0.788	4.2	1.435
0.3	−1.204	2.3	0.833	4.3	1.459
0.4	−0.916	2.4	0.875	4.4	1.482
0.5	−0.693	2.5	0.916	4.5	1.504
0.6	−0.511	2.6	0.956	4.6	1.526
0.7	−0.357	2.7	0.993	4.7	1.548
0.8	−0.223	2.8	1.030	4.8	1.569
0.9	−0.105	2.9	1.065	4.9	1.589
1.0	0.000	3.0	1.099	5.0	1.609
1.1	0.095	3.1	1.131	5.1	1.629
1.2	0.182	3.2	1.163	5.2	1.649
1.3	0.262	3.3	1.194	5.3	1.668
1.4	0.336	3.4	1.224	5.4	1.686
1.5	0.405	3.5	1253	5.5	1.705
1.6	0.470	3.6	1.281	5.6	1.723
1.7	0.531	3.7	1.308	5.7	1.740
1.8	0.588	3.8	1.335	5.8	1.758
1.9	0.642	3.9	1.361	5.9	1.775

x	$\ln x$	x	$\ln x$	x	$\ln x$
6.0	1.792	8.0	2.079	10	2.303
6.1	1.808	8.1	2.092	20	2.996
6.2	1.825	8.2	2.104	30	3.401
6.3	1.841	8.3	2.116	40	3.689
6.4	1.856	8.4	2.128	50	3.912
6.5	1.872	8.5	2.140	60	4.094
6.6	1.887	8.6	2.152	70	4.248
6.7	1.902	8.7	2.163	80	4.382
6.8	1.917	8.8	2.175	90	4.500
6.9	1.932	8.9	2.186	100	4.605
7.0	1.946	9.0	2.197		
7.1	1.960	9.1	2.208		
7.2	1.974	9.2	2.219		
7.3	1.988	9.3	2.230		
7.4	2.001	9.4	2.241		
7.5	2.015	9.5	2.251		
7.6	2.028	9.6	2.262		
7.7	2.041	9.7	2.272		
7.8	2.054	9.8	2.282		
7.9	2.067	9.9	2.293		

附錄 D：微分公式與積分公式

壹、微分公式

1. $\frac{d}{dx}[cu]=cu'$
2. $\frac{d}{dx}[u\pm v]=u'\pm v'$
3. $\frac{d}{dx}[uv]=uv'\pm vu'$
4. $\frac{d}{dx}[\frac{u}{v}]=\frac{vu'-uv'}{v^2}$
5. $\frac{d}{dx}[c]=0$
6. $\frac{d}{dx}[u^n]=nu^{n-1}u'$
7. $\frac{d}{dx}[x]=1$
8. $\frac{d}{dx}[|u|]=\frac{u}{|u|}(u')$，$u\neq 0$
9. $\frac{d}{dx}[\ln u]=\frac{u'}{u}$
10. $\frac{d}{dx}[e^u]=e^u u'$
11. $\frac{d}{dx}[\sin u]=(\cos u)u'$
12. $\frac{d}{dx}[\cos u]=-(\sin u)u'$
13. $\frac{d}{dx}[\tan u]=(\sec^2 u)u'$
14. $\frac{d}{dx}[\cot u]=-(\csc^2 u')u'$
15. $\frac{d}{dx}[\sec u]=(\sec u\tan u)u'$
16. $\frac{d}{dx}[\csc u]=-(\csc u\cot u)u'$

貳、積分公式

一、積分型式含 u^n

1. $\int u^n\,du=\frac{u^{n+1}}{n+1}+C$，$n\neq -1$
2. $\int \frac{1}{u}\,du=\ln|u|+C$

二、積分型式含 $a + bu$

3. $\int \frac{u}{a+bu}du = \frac{1}{b^2}(bu - a\ln|a+bu|) + C$

4. $\int \frac{u}{(a+bu)^2}du = \frac{1}{b^2}\left(\frac{a}{a+bu} + \ln|a+bu|\right) + C$

5. $\int \frac{u}{(a+bu)^n}du = \frac{1}{b^2}\left[\frac{-1}{(n-2)(a+bu)^{n-2}} + \frac{a}{(n-1)(a+bu)^{n-1}}\right] + C$，$n \neq 1$，$2$

6. $\int \frac{u^2}{a+bu}du = \frac{1}{b^3}\left[-\frac{bu}{2}(2a-bu) + a^2\ln|a+bu|\right] + C$

7. $\int \frac{u^2}{(a+bu)^2}du = \frac{1}{b^3}\left(bu - \frac{a^2}{a+bu} - 2a\ln|a+bu|\right) + C$

8. $\int \frac{u^2}{(a+bu)^3}du = \frac{1}{b^3}\left[\frac{2a}{a+bu} - \frac{a^2}{2(a+bu)^2} + \ln|a+bu|\right] + C$

9. $\int \frac{u^2}{(a+bu)^n}du = \frac{1}{b^3}\left[\frac{-1}{(n-3)(a+bu)^{n-3}} + \frac{2a}{(n-2)(a+bu)^{n-2}} - \frac{a^2}{(n-1)(a+bu)^{n-1}}\right] + C$，$n \neq 1$，$2$，$3$

10. $\int \frac{1}{u(a+bu)}du = \frac{1}{a}\ln\left|\frac{u}{a+bu}\right| + C$

11. $\int \frac{1}{u(a+bu)^2}du = \frac{1}{a}\left(\frac{1}{a+bu} + \frac{1}{a}\ln\left|\frac{u}{a+bu}\right|\right) + C$

12. $\int \frac{1}{u^2(a+bu)}du = -\frac{1}{a}\left(\frac{1}{u} + \frac{b}{a}\ln\left|\frac{u}{a+bu}\right|\right) + C$

13. $\int \frac{1}{u^2(a+bu)^2}du = -\frac{1}{a^2}\left[\frac{a+2bu}{u(a+bu)} + \frac{2b}{a}\ln\left|\frac{u}{a+bu}\right|\right] + C$

三、積分型式含 $\sqrt{a + bu}$

14. $\int u^n\sqrt{a+bu}\,du = \frac{2}{b(2n+3)}\left[u^n(a+bu)^{3/2} - na\int u^{n-1}\sqrt{a+bu}\,du\right]$

15. $\int \frac{1}{u\sqrt{a+bu}}du = \frac{1}{\sqrt{a}}\ln\left|\frac{\sqrt{a+bu}-\sqrt{a}}{\sqrt{a+bu}+\sqrt{a}}\right| + C$，$a > 0$

16. $\int \frac{1}{u^n\sqrt{a+bu}}du = \frac{-1}{a(n-1)}\left[\frac{\sqrt{a+bu}}{u^{n-1}} + \frac{(2n-3)b}{2}\int \frac{1}{u^{n-1}\sqrt{a+bu}}du\right]$，$n \neq 1$

17. $\int \frac{\sqrt{a+bu}}{u}du = 2\sqrt{a+bu} + a\int \frac{1}{u\sqrt{a+bu}}du$

18. $\int \frac{\sqrt{a+bu}}{u^n}du = \frac{-1}{a(n-1)}\left[\frac{(a+bu)^{3/2}}{u^{n-1}} + \frac{(2n-5)b}{2}\int \frac{\sqrt{a+bu}}{u^{n-1}}du\right]$，$n \neq 1$

19. $\int \frac{u}{\sqrt{a+bu}}\,du = -\frac{2(2a-bu)}{3b^2}\sqrt{a+bu} + C$

20. $\int \frac{u^n}{\sqrt{a+bu}}\,du = \frac{2}{(2n+1)b}\left(u^n\sqrt{a+bu} - na\int \frac{u^{n-1}}{\sqrt{a+bu}}\,du\right)$

四、積分型式含 $u^2 - a^2\ (a > 0)$

21. $\int \frac{1}{u^2-a^2}\,du = -\int \frac{1}{a^2-u^2}\,du = \frac{1}{2a}\ln\left|\frac{u-a}{u+a}\right| + C$

22. $\int \frac{1}{(u^2-a^2)^n}\,du = \frac{-1}{2a^2(n-1)}\left[\frac{u}{(u^2-a^2)^{n-1}} + (2n-3)\int \frac{1}{(u^2-a^2)^{n-1}}\,du\right]$，$n \neq 1$

五、積分型式含 $\sqrt{u^2 \pm a^2}\ (a > 0)$

23. $\int \sqrt{u^2 \pm a^2}\,du = \frac{1}{2}(u\sqrt{u^2 \pm a^2} \pm a^2 \ln|u + \sqrt{u^2 \pm a^2}|) + C$

24. $\int u^2\sqrt{u^2 \pm a^2}\,du = \frac{1}{8}[u(2u^2 \pm a^2)\sqrt{u^2 \pm a^2} - a^4 \ln|u + \sqrt{u^2 \pm a^2}|] + C$

25. $\int \frac{\sqrt{u^2+a^2}}{u}\,du = \sqrt{u^2+a^2} - a\ln\left|\frac{a+\sqrt{u^2+a^2}}{u}\right| + C$

26. $\int \frac{\sqrt{u^2 \pm a^2}}{u^2}\,du = \frac{-\sqrt{u^2 \pm a^2}}{u} + \ln|u + \sqrt{u^2 \pm a^2}| + C$

27. $\int \frac{1}{\sqrt{u^2 \pm a^2}}\,du = \ln|u + \sqrt{u^2 \pm a^2}| + C$

28. $\int \frac{1}{u\sqrt{u^2+a^2}}\,du = \frac{-1}{a}\ln\left|\frac{a+\sqrt{u^2+a^2}}{u}\right| + C$

29. $\int \frac{u^2}{\sqrt{u^2 \pm a^2}}\,du = \frac{1}{2}(u\sqrt{u^2 \pm a^2} \mp a^2 \ln|u + \sqrt{u^2 \pm a^2}|) + C$

30. $\int \frac{1}{u^2\sqrt{u^2 \pm a^2}}\,du = \mp\frac{\sqrt{u^2 \pm a^2}}{a^2 u} + C$

31. $\int \frac{1}{(u^2 \pm a^2)^{3/2}}\,du = \frac{\pm u}{a^2\sqrt{u^2 \pm a^2}} + C$

六、積分型式含 $\sqrt{a^2-u^2}\ (a>0)$

32. $\int \frac{\sqrt{a^2-u^2}}{u}\,du=\sqrt{a^2-u^2}-a\ln\left|\frac{a+\sqrt{a^2-u^2}}{u}\right|+C$

33. $\int \frac{1}{u\sqrt{a^2-u^2}}\,du=\frac{-1}{a}\ln\left|\frac{a+\sqrt{a^2-u^2}}{u}\right|+C$

34. $\int \frac{1}{u^2\sqrt{a^2-u^2}}\,du=\frac{-\sqrt{a^2-u^2}}{a^2u}+C$

35. $\int \frac{1}{(a^2-u^2)^{3/2}}\,du=\frac{u}{a^2\sqrt{a^2-u^2}}+C$

七、積分型式含 e^u

36. $\int e^u\,du=e^u+C$

37. $\int ue^u\,du=(u-1)e^u+C$

38. $\int u^n e^u\,du=u^n e^u-n\int u^{n-1}e^u\,du$

39. $\int \frac{1}{1+e^u}\,du=u-\ln(1+e^u)+C$

40. $\int \frac{1}{1+e^{nu}}\,du=u-\frac{1}{n}\ln(1+e^{nu})+C$

八、積分型式含 $\ln u$

41. $\int \ln u\,du=u(-1+\ln u)+C$

42. $\int u\ln u\,du=\frac{u^2}{4}(-1+2\ln u)+C$

43. $\int u^n\ln u\,du=\frac{u^{n+1}}{(n+1)^2}[-1+(n+1)\ln u]+C$，$n\neq -1$

44. $\int (\ln u)^2\,du=u[2-2\ln u+(\ln u)^2]+C$

45. $\int (\ln u)^2\,du=u(\ln u)^u-n\int(\ln u)^{n-1}\,du$

九、積分型式含 $\sin u$ 或 $\cos u$

46. $\int \sin u\, du = -\cos u + C$

47. $\int \cos u\, du = \sin u + C$

48. $\int \sin^2 u\, du = \frac{1}{2}(u - \sin u \cos u) + C$

49. $\int \cos^2 u\, du = \frac{1}{2}(u + \sin u \cos u) + C$

50. $\int \sin^n u\, du = -\frac{\sin^{n-1} u \cos u}{n} + \frac{n-1}{n}\int \sin^{n-2} u\, du$

51. $\int \cos^n u\, du = \frac{\cos^{n-1} u \sin u}{n} + \frac{n-1}{n}\int \cos^{n-2} u\, du$

52. $\int u \sin u\, du = \sin u - u \cos u + C$

53. $\int u \cos u\, du = \cos u + u \sin u + C$

54. $\int u^n \sin u\, du = -u^n \cos u + n\int u^{n-1} \cos u\, du$

55. $\int u^n \cos u\, du = u^n \sin u - n\int u^{n-1} \sin u\, du$

56. $\int \frac{1}{1 \pm \sin u} du = \tan u \mp \sec u + C$

57. $\int \frac{1}{1 \pm \cos u} du = -\cot u \mp \csc u + C$

58. $\int \frac{1}{\sin u \cos u} du = \ln|\tan u| + C$

十、積分型式含 $\tan u$、$\cot u$、$\sec u$、$\csc u$ 等

59. $\int \tan u\, du = -\ln|\cos u| + C$

60. $\int \cot u\, du = \ln|\sin u| + C$

61. $\int \sec u\, du = \ln|\sec u + \tan u| + C$

62. $\int \csc u\, du = \ln|\csc u - \cot u| + C$

63. $\int \tan^2 u\, du = -u + \tan u + C$

64. $\int \cot^2 u\, du = -u - \cot u + C$

65. $\int \sec^2 u\, du = \tan u + C$

66. $\int \csc^2 u\, du = -\cot u + C$

67. $\int \tan^n u\, du = \dfrac{\tan^{n-1} u}{n-1} - \int \tan^{n-2} u\, du$，$n \neq 1$

68. $\int \cot^n u\, du = -\dfrac{\cot^{n-1} u}{n-1} - \int \cot^{n-2} u\, du$，$n \neq 1$

69. $\int \sec^n u\, du = \dfrac{\sec^{n-2} u \tan u}{n-1} + \dfrac{n-2}{n-1}\int \sec^{n-2} u\, du$，$n \neq 1$

70. $\int \csc^n u\, du - \dfrac{\csc^{n-2} u \cot u}{n-1} + \dfrac{n-2}{n-1}\int \csc^{n-2} u\, du$，$n \neq 1$

71. $\int \dfrac{1}{1 \pm \tan u} du = \dfrac{1}{2}(u \pm \ln|\cos u \pm \sin u|) + C$

72. $\int \dfrac{1}{1 \pm \cot u} du = \dfrac{1}{2}(u \mp \ln|\sin u \pm \cos u|) + C$

73. $\int \dfrac{1}{1 \pm \sec u} du = u + \cot u \mp \csc u + C$

74. $\int \dfrac{1}{1 \pm \csc u} du = u - \tan u \pm \sec u + C$

習題解答

第一章 緒論

解答：略。

第二章 函數

2-1

第一組

1. (1) 定義域 $=\{x \mid x \in R\}$，值域 $=\{y \mid 0 < y \leq 1\}$

   (2) 定義域 $=\{x \mid x \in R\}$，值域 $=\{y \mid y \geq 0\}$

   (3) 定義域 $=\{x \mid x \neq 2\}$，值域 $=\{y \mid \neq 0\}$

   (4) 定義域 $=\{x \mid x \geq -1\}$，值域 $=\{y \mid y \geq 0\}$

   (5) 定義域 $=\{x \mid x \in R\}$，值域 $=\{y \mid y \geq -\frac{1}{4}\}$

2. (1) 不是

   (2) 是

   (3) 不是

3. (1) 不是

   (2) 是

(3) 不是

4. (1) 2

(2) $3x^2+3xh+h^2$

5. $y=\begin{cases}70 & x\leq 1.65\\ 5(\frac{x-1.65}{0.35})+70 & x>1.65\end{cases}$

第二組

1. (1) 定義域 $=\{x\mid x\in R\}$，值域 $=\{y\mid y\in R\}$

(2) 定義域 $=\{x\mid x\in R\}$，值域 $=\{y\mid y\geq 1\}$

(3) 定義域 $=\{x\mid x\leq -3，x\geq 3\}$，值域 $=\{y\mid \geq 0\}$

(4) 定義域 $=\{x\mid x\neq 8\}$，值域 $=\{y\mid y\neq 0\}$

(5) 定義域 $=\{x\mid x\neq -1，1\}$，值域 $=\{y\mid y\in R\}$

2. (1) 是

(2) 是

(3) 不是

3. (1) 不是

(2) 是

(3) 是

4. (1) 9 (2) 3

5. $y=\begin{cases}200 & x\leq 1000\\ 0.2x & x>1000\end{cases}$

2-2

第一組

略

第二組

略

2-3

第一組

1. (1) $m=2$　(2)$m=-\frac{2}{3}$

2. (1) $2x-y+4=0$

   (2) $y=-x+3$

   (3) $y=5x+11$

   (4) $3x-2y+12=0$

3. $x=3$時，y為極大值 7

4. (1)0　(2)-1　(3)-1　(4)$\sqrt{3}$　(5)-2　(6)$-\sqrt{2}$

5. (1)16　(2)$\frac{1}{3}$　(3)8　(4)14

6. (1)-3　(2)200　(3)2　(4)100

7. (1)$-6x^2+19$　(2)$18x^2-48x+27$

8. (1)沒有　(2)有　(3)沒有　(4)有

9. $f^{-1}(x)=\frac{x+1}{4}$

10.(1)$\frac{\pi}{6}$ (2)$\frac{\pi}{4}$ (3)$\frac{1}{2}$ (4)2

第二組

1. (1)$m=-\frac{4}{3}$ (2)$m=2$

2. (1)$x-3y+7=0$ (2)$y=2$ (3)$3x+y-8=0$ (4)$x+2y+10=0$

3. $x=\frac{5}{2}$時，y為極小值$-\frac{15}{2}$

4. (1)$-\frac{\sqrt{3}}{2}$ (2)$\frac{\sqrt{2}}{2}$ (3)$-\frac{\sqrt{3}}{3}$ (4)0 (5)1 (6)-1

5. (1)1 (2)1024 (3)4 (4)0

6. (1)2 (2)$\frac{1}{3}$ (3)5 (4)2401

7. (1)$9x^2-9x+2$ (2)$3x^2-3x-1$

8. (1)沒有 (2)有 (3)沒有 (4)有

9. $f^{-1}(x)=\sqrt{x+4}\ (x\geq -4)$

10.(1)$\frac{\pi}{4}$ (2)$\frac{\pi}{3}$ (3)$\sqrt{3}$ (4)$\frac{\sqrt{2}}{2}$

第三章 函數的極限與連續

3-1

第一組

1. (1) ∞ (2) $-\infty$ (3) m (4) 不存在 (5) m (6) l (7) 不存在 (8) l (9) 0 (10) 不存在 (11) 0 (12) $-\infty$ (13) 不存在 (14) 0 (15) 0 (16) 0 (17) $-\infty$ (18) l (19) 不存在 (20) l

2. (1) 5 (2) 5 (3) 5 (4) 0 (5) 0 (6) 0 (7) 1 (8) 1 (9) 1 (10) 不存在 (11) 0 (12) 不存在 (13) $-\infty$ (14) ∞ (15) 不存在

第二組

1. (1) ∞ (2) 0 (3) m (4) 不存在 (5) 0 (6) 0 (7) 0 (8) 0 (9) ∞ (10) 不存在 (11) $-\infty$ (12) m (13) 不存在 (14) 0 (15) $-\infty$ (16) 不存在 (17) ∞ (18) l (19) 不存在 (20) l

2. (1) 8　(4) -1　(7) 9　(10) 不存在　(13) $\frac{1}{2}$

(2) 8　(5) 1　(8) 9　(11) 不存在　(14) $\frac{1}{2}$

(3) 8　(6) 不存在　(9) 9　(12) 不存在　(15) $\frac{1}{2}$

3-2

第一組

1. -1，2
2. (1) 1　(2) -1　(3) 32　(4) -2　(5) 0
3. (1) -1　(2) 1　(3) 不存在　(4) -1　(5) -1
   (6) -1
4. (1) 4　(2) 5
5. e^{12}
6. 略

第二組

1. ± 2
2. (1) a_0　(2) 1　(3) $\frac{1}{2}$　(4) 3　(5) 0
3. (1) 2　(2) 5　(3) 不存在　(4) 14　(5) 14
   (6) 14
4. (1) -8　(2) $\frac{1}{3}$
5. 0
6. 提示：利用$(1-\cos x)(1+\cos x) = \sin^2 x$之公式

3-3

第一組

1. (1) 連續函數

   (2) 在$x = \pm 1$不連續

   (3) 在$x = n\ (n \in Z)$不連續

   (4) 在$x = 3$不連續

   (5) 連續函數

2. 略

3. $\frac{3}{2}$

4. $\frac{3}{5}$

5. $(-4，-3)$，$(-2，-1)$，$(1，2)$

第二組

1. (1) 連續函數

   (2) 在$x = (n+\frac{1}{2})\pi\ (n \in Z)$不連續

   (3) 連續函數

   (4) 在$x = -2$不連續

   (5) 連續函數

2. 略

3. -15

4. -4

5. 兩實根落在$(-1，0)$與$(1，2)$；另一實根為 5

3-4

第一組

1. (1) $\frac{1}{8}$　(6) 0
   (2) 不存在　(7) $\frac{6}{5}$
   (3) 48　(8) $\frac{1}{4}$
   (4) 不存在　(9) ∞
   (5) $-\infty$　(10) $-\sqrt{2}$

2. (1) 水平漸近線：$y=\frac{3}{2}$，垂直漸近線：$x=\frac{1}{2}$
   (2) 水平漸近線：$y=1$，垂直漸近線：$x=3$ 或$x=-3$
   (3) 垂直漸近線：$x=-5$，斜漸近線：$x=3x-15$
   (4) 水平漸近線：$y=1$，垂直漸近線：$x=0$（即 y 軸）
   (5) 水平漸近線：$y=1$ 與$y=-1$，垂直漸近線：$x=4$ 與$x=-4$

第二組

1. (1) -3　(6) 0
   (2) $\frac{1}{6}$　(7) $\frac{1}{3}$
   (3) 1　(8) $-\frac{1}{2}$

(4) $\dfrac{1}{2\sqrt{a}}$ (9) -1

(5) -3 (10) 0

2. (1) 水平漸近線：$y = 3$，垂直漸近線：$x = -1$ 與 $x = -2$

(2) 垂直漸近線：$x = 1$，斜漸近線：$y = x + 2$

(3) 水平漸近線：$y = \dfrac{1}{4}$，垂直漸近線：$x = \dfrac{1}{4}$

(4) 垂直漸近線：$x = 0$，斜漸近線：$y = 2x - 1$

(5) 水平漸近線：$y = 1$ 與 $y = -1$，垂直漸近線：$x = 2$

第四章 微 分

4-1

第一組

1. (1) 4 (2) 3 (3) 1 (4) $\frac{1}{2}$ (5) 1

2. (1) $f'(x)=-3$ (2) $f'(x)=3x^2$ (3) $f'(x)=\frac{-2}{x^3}$ (4) $f'(x)=-\frac{1}{2\sqrt{x^3}}$

   (5) $f'(x)=\frac{2}{(x+2)^2}$

3. $x+4y+2=0$

4. 24

5. 圖 C

6. 不可微分

第二組

1. (1) 0 (2) 10 (3) 0 (4) $-\frac{1}{100}$ (5) $\frac{1}{2\sqrt{10}}$

2. (1) $f'(x)=0$ (2) $f(x)=3x^2+1$ (3) $f(x)=-1$ (4) $f(x)=\frac{1}{\sqrt{2x-1}}$

   (5) $f'(x)=6x$

3. $x+2y+3=0$

4. 4

5.圖 B

6.不可微分

4-2

第一組

1. (1) $y'=8x-5$，$y'\Big|_{x=1}=3$

   (2) $y'=15x^2-\dfrac{18}{x^4}$，$y'\Big|_{x=1}=-3$

   (3) $y'=3x^2+12x+11, y'\Big|_{x=1}=26$

   (4) $y'=\dfrac{-3x^2-10x+26}{(x^2-4x+2)^2}, y'\Big|_{x=1}=13$

   (5) $y=\dfrac{4}{3}\sqrt[3]{x}$，$y'\Big|_{x=1}=\dfrac{4}{3}$

2. $y=2$

3. $v_3=4$（公尺/秒）

4. 4

5. 甲公司

6. $I_{10}=50$（安培）

第二組

1. (1) $y'=200x^3-120x^2+60x-20$，$y'\Big|_{x=-1}=-400$

(2) $y' = 2x + 1 - \frac{1}{x^2} - \frac{2}{x^3}$，$y'\Big|_{x=-1} = 0$

(3) $y' = 4x^3 + 30x^2 + 70x + 50, y'\Big|_{x=-1} = -6$

(4) $y = \frac{-4x^2 + 2x - 3}{(4x-1)^2}$，$y'\Big|_{x=-1} = -\frac{7}{25}$

(5) $y' = \frac{1}{4}\sqrt[4]{x+1}$，$y'\Big|_{x=-1} = 0$

2. $x + y = 0$

3. $v_0 = 3$（公尺/秒）

4. $-\frac{3}{4}$

5. 乙公司

6 .$I_5 = 6$（安培）

4-3

第一組

1. (1) $y' = 8(5x + 2)(5x^2 + 4x - 3)^3$

(2) $y' = \frac{4x+2}{(x-1)^4}$

(3) $y' = 6(3x-1)(10x + 3)(4x + 5)^2$

(4) $y' = 10(1 - \frac{1}{x^2})(x + \frac{1}{x})^9$

(5) $y' = \frac{4}{3}(2x + 1)\sqrt[3]{x^2 + x + 1}$

2. $36(2x-1)^2[(2x-1)^3 - 1]$

3. $3x+2$

4. 625

5. 1

第二組

1. (1) $y'=180x^2(6x^3-17)^9$

   (2) $y'=\dfrac{-4x^2+2x+8}{(2x+1)^5}$

   (3) $y'=12(3x-1)^3+6(3x-1)+3$

   (4) $y'=-6[\dfrac{1}{x^3}+\dfrac{5}{(5x-4)^3}][\dfrac{1}{x^2}+\dfrac{1}{(5x-4)^2}]^2$

   (5) $y'=\dfrac{5}{2\sqrt[6]{3x-1}}$

2. $-120(\dfrac{7x+15}{x^3})$　　3. $16x+6$　　4. -3　　5. 2

4-4

第一組

1. (1) $\dfrac{dy}{dx}=\dfrac{-2xy-4}{x^2-3}$

   (2) $\dfrac{dy}{dx}=\dfrac{-4(3y-1)}{3(4x+1)}$

   (3) $\dfrac{dy}{dx}=\dfrac{-1}{y-2}$

   (4) $\dfrac{dy}{dx}=3\sqrt{xy}-2\sqrt{y}$

   (5) $\dfrac{dy}{dx}=-\dfrac{3}{y}$

2. $x+\sqrt{3}y-2=0$

3. (1) $f_1=\frac{1}{2}(-x+5\sqrt{x})$，$f_2=-\frac{1}{2}(x+5\sqrt{x})$

(2) $f'_1=\frac{1}{2}(-1+\frac{5}{2}\times\frac{1}{\sqrt{x}})$，$f'_2=-\frac{1}{2}(1+\frac{5}{2}\times\frac{1}{\sqrt{x}})$

(3) $\frac{dy}{dx}=\frac{-2x-4y+25}{4x+8y}$

(4) 略

4. 每月增產 50 台

第二組

1. (1) $\frac{dy}{dx}=\frac{-y^2}{2xy+6}$

(2) $\frac{dy}{dx}=-\frac{y^2+2xy+1}{x^2+2xy+1}$

(3) $\frac{dy}{dx}=\frac{1-3y}{3x+8y}$

(4) $\frac{dy}{dx}=\frac{-2x-y+1}{x+1}$

(5) $\frac{dy}{dx}=\sqrt{\frac{y}{x}}$

2. $x+\sqrt{6}y-5+\sqrt{6}=0$

3. (1) $f_1=\frac{1}{3}(x-2\sqrt{x})$，$f_2=\frac{1}{3}(x+2\sqrt{x})$

(2) $f'_1=\frac{1}{3}(1-\frac{1}{\sqrt{x}})$，$f'_2=\frac{1}{3}(1+\frac{1}{\sqrt{x}})$

(3) $\frac{dy}{dx}=\frac{x-3y-2}{3x-9y}$

(4) 略

4. $x_0=5000$（台）

4-5

第一組

1. $y'' = 30x^4 - 24x$

2. $\dfrac{2y-6}{(x+2)^2}$

3. 126

4. $\dfrac{1}{\sqrt{x^2+k}}[1-\dfrac{x}{2(x^2+k)}]$

5. $-\dfrac{240}{(x+2)^6}$

6. (1) $v = 8t + 3$（公尺/秒）　(2)$v_{10}=83$（公尺/秒）　(3)$a=8$（公尺/秒^2）

   (4) $a_{10} = 8$（公尺/秒^2）

第二組

1. $y^{(4)} = 480x - 72$

2. $\dfrac{6xy+3}{x^3}$

3. $\dfrac{2}{9}$

4. $y''' = \dfrac{10}{\sqrt[3]{(3x+5)^8}}$

5. $\dfrac{2x^3-6x}{(x^2+1)^3}$

6. (1) $S_4 = 54$（公尺）

   (2) $v = 6t^2 - 10t$（公尺/秒）

(3) $v_4 = 56$（公尺/秒）

(4) $a = 12t-10$（公尺/秒^2）

(5) $a_4 = 38$（公尺/秒^2）

4-6

第一組

1. $\sin x$

2. (1) $\dfrac{-\cos x}{(\sin x+1)^2}$

   (2) $-12x\csc^2(6x^2+4)$

   (3) $8\sec^2(4x-1)\tan(4x-1)$

   (4) $6\tan 3x\sec^2 3x+10\sin 5x\cos 5x$

   (5) $\dfrac{\cos x-\sin x}{4\sqrt[4]{(\sin x+\cos x)^3}}$

3. $\dfrac{y\sin x-\sin y}{x\cos y+\cos x}$

4. $\dfrac{(\sin 2y)^2-2x^2\cos 2y}{(\sin 2y)^3}$

5. $y-\dfrac{\pi}{2}=2(x-\dfrac{\pi}{4})$

第二組

1. $-\cos x$

2. (1) $\dfrac{\sin x}{(\cos x-1)^2}$

   (2) $12x^3\sec^2(3x^4-5)$

(3) $-12\cot(6x+3)\csc^2(6x+3)$

(4) $6\sin^2 2x\cos 2x+12\cot^2 4x\csc^2 4x$

(5) $\dfrac{\sin x+\cos x}{2\sqrt{\sin x-\cos x}}$

3. $\dfrac{y\cos x+\cos y}{x\sin y-\sin x}$

4. $\dfrac{\sin y}{(\cos y-1)^3}$

5. $y=x$

4-7

第一組

1. (1) $\dfrac{6x+4}{3x^2+4x-1}$

(2) $\dfrac{40x^4}{(8x^5+6)\cdot\ln 3}$

(3) $x+2x\ln x$

(4) $\dfrac{x+3}{x^2+6x}$

(5) $\dfrac{3(\ln x)^2}{x}$

(6) $(10x^9+5x^4)e^{x^{10}+x^5+1}$

(7) $(\ln 10)(2x-4)10^{x^2-4x+2}$

(8) $\dfrac{2x^2e^{x^2}-2e^{x^2}}{x^3}$

(9) $\dfrac{\ln 6}{3}\cdot\sqrt[3]{6^x}$

(10) $[3\ln(x^2+x+1)+\dfrac{(3x-2)(2x+1)}{x^2+x+1}](x^2+x+1)^{3x-2}$

2. $\dfrac{e^x\sin x-e^x\cos x}{\sin^2 x}$

3. $\dfrac{-ye^{xy}}{xe^{xy}+2}$

4. $\dfrac{x(\cos x)(\ln x)-(\sin x)(\ln\sin x)}{x(\sin x)(\ln x)^2}$

5. $2x + 2^x \cdot \ln 2 + \dfrac{1}{x \cdot \ln 2} - \dfrac{\ln 2}{x(\ln x)^2}$

第二組

1. (1) $\dfrac{4x}{x^2+1}$

(2) $\dfrac{12x^3-2}{(3x^4-2x)\ln 5}$

(3) $\dfrac{1-\ln x}{x^2}$

(4) $\dfrac{4x^3}{3(x^4+2)}$

(5) $\dfrac{2\ln x}{x}$

(6) $(24x^3-6x)e^{6x^4-3x^2+2}$

(7) $(3x^2+12x) \cdot \ln 4 \cdot 4^{x^3+6x^2-4}$

(8) $3x^2e^{x^3}+3x^5e^{x^3}$

(9) $\dfrac{\ln 5}{2} \cdot \sqrt{5^x}$

(10) $(3x-2)^{x^2+x+1}[(2x+1)\ln(3x+2)+\dfrac{3(x^2+x+1)}{3x-2}]$

2. $e^x\sin x + e^x\cos x$

3. $\dfrac{e^x-y}{x}$

4. $x^{\sin x}[\cos x \cdot \ln x + \dfrac{\sin x}{x}]$

5. $ex^{e-1} + e^x + \dfrac{1}{x} - \dfrac{1}{x(\ln x)^2}$

第五章　微分的應用

5-1

第一組

1. 切線：$y-12=24(x-2)$，法線：$y-12=\frac{-1}{24}(x-2)$
2. 切線：$y-2=-\frac{1}{2}(x-3)$，法線：$y-2=2(x-3)$
3. 切線：$y-2=\frac{4}{5}(x-4)$，法線：$y-2=-\frac{5}{4}(x-4)$
4. 切線：$y=4$，法線：$x=2$
5. $(1,-3)$，$(-1,5)$
6. $x=1$，$-\frac{1}{3}$

第二組

1. 切線：$y+4=5(x-1)$，法線：$y+4=-\frac{1}{5}(x-1)$
2. 切線：$y-1=-2x$，法線：$y-1=\frac{1}{2}x$
3. 切線：$y+3=-(x-3)$，法線：$y+3=x-3$
4. 切線：$y-1=\frac{1}{4}(x-4)$，法線：$y-1=-4(x-4)$
5. $(0,4)$，$(\sqrt{2},2)$，$(-\sqrt{2},2)$
6. $x=\frac{1}{2}$

5-2

第一組

1. $C=\pm\sqrt{\dfrac{31}{3}}$

2. (1) 函數在 $(-\infty,\infty)$ 遞增

   (2) 函數在 $(-\infty,-2)$ 遞減，在 $(-2,\infty)$ 遞增

   (3) 函數在 $(-\infty,4)$ 與 $(4,\infty)$ 皆遞減

   (4) 函數在 $(-1,\infty)$ 遞增

   (5) 函數在 $(-\infty,-2-\dfrac{\sqrt{3}}{3})$ 與 $(-2+\dfrac{\sqrt{3}}{3},\infty)$ 遞增，

   在 $(-2-\dfrac{\sqrt{3}}{3},-2+\dfrac{\sqrt{3}}{3})$ 遞減

3. (1) 極小值為 $f(1)=-6$

   (2) 極小值為 $f(-\dfrac{\sqrt{3}}{3})=-\dfrac{2}{9}\sqrt{3}$，極大值為 $f(\dfrac{\sqrt{3}}{3})=\dfrac{2}{9}\sqrt{3}$

   (3) 極小值為 $f(3)=-27$

   (4) 極小值為 $f(1)=2$（同時也為最小值）

   極大值為 $f(\dfrac{1}{2})=2\dfrac{1}{2}$ 與 $f(4)=4\dfrac{1}{4}$（$4\dfrac{1}{4}$ 同時也為最大值）

   (5) 極小值為 $f(0)=0$ 與 $f(27)=-54$（-54 同時也為最小值）

   極大值為 $f(1)=2$（同時也為最大值）

4. $\sqrt{5}$

5. 當 $m=\sqrt{3}$，$n=3\sqrt{3}$ 時，$3m+n=6\sqrt{3}$ 為最小

6. 1.25

7. (1) $E=\frac{p}{40-p}$ (2) $E(30)=3$，意義：略 (3) 降價

第二組

1. $C=\frac{1}{2}$

2. (1) 函數在$(-\infty，\infty)$遞減

   (2) 函數在$(-\infty，1)$遞增，在$(1，\infty)$遞減

   (3) 函數在$(-\infty，-1)$與$(-1，\infty)$皆遞增

   (4) 函數在$(-\infty，\infty)$遞減

   (5) 函數在$(-\infty，-\frac{\sqrt{10}}{2})$與$(0，\frac{\sqrt{10}}{2})$遞減

   在$(-\frac{\sqrt{10}}{2}，0)$與$(\frac{\sqrt{10}}{2}，\infty)$遞增

3. (1) 極大值為$f(\frac{1}{2})=\frac{5}{4}$

   (2) 極大值為$f(-1)=6$，極小值為$f(\frac{2}{3})=\frac{37}{27}$

   (3) 極小值為$f(-2)=-42$

   (4) 極小值為$f(1)=0$（同時也為最小值）

   極大值為$f(2)=1\frac{1}{2}$（同時也為最大值）

   (5) 極小值為$f(2)=-1$（同時也為最小值）

   極大值為$f(1)=f(3)=0$（同時也為最大值）

4. $\frac{\sqrt{5}}{5}$

5. 當$m=6$，$n=3$時，$m^2n=108$為最大

6. 1.67

7. (1) $E=\frac{p}{50-p}$ (2) $E(10)=0.25$，意義：略 (3) 漲價

5-3

第一組

1. (1) 在$(-\infty, \infty)$向上凹，無反曲點

   (2) 在$(-\infty, 0)$向下凹，在$(0, \infty)$向上凹，反曲點為$(0, 0)$

   (3) 在$(-\infty, -2)$向上凹，在$(-2, 0)$向下凹，
   在$(0, \infty)$向上凹，反曲點為$(-2, -16)$與$(0, 0)$

   (4) 在$(-\infty, -\frac{\sqrt{3}}{3})$向上凹，在$(-\frac{\sqrt{3}}{3}, \frac{\sqrt{3}}{3})$向下凹，
   在$(\frac{\sqrt{3}}{3}, \infty)$向上凹，反曲點為$(-\frac{\sqrt{3}}{3}, \frac{3}{4})$與$(\frac{\sqrt{3}}{3}, \frac{3}{4})$

   (5) 在$(-\infty, 0)$向上凹，在$(0, 2)$向下凹，在$(2, \infty)$向上凹，
   反曲點為$(2, \frac{1}{8})$

2. $a=-6$，$b=25$

3. $a<1$

第二組

1. (1) 在$(-\infty, -\frac{1}{3})$向下凹，在$(-\frac{1}{3}, \infty)$向上凹，
   反曲點$(-\frac{1}{3}, \frac{20}{27})$

   (2) 在$(-\infty, \infty)$向上凹，無反曲點

   (3) 在$(-\infty, 0)$向上凹，在$(0, \infty)$向下凹，反曲點為$(0, 0)$

   (4) 在$(-\infty, -1)$向上凹，在$(-1, \infty)$向上凹，無反曲點

   (5) 在$(-\infty, -1)$向上凹，在$(-1, \infty)$向下凹，無反曲點

2. $a = -6$，$b = -4$

3. $a < 0$

5-4

第一組

1.

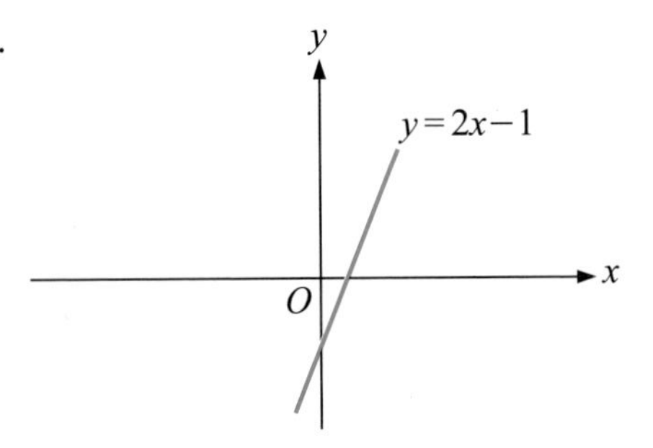

2.

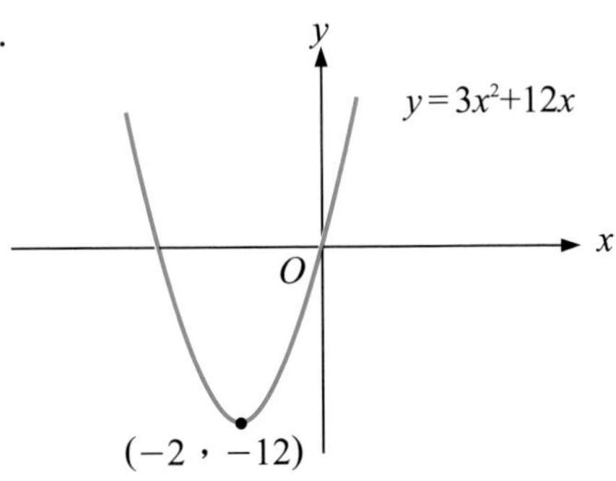

3.

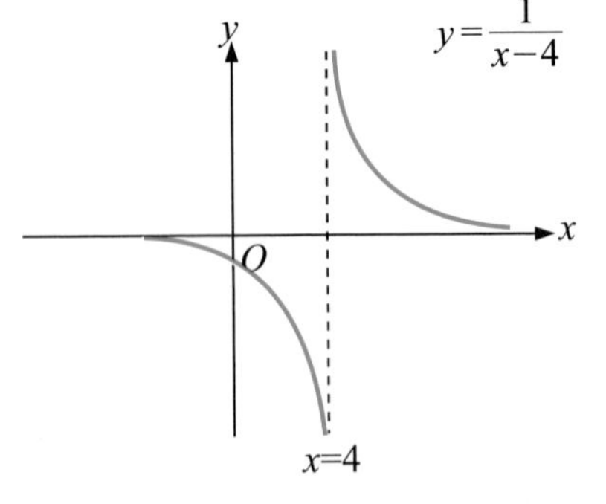

4.

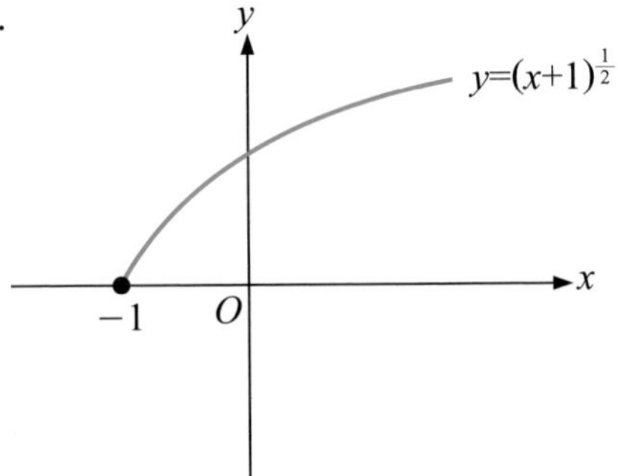

5.

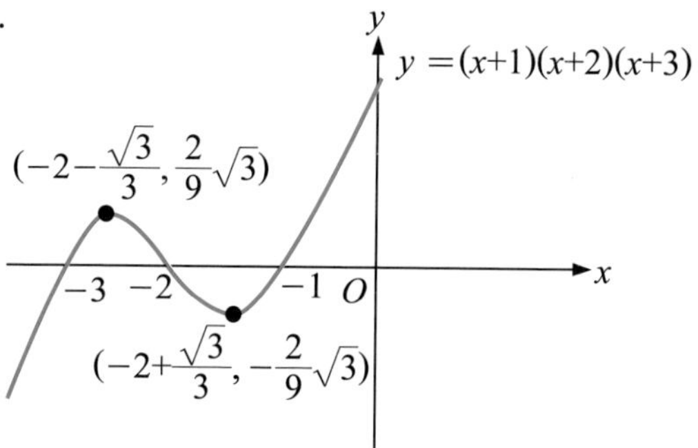

$y = (x+1)(x+2)(x+3)$
$(-2-\frac{\sqrt{3}}{3}, \frac{2}{9}\sqrt{3})$
$(-2+\frac{\sqrt{3}}{3}, -\frac{2}{9}\sqrt{3})$
-3 -2 -1 O
x y

6.

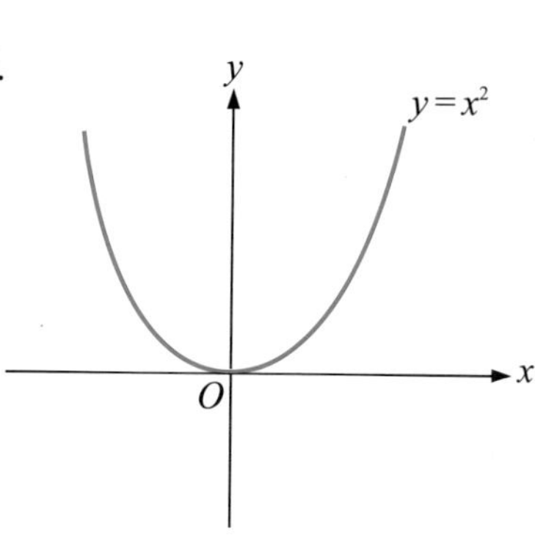

$y=x^2$
O
x y

7.

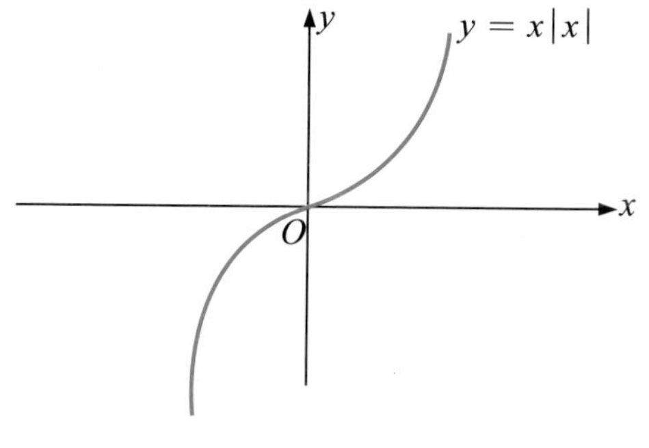

$y = x|x|$
O
x y

8.

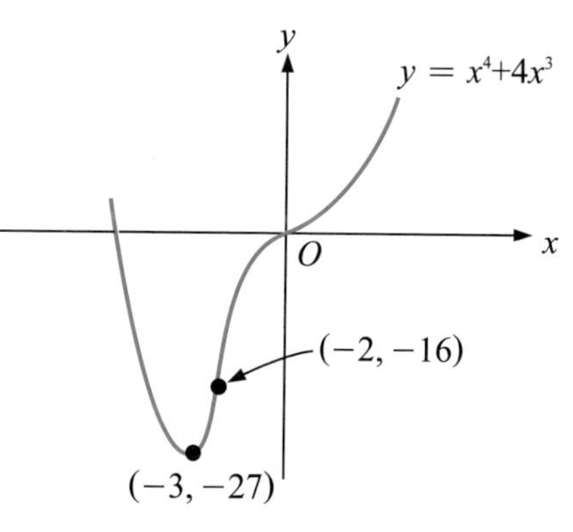

$y = x^4+4x^3$
$(-2, -16)$
$(-3, -27)$
O
x y

9.

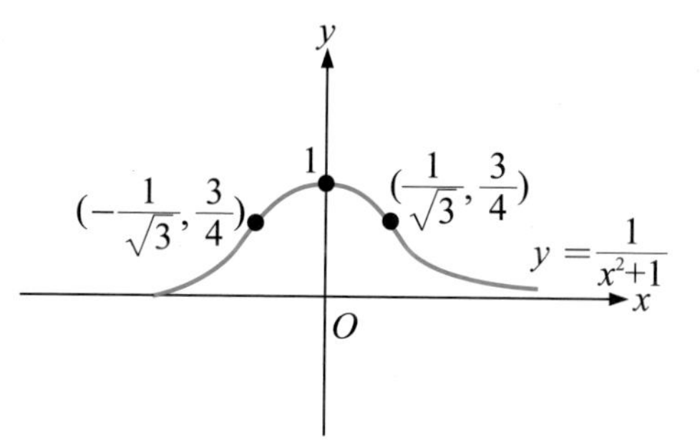

$(-\frac{1}{\sqrt{3}}, \frac{3}{4})$
$(\frac{1}{\sqrt{3}}, \frac{3}{4})$
1
$y = \frac{1}{x^2+1}$
O
x y

10.

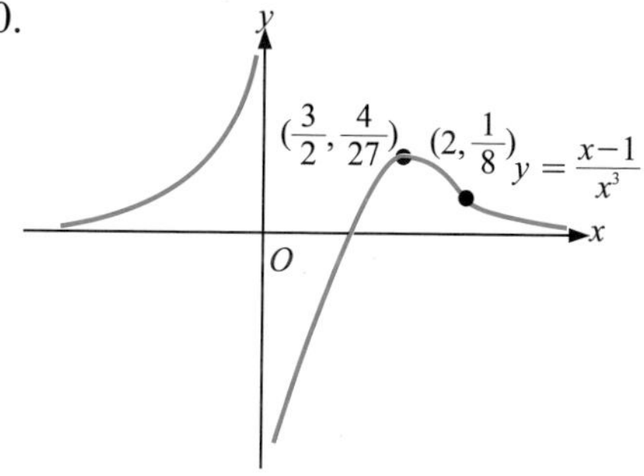

$(\frac{3}{2}, \frac{4}{27})$
$(2, \frac{1}{8})$
$y = \frac{x-1}{x^3}$
O
x y

第二組

1.

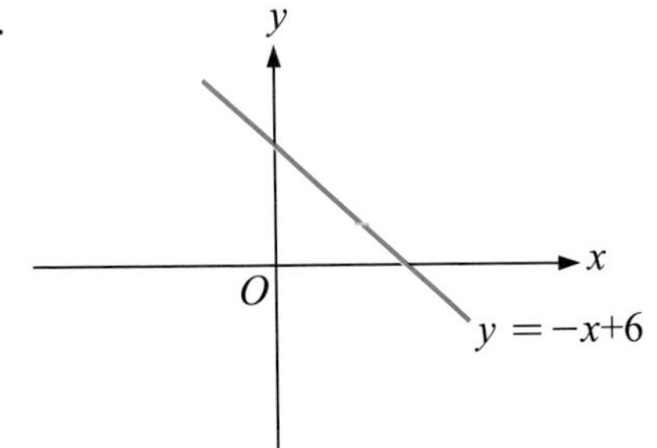
y
x
O
y = −x+6

2.

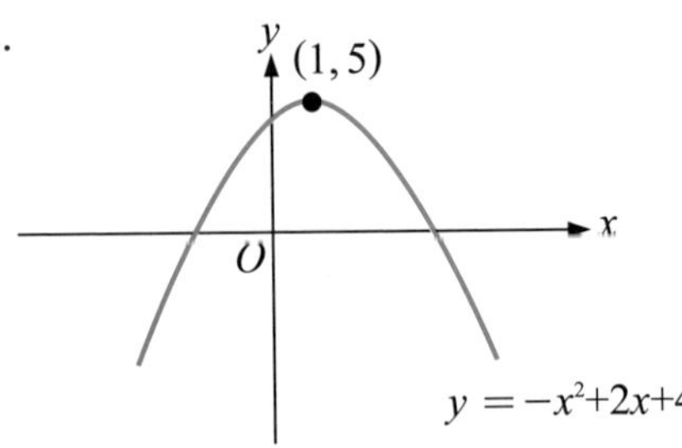
y
(1, 5)
x
O
y = −x²+2x+4

3.

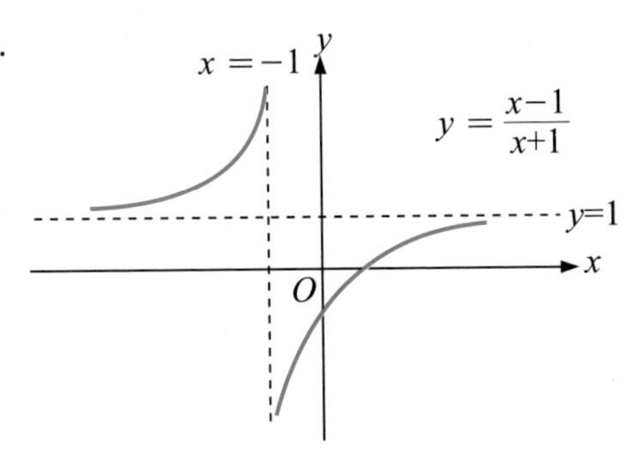
x = −1
y
y = (x−1)/(x+1)
y=1
x
O

4.

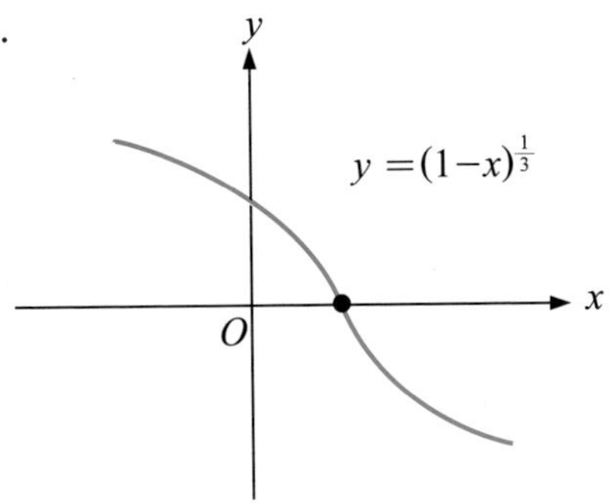
y
y = (1−x)^(1/3)
x
O

5.

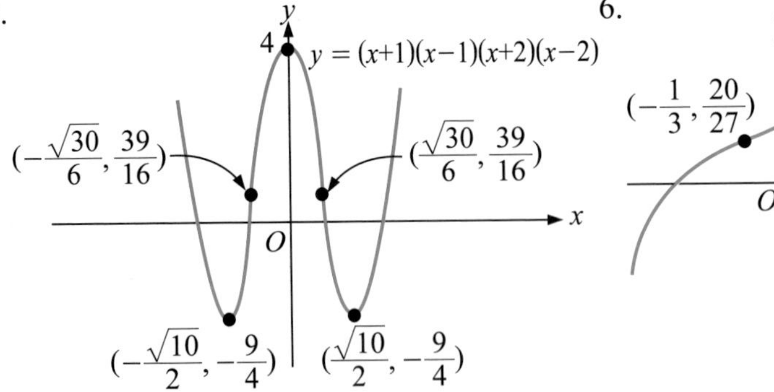
y
4
y = (x+1)(x−1)(x+2)(x−2)
(−√30/6, 39/16)
(√30/6, 39/16)
x
O
(−√10/2, −9/4)
(√10/2, −9/4)

6.

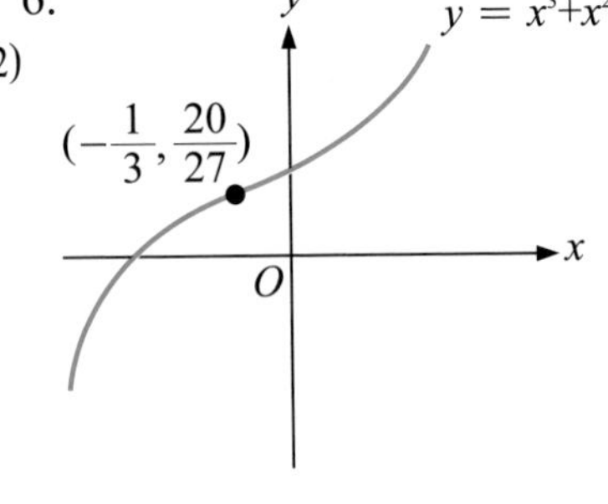
y
y = x³+x²+x+1
(−1/3, 20/27)
x
O

7.

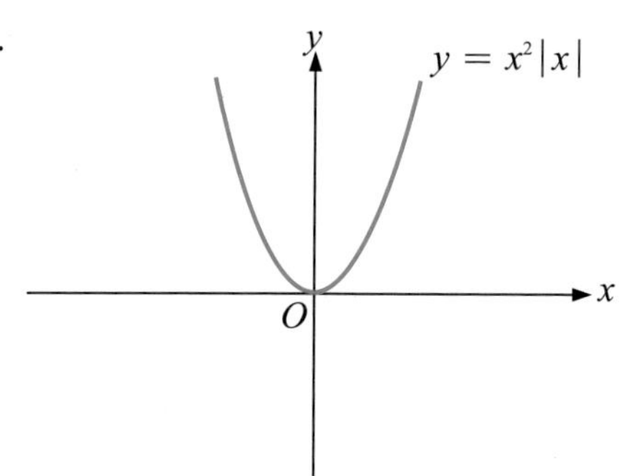

8.

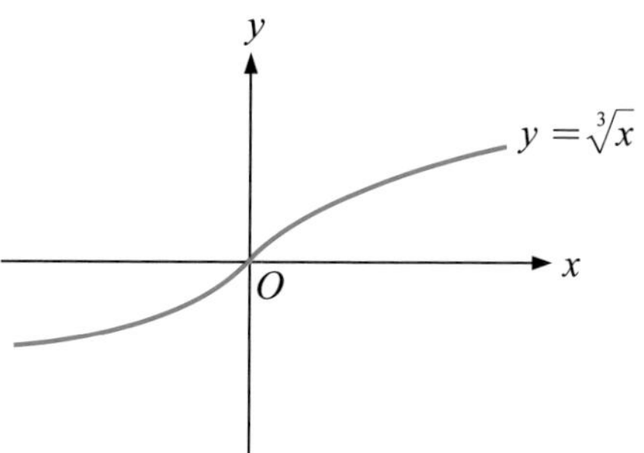

9.

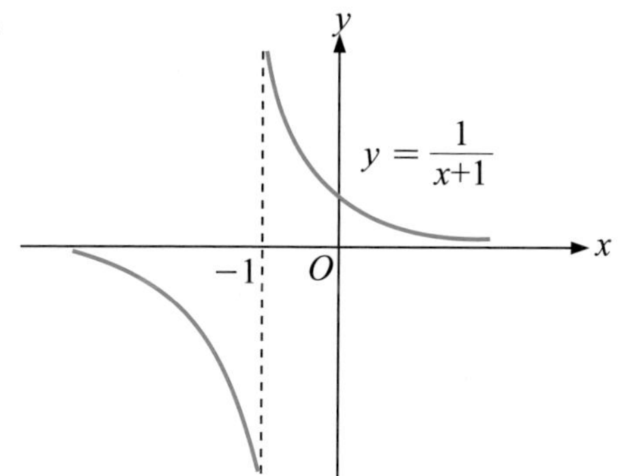

10.

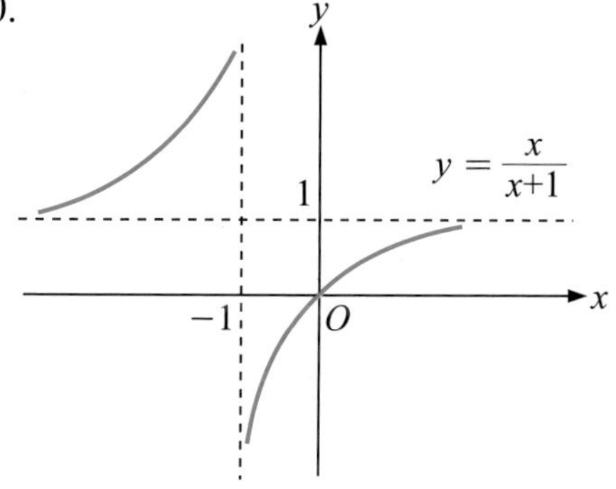

5-5

第一組

1. 1 2. $-\frac{1}{4}$ 3. $\frac{1}{2}$ 4. -2 5. 0 6. $\frac{5}{4}$ 7. 1 8. e^3 9. 0 10. e

第二組

1. -5 2. $-\frac{2}{3}$ 3. $\frac{5}{2}$ 4. $\frac{1}{2}$ 5. 0 6. $-\frac{1}{2}$ 7. 1 8. 1 9. $e^{\frac{3}{2}}$ 10. 0

5-6

第一組

1. $40\text{cm}^2/\text{sec}$
2. (1) $P'(t) = 1000(0.2 + 2t)$

   (2) 103000 隻

   (3) 20200 隻／小時
3. (1) $P(q) = -0.01q^2 + 6.4q - 50$

   (2) $C(100) = 110$，$R(100) = 600$，$P(100) = 490$

   (3) $C'(q) = 0.02q - 0.4$，$R'(q) = 6$，$P'(q) = -0.02q + 6.4$

   (4) $C'(100) = 1.6$，$R'(100) = 6$，$P'(100) = 4.4$

   (5) 略

   (6) $q = 20$

   (7) $q = 320$

   (8) 略
4. (1) $I(t) = -4t + 12$

   (2) $Q(0) = 5$（庫侖），$I(0) = 12$（安培）

   (3) $t = 3$（秒）

第二組

1. (1) $V(t) = 3t^2 - 12t$

   (2) $a(t) = 6t - 12$

(3) $S(0) = 0\,(\text{cm})$，$V(0) = 0\,(\text{cm / sec})$，$a(0) = -12\,(\text{cm / sec}^2)$

(4) $S(10) = 400\,(\text{cm})$，$V(0) = 180\,(\text{cm / sec})$，$a(10) = 48\,(\text{cm / sec}^2)$

(5) $t = 6$（秒）位移由負變正，$t = 4$（秒）速度由負而正，$t = 2$（秒）加速度由負而正

(6) 略

2. (1) $r' = -\dfrac{2}{9}t$

(2) $A' = -\dfrac{2}{9}$

(3) $r' = -\dfrac{2}{3}\,(\text{cm / day})$，$A' = -\dfrac{2}{9}\,(\text{cm}^2\text{ / day})$

(4) 略

(5) 經過 6 天

3. (1) $C(0) > 0$ 代表廠商尚未生產時，已先花成本建造廠房與購買原料等。

(2) $C'(q_0) = 0$ 代表在產量為 q_0 時，邊際成本為 0（最小）。

(3) C' 先遞減代表隨著廠商達到一定的生產規模，邊際成本才會降到最低點 q_0，C' 後來又遞增，代表產量高到一定地步後，邊際成本又開始增加，此時廠商可能得擴廠或雇用更多工人。

4. (1) $T' = -0.2t + 0.8$

(2) $T(4) = 39.1$

(3) $T'(4) = 0$

(4) T' 可幫助醫生了解病人體溫的變化率，有助於了解病情的進展。

5-7

第一組

1. (1) 49.9392 (2) 49.92

2. (1)3.9875 (2)8.0625 (3)1.9875 (4)1.02 (5)2.9907

3.略

4. (1) $(4x^3+6x^2-1)dx$

   (2) $-\frac{1}{2}$

5. ±30000（立方公分）

第二組

1. (1)−11.7216 (2)−11.72

2. (1)2.95 (2)4.025 (3)4.96 (4)1.02 (5)1.02

3. 略

4. (1) $-\frac{2x}{(x^2+1)^2}dx$ (2) $-\frac{2}{10201}$

5. ±6（平方公分）

第六章 積 分

6-1

第一組

1. 40
2. 56
3. $40 < \int_2^{10} x\,dx < 56$
4. 44
5. 52
6. $44 < \int_2^{10} x\,dx < 52$
7. 當實際面積被分割得越細時，累加之後的子面積越能逼近真實面積
8. $\int_2^{10} x\,dx = 48$

第二組

1. 306
2. 990
3. $306 < \int_1^7 x^3\,dx < 990$
4. 441
5. 783
6. $441 < \int_1^7 x^3\,dx < 783$
7. 當實際面積被分割得越細時，累加之後的子面積越能逼近真實面積
8. $\int_1^7 x^3\,dx = 600$

6-2

第一組

1. (1) x，$x+1$，$x+2$

   (2) $2x^2-5x$，$2x^2-5x+1$，$2x^2-5x+2$

   (3) $20x^5-2x^3+8x$，$20x^5-2x^3+8x+1$，$20x^5-2x^3+8x+2$

   (4) $\frac{1}{12}(2x-1)^6$，$\frac{1}{12}(2x-1)^6+1$，$\frac{1}{12}(2x-1)^6+2$

   (5) $-\cos x+\sin x$

2. (1) $\frac{3}{2}x^2+2x+C$

   (2) $\frac{1}{3}x^3-x+C$

   (3) $\frac{1}{24}(6x+3)^4+C$

   (4) $\frac{2}{3}x^{\frac{3}{2}}+C$

   (5) $\sin x+C$

   (6) $-4\cos x+3\sin x+C$

   (7) $-\cot x+C$

   (8) $4\ln|x|+C$

   (9) $\frac{1}{3}e^{3x}+C$

   (10) $e^x+e^{-x}+C$

3. (1) $4x^5-2x$　(2) $4x^5-2x$　(3) $4u^5-2u$　(4) $4u^5-2u$

   (5) $2x(4x^{10}-2x^2)$

4. (1) $330\frac{2}{3}$　(2) 240　(3) $\frac{3}{32}$　(4) 10

   (5) $\frac{1}{3}(\sqrt{27}-1)$　(6) 1　(7) $\frac{1}{3}$

   (8) $-4(\frac{1}{e^2}-\frac{1}{e})$　(9) $5\ln\frac{3}{2}$　(10) $e-\frac{1}{e}$

第二組

1. (1) 1，2，3

(2) $-\frac{1}{2}x^2+4x$，$-\frac{1}{2}x^2+4x+1$，$-\frac{1}{2}x^2+4x+2$

(3) $5x^4-8x^3+\frac{5}{2}x^2-7x$，$5x^4-8x^3+\frac{5}{2}x^2-7x+1$，

$5x^4-8x^3+\frac{5}{2}x^2-7x+2$

(4) $\frac{1}{21}(3x+4)^7$，$\frac{1}{21}(3x+4)^7+1$，$\frac{1}{21}(3x+4)^7+2$

(5) $\frac{1}{2}\sin 2x+\frac{1}{4}\cos 4x$，$\frac{1}{2}\sin 2x+\frac{1}{4}\cos 4x+1$，

$\frac{1}{2}\sin 2x+\frac{1}{4}\cos 4x+2$

2. (1) $4x^2-3x+C$

(2) $\frac{1}{3}x^3-\frac{1}{2}x^2-2x+C$

(3) $\frac{1}{40}(4x-1)^{10}+C$

(4) $\frac{3}{4}x^{\frac{4}{3}}+C$

(5) $-\cos x+C$

(6) $2\cos x+4\sin x+C$

(7) $\tan x+C$

(8) $-\ln|x|+C$

(9) $\frac{1}{2}e^{x^2}+C$

(10) $\frac{1}{\ln 2}\cdot 2^x+C$

3. (1) $6x-2$ (2) $6x-2$ (3) $6u-2$ (4) $6u-2$

(5) $24x+8$

4. (1) 4 (2) 49 (3) $\frac{1}{4}$ (4) $\frac{56}{3}$

(5) $\frac{1}{6}(5^{\frac{3}{2}}-1)$ (6) 1 (7) $-\frac{1}{3}$ (8) $4(e^2-e)$

(9) $\ln\frac{4}{3}$ (10) $e+\frac{1}{e}-2$

第一組

1. (1) 16　(2) 0　(3) 1　(4) $\frac{103}{3}$

2. (1) 0　(2) -10　(3) 13　(4) -7
   (5) 3　(6) -13

3. 43

4. (1) 22　(2) $\frac{\sqrt{39}}{3}$

5. (1) 5　(2) $\frac{5}{4}(1-\frac{1}{e^4})$

第二組

1. (1) 16　(2) 0　(3) 1　(4) $\frac{109}{3}$

2. (1) -9　(2) 15　(3) 10　(4) -6
   (5) 0

3. 24

4. (1) 2　(2) 0

5. (1) 31.8　(2) 最高溫 32.5，最低溫 30

6-4

第一組

1. $\frac{1}{6}x^6 + C$

2. $\frac{3}{5}x^{\frac{5}{3}} + C$

3. $10\ln|x| + C$

4. $-3e^{-2x} + C$

5. $\frac{1}{3}\sin 3x + C$

6. $\frac{2}{5}t^{\frac{5}{2}} + 4t^{\frac{3}{2}} + 18t^{\frac{1}{2}} + C$

7. $\ln|x^3 + 4| + C$

8. $\frac{1}{5}e^{x^5} + C$

9. $\frac{1}{2}(\ln 6x)^2 + C$

10. $-\frac{1}{2}\cos(x^4 + 1) + C$

11. $\ln 5$

12. $1 - e^{-kb}$

13. $x\ln x - x + C$

14. $\frac{x}{3}e^{3x} - \frac{1}{9}e^{3x} + C$

15. $x^3\ln x - \frac{1}{3}x^3 + C$

16. $-x\cos x + \sin x + C$

17. $5\ln 5 - 4$

18. $1 - \frac{2}{e}$

19. $\frac{1}{4}\ln|x+2| + \frac{3}{4}\ln|x-2| + C$

20. $x - \frac{1}{4}\ln|x-1| + \frac{25}{4}\ln|x-5| + C$

21. $-\frac{1}{(x-1)^2} - \frac{4}{x-1} + 5\ln|x-1| + C$

22. $-2\ln|x| + 3\ln|x-1| + C$

23. $6\ln|x| - \ln|x+1| - \frac{9}{x+1} + C$

24. $-\frac{4}{5} + 2\ln\frac{5}{3}$

25. $2\sin^{-1}\frac{x}{2} - x\sqrt{1 - \frac{x^2}{4}} + C$

26. $\ln\left|\frac{\sqrt{x^2+9} + x}{3}\right| + C$

27. $\frac{1}{2}(\sin^{-1}x + x\sqrt{1-x^2}) + C$

28. $-\sin^{-1}x - \frac{\sqrt{1-x^2}}{x} + C$

29. $-\sqrt{3-x^2} + C$

30. $\frac{\sqrt{x^2-4}}{4x} + C$

31.(1) 梯形法：4.51，拋物線法：4.505 (2) 梯形法：0.355，拋物線法：0.347

第二組

1. $\frac{1}{7}x^7+C$
2. $3\sqrt[3]{x}+C$
3. $50\ln|x|+C$
4. $\frac{4}{3}e^{3x}+C$
5. $-\frac{1}{6}\cos 6x$
6. $\frac{2}{3}t^{\frac{3}{2}}-\frac{2}{5}t^{\frac{5}{2}}+C$
7. $2\ln|x^3-1|+C$
8. $\frac{1}{4}e^{x^4}+C$
9. $\frac{1}{2}(\ln 2x)^2+C$
10. $-\frac{1}{2}\cos(x^2+6x)+C$
11. $\ln 2$
12. $e^{mb}-1$
13. $\frac{x^2}{2}\ln x-\frac{x^2}{4}+C$
14. $\frac{x}{2}e^{4x}-\frac{1}{8}e^{4x}+C$
15. $x^2\ln|x|-\frac{1}{2}x^2+C$
16. $x\sin x+\cos x+C$
17. $2\ln 2-\frac{3}{4}$
18. 1
19. $\frac{1}{4}\ln|x-2|+\frac{11}{4}\ln|x+2|+C$
20. $-\frac{1}{4}\ln|x-1|+\frac{5}{4}\ln|x-5|+C$
21. $\frac{3}{2(x-1)^2}-\frac{4}{x-1}+\ln|x-1|+C$
22. $2\ln|x|-\ln|x+1|+C$
23. $\ln|x|+2\ln|x+1|+\frac{1}{x+1}+C$
24. $\frac{1}{6}\ln\frac{4}{7}$
25. $-2\sqrt{9-x^2}+C$
26. $\ln\left|\frac{\sqrt{x^2+81}+x}{9}\right|+C$
27. $\frac{1}{2}(x\sqrt{x^2-1}-\ln|x+\sqrt{x^2-1}|)+C$
28. $\sqrt{x^2-4}-2\sec^{-1}\frac{x}{2}+C$
29. $\frac{1}{3}(x^2+3)^{\frac{3}{2}}+C$
30. $\frac{\sqrt{x^2-3}}{3x}+C$

31.(1) 梯形法：3.278，拋物線法：3.322 (2) 梯形法：0.675，拋物線法：0.640

第七章 積分的應用

7-1

第一組

1. 20　　2. 18　　3. 4　　4. $\frac{32}{3}$

5. $\frac{15}{4}$　　6. $\sqrt{2}-1$

第二組

1. 10　　2. 27　　3. 4　　4. $\frac{4}{3}$

5. $\frac{71}{6}$　　6. $\sqrt{2}-1$

7-2

第一組

1. (1) 9π　　(2) $\frac{1088}{15}\pi$　　(3) $\frac{15}{2}\pi$　　(4) $\frac{512}{15}\pi$

   (5) $\frac{16}{3}\pi$

2. (1) 12π (2) $\frac{2}{3}\pi$ (3) 8π (4) $\frac{153}{5}\pi$

(5) $\frac{1}{4}\pi$

3. 60π

第二組

1. (1) $\frac{8}{3}\pi$ (2) $\frac{8}{5}\pi$ (3) $\frac{9}{2}\pi$ (4) $\frac{1296}{5}\pi$

(5) 18π

2. (1) 36π (2) $\frac{\pi}{3}$ (3) $\frac{81}{2}\pi$ (4) $\frac{512}{15}\pi$

(5) $\frac{32}{5}\pi$

3. 100π

7-3

第一組

1. $5\sqrt{2}$ 2. $4\sqrt{5}$ 3. $\frac{2}{27}(37^{\frac{3}{2}}-10^{\frac{3}{2}})$

4. $\frac{8}{27}[(\frac{13}{4})^{\frac{3}{2}}-1]$ 5. $\frac{53}{6}$

第二組

1. $3\sqrt{2}$ 2. $\frac{\sqrt{117}}{2}$ 3. $\frac{1}{54}(37^{\frac{3}{2}}-1)$

4. $\frac{8}{27}[(\frac{13}{4})^{\frac{3}{2}}-1]$ 5. $\frac{140}{3}$

7-4

第一組

1. $W = 4410$（焦耳），$v = 21$（公尺／秒）

2. $W = \frac{15}{32}$（焦耳）

3. (1) $k = \frac{1}{50}$　(2) $\frac{1}{4}$　(3) $\frac{20}{3}$（公尺）

4. (1) $\frac{5}{9}$　(2) $\frac{10}{9}\ln 10$（小時）

5. (1) 平衡點$(2，9)$，消費者剩餘$=\frac{44}{3}$，生產者剩餘$=\frac{22}{3}$

   (2) 平衡點$(1，6)$，消費者剩餘$= 1$，生產者剩餘$=\frac{1}{2}$

6. (1) 減少 200（億）

   (2) 增加 500（億）

   (3) 增加 300（億）

第二組

1. $W = 8820$（焦耳），$v = 21$（公尺／秒）

2. $W = 1$（焦耳）

3. (1) $k = \frac{1}{\ln 100}$　(2) $\frac{1}{\ln 100}(\ln 100 - \ln 90)$

   (3) $\frac{99}{\ln 100}$（公分）

4. (1) $\frac{1}{9}$　(2) 20（天）

5. (1) 平衡點(1，9)，消費者剩餘$=\frac{10}{3}$，生產者剩餘$=\frac{7}{6}$

   (2) 平衡點(3，7)，消費者剩餘$=\frac{9}{2}$，生產者剩餘$=\frac{9}{2}$

6. (1) 增加 300（億）

   (2) 減少 400（億）

   (3) 減少 100（億）

7-5

第一組

1. $S=\frac{4}{225}$（公尺）
2. $Q=900$（庫侖）
3. $W=13$（焦耳），至少要 21（秒）
4. (1) $C(q)=0.05q^2-2q+80$

   (2) $R(q)=q^2-q$

第二組

1. $h=18000$（公尺）
2. $Q=900$（庫侖）
3. $W=30-\frac{10}{e^5}$（焦耳），至少要 498 秒
4. (1) $C(q)=0.02q^2-0.2q+460$

   (2) $R(q)=8q$

7-6

第一組

1. (1) 發散 (2) $\frac{\pi}{2}$ (3) 3 (4) $-\ln\frac{1}{2}$

   (5) 發散

2. 2

3. (1) $\frac{1}{4}$ (2) $1-\frac{1}{\sqrt{e}}$

第二組

1. (1) 1 (2) $\frac{\pi}{2}$ (3) 發散 (4) $\frac{1}{e}$

   (5) $\frac{1}{4}$

2. 2

3. (1) $\frac{1}{2}$ (2) $1-\frac{1}{e}$

索 引

A

B

C

D

E

P

R

S

T

U

V

W

memo

memo

memo

memo

memo

memo

memo

國家圖書館出版品預行編目資料

微積分 ／ 張振華, 彭賓鈺著. － 初版. － 新北市：
新文京開發, 2020.06
面； 公分

ISBN 978-986-430-630-5（平裝）

1. 微積分

314.1 109008171

微積分 （書號：**E443**）

著　　者	張振華　彭賓鈺
出 版 者	新文京開發出版股份有限公司
地　　址	新北市中和區中山路二段 362 號 9 樓
電　　話	(02) 2244-8188（代表號）
F A X	(02) 2244-8189
郵　　撥	1958730-2
初　　版	西元 2020 年 06 月 20 日

建議售價：530 元
法律顧問：蕭雄淋律師
ISBN 978-986-430-630-5

NEW WCDP

新文京開發出版股份有限公司

新世紀 · 新視野 · 新文京 — 精選教科書 · 考試用書 · 專業參考書